Lena Zentner

Nachgiebige Systeme

Weitere empfehlenswerte Titel

Lena Zentner

Nachgiebige Systeme

Klassifikation, Modellbildung und Design von
Mechanismen und Aktuatoren

2., aktualisierte und erweiterte Auflage

DE GRUYTER
OLDENBOURG

Autorin
Prof. Dr.-Ing. habil. Lena Zentner
TU Ilmenau
Max-Planck-Ring 12
98693 Ilmenau
lena.zentner@tu-ilmenau.de

ISBN 978-3-11-075921-1
e-ISBN (PDF) 978-3-11-075988-4
e-ISBN (EPUB) 978-3-11-076006-4

Library of Congress Control Number: 2024947417

Bibliografische Information der Deutschen Nationalbibliothek
Die Deutsche Nationalbibliothek verzeichnet diese Publikation in der Deutschen Nationalbibliografie;
detaillierte bibliografische Daten sind im Internet über http://dnb.dnb.de abrufbar.

© 2025 Walter de Gruyter GmbH, Berlin/Boston
Einbandabbildung: gyro/iStock/Getty Images Plus
Satz: Integra Software Services Pvt. Ltd.

www.degruyter.com
Fragen zur allgemeinen Produktsicherheit:
productsafety@degruyterbrill.com

Vorwort

Nachgiebige Systeme weisen ein komplexes Verformungsverhalten auf, was die Modellierung und den gezielten Einsatz dieser Systeme zu einer anspruchsvollen Aufgabe macht. In diesem Buch werden nachgiebige Mechanismen und nachgiebige Aktuatoren anhand verschiedener Kriterien klassifiziert und modelliert, wodurch eine gezielte Auswahl sowie Modellbildung und Auslegung nachgiebiger Systeme ermöglicht oder erleichtert wird. Der Inhalt des Buches basiert auf mehrjähriger Erfahrung der Autorin im Bereich Nachgiebiger Systeme und gehört zum größten Teil zu den Inhalten ausgewählter Lehrveranstaltungen für Studierende der Fakultät für Maschinenbau der Technischen Universität Ilmenau.

Das Buch richtet sich an Studierende der Ingenieurausbildung sowie an bereits ausgebildete Ingenieurinnen und Ingenieure. Darüber hinaus ist es für alle von Interesse, die sich für nachgiebige Systeme interessieren oder diese einsetzen möchten. Auch ohne eine spezielle wissenschaftliche Ausbildung wird das zweite Kapitel zur Klassifizierung nachgiebiger Systeme einen Überblick über nachgiebige Mechanismen und nachgiebige Aktuatoren sowie deren Anwendungsmöglichkeiten verschaffen. Das dritte Kapitel zur Modellierung nachgiebiger Systeme als Starrkörpersysteme basiert auf der linearen Theorie der Festigkeitslehre. Der Inhalt des vierten Kapitels zur Modellierung großer Verformungen bei nachgiebigen Mechanismen und Aktuatoren bietet einen Einstieg in die nichtlineare Theorie und beinhaltet detaillierte Herleitungen. Dabei wurde stets darauf geachtet, dass auch Rechenwege und Ergebnisse verständlich bleiben. Dazu tragen unter anderem mathematische Umformungen bei, die bewusst nicht unnötig kompliziert gestaltet sind. Die in Kapitel fünf und sechs präsentierten Beispiele wurden aus unterschiedlichen Anwendungsbereichen ausgewählt. Ihre Ergebnisse, unter anderem als mathematische Zusammenhänge zwischen verschiedenen Modellparametern, können für ähnliche Fälle angewendet werden. Das letzte, neue Kapitel widmet sich der Dimensionierung nachgiebiger Systeme. Die darin dargelegten Lösungsansätze basieren auf den Aufgabenstellungen, die in den vorangehenden Projekten identifiziert wurden. Im Rahmen der Überarbeitung des vorliegenden Buches wurden auch Beispiele nachgiebiger Mechanismen, die ein Verformungsverhalten unter konstanter Kraft ermöglichen, neu aufgenommen. Diese Mechanismen sind in den Abschnitten 5.4.1, 7.1.1 und 7.1.2 zu finden.

Mein Dank gilt allen Mitarbeitern meines Teams an der Technischen Universität Ilmenau, die durch eigene Arbeiten, die Betreuung von studentischen Arbeiten oder auch durch gemeinsame Diskussionen zur Steigerung der Kompetenz und Erfahrung des Fachgebietes im Bereich nachgiebiger Mechanismen und Aktuatoren beigetragen haben. Im Speziellen sei hier auf die Zusammenarbeit mit Prof. Böhm, Dr. Griebel, Dr. Linß und Dr. Henning verwiesen, wodurch die Grundlagen für die Klassifizierung nach-

https://doi.org/10.1515/9783110759884-202

giebiger Systeme sowie deren Validierung geschaffen worden sind. Weiterhin möchte ich mich bei Cindy Karcher für die redaktionelle Durchsicht und Verbesserung des Textes bedanken.

Lena Zentner   Ilmenau, August 2024

Inhaltsverzeichnis

1 Einleitung

Die Vorteile nachgiebiger Systeme, wie die Ausnutzung elastischer Rückstellkräfte, die Möglichkeit der Energiespeicherung, die Kohärenz der Struktur etc., sollen gezielt eingesetzt werden, um gewünschte oder neue qualitative Eigenschaften eines Systems zu erreichen. Eine spezifische differenzierte Nachgiebigkeit in technischen Systemen ist seit langem in vielen Anwendungsbereichen, wie beispielsweise in der Medizintechnik und Mensch-Maschine-Interaktion, eine notwendige Voraussetzung ([16, 66]). Auch in klassischen Bereichen des Maschinenbaus, bei vielen Aufgaben für die Bewegungs- bzw. Kraftübertragung, beispielsweise in der Greifer- und Robotertechnik, werden konventionelle Starrkörpermechanismen zunehmend durch nachgiebige Systeme erfolgreich ergänzt bzw. ersetzt (siehe Abb. 1.1). In der Messtechnik sind nachgiebige Systeme ebenfalls unverzichtbar, in der Präzisionstechnik finden nachgiebige Mechanismen immer breitere Anwendung [8, 53]. Diese Tendenz wird durch die Entwicklung neuartiger Materialien und entsprechender Fertigungstechnologien unterstützt. Hochelastische Materialien ermöglichen die Realisierung von Aktuatorik mit deren Integration in ein nachgiebiges System, so dass die aktuatorischen Eigenschaften einen inhärenten Charakter für derartige Systeme aufweisen. In Kombination mit der Anwendung funktioneller Materialien können auch sensorische Eigenschaften einem System eigen werden und ebenso dank der Inhärenz zu einer kompakten Bauweise sowie zu höherer Multifunktionalität des gesamten Systems beitragen.

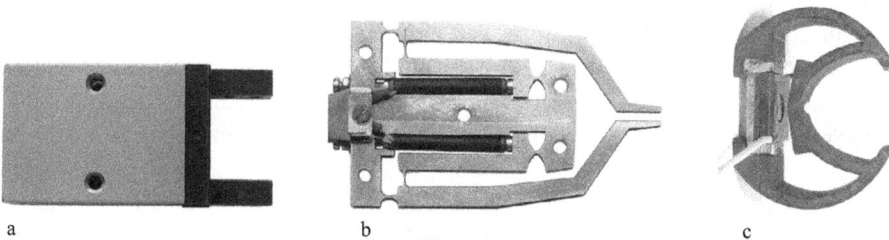

a   b   c

Abb. 1.1: Beispiele für unterschiedliche Greifersysteme: a – konventioneller Zwei-Finger-Parallelgreifer; b – nachgiebiger Parallelgreifer mit konzentrierter Nachgiebigkeit; c – nachgiebiger Parallelgreifer mit verteilter Nachgiebigkeit und inhärenter Aktuatorik basierend auf Ferro-Elastomeren.

Um einen gezielten Einsatz der Aktuatorik und funktioneller Materialien zu gewährleisten sowie eine sinnvolle Auslegung des gesamten nachgiebigen Systems zu erzielen, muss dessen komplexes Verformungsverhalten grundlegend untersucht werden. Dies kann am besten durch modellbasierte Untersuchungen erfolgen, insbesondere wenn es gelingt, ein analytisches Modell aufzubauen. Komplexe Zusammenhänge zwischen verschiedenen Parametern können dann transparent dargestellt und Abhängigkeiten zwischen diesen sichtbar gemacht werden. Auch wenn eine endgültige Lösung analytisch nicht erreicht werden kann, helfen die ermittelten Beziehungen zwischen

https://doi.org/10.1515/9783110759884-001

den mechanischen Parametern eines Systems, sein Verhalten zu verstehen und mindestens qualitativ einzuordnen.

Nachgiebige Systeme werden unter der Einwirkung unterschiedlicher Belastungen betrachtet, die im Wesentlichen aus Kräften oder verteilten Kräften, die als Streckenlast oder Druck bezeichnet werden, und Momenten bestehen.

Neben anderen vektoriellen Parametern, wie Radiusvektoren oder Verschiebungen, sind auch die Belastungen durch eine Richtung und einen Betrag charakterisiert. Die Bezeichnungen der Vektoren werden durch fette Schriftart angegeben, beispielsweise steht $\mathbf{F}$ für einen Kraftvektor, während die Beträge der Vektoren oder skalaren Parameter in Textschrift, aber kursiv gedruckt sind, wie der Betrag einer Kraft: F. Matrizen werden fett und unterstrichen geschrieben, um diese von Vektoren zu unterscheiden: $\underline{\mathbf{T}}$.

In den folgenden Kapiteln werden zunächst Klassifizierungen nachgiebiger Systeme vorgestellt, die insbesondere in den Bereichen nachgiebiger Mechanismen und nachgiebiger Aktoren gesammelt und systematisiert wurden. Im Mittelpunkt der Modellbildungen stehen Nachgiebige Systeme mit linear elastischen Eigenschaften. Kleine Verschiebungen elastischer Systeme beschreibt die lineare Theorie, die zu linearen Differentialgleichungen führt, hinreichend genau. Handelt es sich um große Verformungen, so muss die nichtlineare Theorie verwendet werden, um ein brauchbares Modell für die vorhandenen Verschiebungen aufzustellen. Beide Wege der Modellbildung basieren auf klassischen Methoden und wurden hier erweitert und methodisch verallgemeinert, um einerseits Sonderfälle abzudecken und andererseits einen Formalismus zur Verfügung zu stellen, der die Modellbildung erleichtert.

Im Vorfeld der Wahl einer analytischen Methode zur Beschreibung der Verformungen eines nachgiebigen Systems ist neben der Funktion auch die Beschaffenheit dieses Systems, die sich in Geometrie und Material widerspiegelt, zu erfassen. In diesem Schritt wird entschieden, welche Teile des Systems als nachgiebige und welche als starre Körper zu modellieren sind. Dabei wird der zu modellierende nachgiebige Systemteil aus dem mechanischen Gesamtsystem in Gedanken herausgelöst. Weiterhin ist in Abhängigkeit vom Verformungsverhalten, den Materialeigenschaften und der Anwendung des Systems zu entscheiden, welche Modellierungsmethode für die vorliegende Situation geeignet ist. Die zu erwartenden Verformungen, die als große oder kleine Verformungen aufgefasst werden, sollen dementsprechend anhand einer nichtlinearen oder einer linearen Theorie modelliert werden. Des Weiteren werden der Anwendungsbereich, in dem das System zum Einsatz kommt, und die damit verbundenen Zielstellungen in Betracht gezogen. Ein wesentlicher Schritt vor der Aufstellung eines mathematischen Modells ist die Festlegung der Randbedingungen. Dabei wird bestimmt, an welchen Stellen die Belastungen angreifen und wie sie als idealisierte Einzelkräfte bzw. Momente oder als verteilte Kräfte bzw. Momente aufgefasst werden. Darüber hinaus wird ermittelt, wie ein nachgiebiges Systemteil gelagert ist, wodurch sich die Lagerkräfte und -momente ableiten lassen.

Im Anschluss an die Durchführung der Modellierung werden deren berechneten Ergebnisse und dann auch die modellbasierte Simulation unter Beachtung der getroffenen Annahmen und Voraussetzungen ausgewertet. So weisen die Ergebnisse der Modellbildung eines nachgiebigen Systems oder eines Systemteils mit einer Querschnittsabmessung, welche ein Drittel deren Länge ausmacht, eine geringere Übereinstimmung mit den realen Verformungen auf, als dies bei einem dünnen Balken der Fall ist, sofern sie auf Basis der Theorie für dünne Balken erstellt wurden. Eine sorgfältige Auseinandersetzung mit der Theorie für die Modellbildung sowie eine kritische Betrachtung der Ergebnisse sind unerlässlich, um den Erfolg einer modellbasierten Untersuchung zu gewährleisten.

Die Herleitungen der Modellierungsmethoden sowie die Lösungen zu den aufgeführten Beispielen sind knapp aber klar gehalten, um den Zeit- und Arbeitsaufwand beim Einstieg in den Stoff und beim Erlernen der Methoden zu minimieren. Die numerischen Berechnungen mathematischer Gleichungen sind mit der Software „Mathematica®" durchgeführt. Analytischen Lösungen wird jedoch der Vorzug vor numerischen Lösungen gegeben.

2 Definition und Klassifizierung nachgiebiger Systeme

Um die Möglichkeiten für den Einsatz von nachgiebigen Systemen zu überblicken, müssen diese entsprechend ihrer Merkmale klassifiziert werden. Insbesondere bei der Erstellung eines Entwurfs und der Modellbildung sind strukturierte Betrachtungen von nachgiebigen Systemen und deren Eigenschaften essentiell. Nur so können diejenigen Eigenschaften eines Systems berücksichtigt werden, die seine Funktionsfähigkeit teilweise oder vollständig beeinflussen. Dadurch wird die gezielte Entwicklung von nachgiebigen Systemen und deren Modellbildung erleichtert.

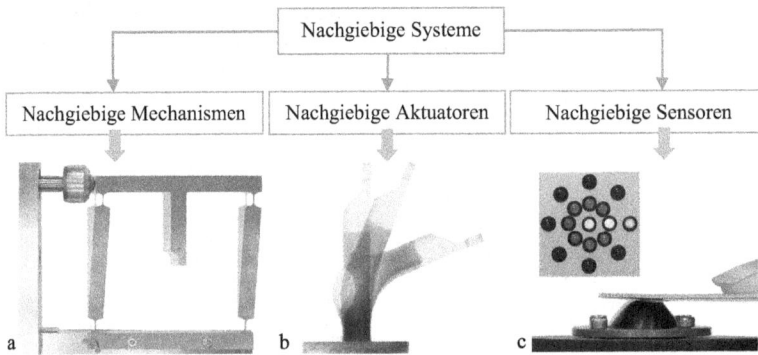

Abb. 2.1: Nachgiebige Systeme: a – viergliedriger Mechanismus mit prismatischen Festkörpergelenken, optimiert zur Realisierung einer geradlinigen Führung eines Punkts; b – nachgiebiger fluidmechanischer Aktuator aus hochelastischem Polymer; c – nachgiebige Sensorik zur Ermittlung von Scherkräften.

Nachgiebige Systeme lassen sich je nach Funktion in nachgiebige Mechanismen, nachgiebige Aktuatoren und nachgiebige Sensoren einteilen. Eine grafische Veranschaulichung dieser Unterteilung findet sich in Abb. 2.1. Zunächst wird die Nachgiebigkeit als wichtige Eigenschaft nachgiebiger Systeme betrachtet und deren Ursachen und Wirkungen erläutert. Schließlich werden nachgiebige Systeme anhand ihres Verformungsverhaltens unterschieden. Die Fachbegriffe, die in diesem Kapitel beschrieben werden, entsprechen der Verwendung durch International Federation for the Promotion of Mechanism and Machine Science (IFToMM) und ergänzen diese. Die folgenden Definitionen und Klassifikationen sollen bei der Auswahl, dem Entwurf sowie der Modellbildung nachgiebiger Systeme helfen und werden in den weiteren Kapiteln verwendet.

https://doi.org/10.1515/9783110759884-002

2.1 Nachgiebigkeit

Die Nachgiebigkeit stellt eine wesentliche Eigenschaft nachgiebiger Systeme dar, weshalb sie gezielt eingesetzt werden muss, um die beabsichtigte Funktion zu erfüllen. Die Kenntnis derjenigen Faktoren, welche die Nachgiebigkeit in nachgiebigen Systemen beeinflussen oder manipulieren, erlaubt deren gezielte Anpassung an spezifische Anwendungskriterien oder äußere Bedingungen. Dadurch werden nachgiebige Systeme so gestaltet, dass sie ihre mechanischen Eigenschaften regelungstechnisch oder sogar selbstständig abhängig von den Anwendungsanforderungen oder der veränderlichen Umgebung gezielt ändern können.

2.1.1 Einteilung der Nachgiebigkeit

Die *Nachgiebigkeit* ist ein Maß für die Fähigkeit eines Systems oder Körpers, sich unter äußerer Belastung zu verformen. Es wird bewusst mit dem Begriff Nachgiebigkeit und nicht Elastizität operiert, weil unter Nachgiebigkeit die Eigenschaften der Elastizität, Plastizität sowie Viskoelastizität verstanden werden. Die Nachgiebigkeit eines Systemelements beschreibt die Verschiebung seines charakteristischen Punkts pro einwirkende Krafteinheit.

Die Nachgiebigkeit kann in konzentrierte und verteilte Nachgiebigkeit bezüglich ihrer geometrischen Ausbreitung innerhalb eines Körpers oder eines Systems aufgeteilt werden ([60, 61]). Zunächst werden die funktionsbestimmenden nachgiebigen Bereiche eines Systems identifiziert. Als eine Vergleichsgröße gilt eine Potenz von 10^1. Eine *konzentrierte Nachgiebigkeit* liegt vor, wenn die maximale Abmessung eines nachgiebigen Bereichs mindestens zehn Mal kleiner ist als eine maximale charakteristische Länge in Richtung der Ausbreitung dieses nachgiebigen Bereichs ($L/l \geq 10^1$). Demgegenüber verleiht ein nachgiebiger Bereich mit einer Ausdehnung, die mit der maximalen charakteristischen Länge des Systems vergleichbar ist ($L/l < 10^1$), dem System eine *verteilte Nachgiebigkeit*, wie in Abb. 2.2 dargestellt. Als charakteristische Länge kann entweder die Länge eines Systemteils oder des gesamten Systems dienen, abhängig von der Abgrenzung des Modells.

Verteilte Nachgiebigkeit   Konzentrierte Nachgiebigkeit

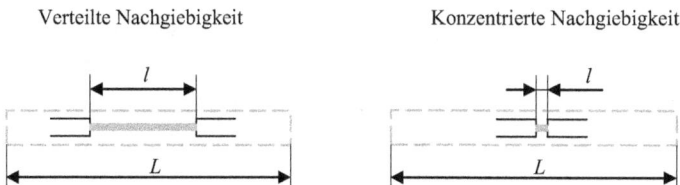

Abb. 2.2: Schematische Darstellung der verteilten und der konzentrierten Nachgiebigkeit.

Es sei darauf hingewiesen, dass die angegebene Vergleichsgröße 10^1 lediglich als ungefähre Orientierung dient und nicht als eine exakte Messgröße betrachtet werden sollte. Diese Auffassung über die Nachgiebigkeit in Bezug auf ihre geometrische Ausbreitung hilft bei der Anwendung und der Wahl von Modellierungsmethoden für nachgiebige Mechanismen. Ein nachgiebiger Bereich kann als *stoffschlüssiges Gelenk* aufgefasst werden, welches eine stoffliche unzertrennliche Verbindung zwischen zwei Teilen eines Mechanismus darstellt (siehe Abschnitt 2.2.2). In diesem Zusammenhang wird zwischen einem *Gelenk mit verteilter Nachgiebigkeit* und einem *Gelenk mit konzentrierter Nachgiebigkeit* unterschieden. In Abb. 2.3 sind zwei Beispiele für nachgiebige Mechanismen mit stoffschlüssigen Gelenken dargestellt. Diese weisen jeweils eine verteilte (Abb. 2.3 a) und eine konzentrierte (Abb. 2.3 b) Nachgiebigkeit auf.

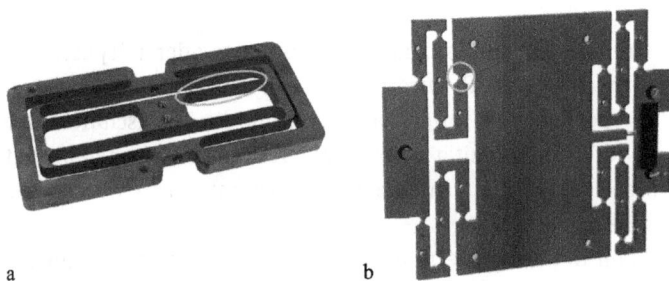

a   b

Abb. 2.3: Beispiele nachgiebiger Mechanismen mit stoffschlüssigen Gelenken: a – mit verteilter Nachgiebigkeit und b – mit konzentrierter Nachgiebigkeit.

2.1.2 Änderung der Nachgiebigkeit

Die Änderung der Nachgiebigkeit eröffnet die Möglichkeit zur Anpassung eines nachgiebigen Systems an eine bestimmte Situation während der Anwendung oder an eine veränderliche Umgebung. Die im System vorhandene Nachgiebigkeit wird hinsichtlich ihrer Fähigkeit zur Veränderung in zwei Kategorien unterteilt (vgl. Abb. 2.4). Die meisten technischen Starrkörper- und nachgiebigen Systeme sind mit *konstanter Nachgiebigkeit* ausgestattet. Wenn die Nachgiebigkeit eines Systems nicht konstant bleibt, sondern sich verändern kann, dann handelt es sich um eine *veränderliche Nachgiebigkeit*. Eine Nachgiebigkeit, die nach Rücknahme der Ursachen für Veränderungen von Form, Material oder Struktur, welche auch durch die Umgebungsbedingungen verursacht werden können, in ihren ursprünglichen Zustand zurückkehrt, wird als *reversibel veränderliche Nachgiebigkeit* bezeichnet.

Im Gegensatz dazu handelt es sich um eine *irreversibel veränderliche Nachgiebigkeit*, wenn die veränderte Nachgiebigkeit nach Wegnahme der Veränderungsursache nicht in ihren ursprünglichen Zustand zurückkehrt. Solche Systeme können daher die

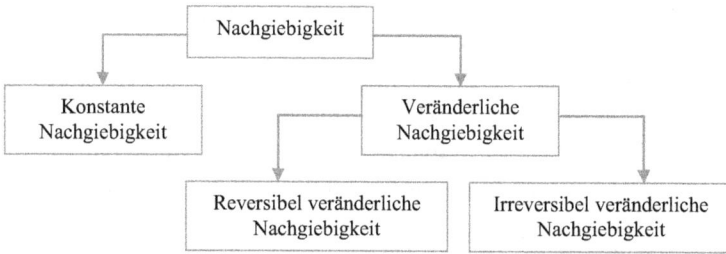

Abb. 2.4: Einteilung der Nachgiebigkeit nach der Fähigkeit sich zu verändern.

Veränderung ihrer Nachgiebigkeit nur einmal ausführen. Sie können beispielsweise in mechanischen Sicherheitseinrichtungen für eine einmalige Anwendung eingesetzt werden. Die Veränderung der Nachgiebigkeit eines Systems oder Systemteils kann auf zwei unterschiedlichen Wegen erfolgen. Einerseits kann dies durch eine gezielte Änderung bzw. Rekonfiguration der Geometrie geschehen, welche für diesen Zweck ausgelegt wurde. Andererseits ist es möglich, die Materialeigenschaften des Systems so anzupassen, dass eine gewünschte Nachgiebigkeit erreicht wird. Diese Aufteilung mit den Beispielen ist in Abb. 2.5 dargestellt.

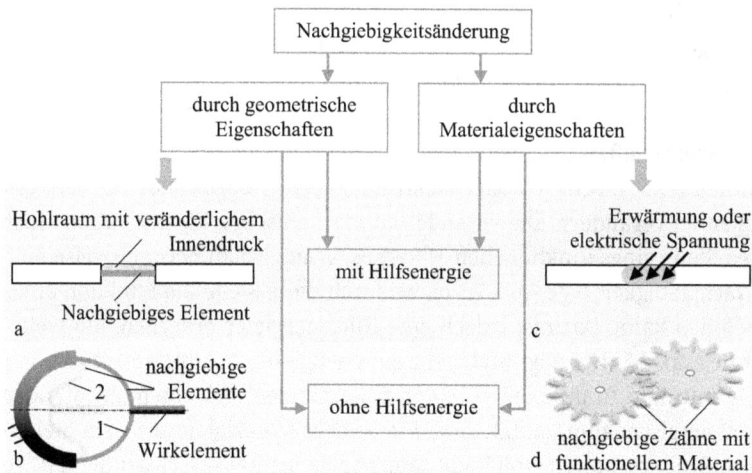

Abb. 2.5: Methoden zur Änderung der Nachgiebigkeit in nachgiebigen Systemen mit Beispielen: a – ein nachgiebiges System mit zusätzlichen Hohlräumen, welches durch die Druckerhöhung die Nachgiebigkeit des Gesamtsystems verändern; b – ein nachgiebiges System mit zwei Gleichgewichtslagen 1 und 2, die unterschiedliche Nachgiebigkeiten aufweisen; c – Einsatz von funktionellen Materialien in einem nachgiebigen System zur stufenlosen Änderung der Nachgiebigkeit; d – schematische Darstellung eines nachgiebigen Zahnradgetriebes mit Zähnen, die mit funktionellem Material (Borsiloxan) gefüllt sind, die Nachgiebigkeit hängt von der Geschwindigkeit der Belastung ab.

Die Änderung der Nachgiebigkeit eines Systems durch Veränderung der geometrischen Eigenschaften erfordert die Zufuhr von Energie, beispielsweise durch eine Druckerhöhung in den dafür vorgesehenen Hohlräumen (vgl. Abb. 2.5 a). Die Nachgiebigkeit des gesamten Systems kann auch durch Änderung der Länge eines Systemteils, durch Trennen oder Verbinden von Teilen in einem nachgiebigen System oder durch Änderung der Verbindung des Systems mit dem Gestell (Lagerungsart) verändert werden. In der Regel ist Energie erforderlich, um die genannten geometrieseitigen Änderungen im System vorzunehmen. Die Energie, die dem System zugeführt wird, um die Nachgiebigkeit zu ändern, wird als *Hilfsenergie* bezeichnet. Es ist auch möglich, systemeigene Energie, peripher vorhandene oder parasitäre Energie, ganz oder teilweise für die Änderung der Nachgiebigkeit zu nutzen. Eine derartige energiearme oder gar energielose Nachgiebigkeitsänderung in nachgiebigen Systemen wird aus Gründen der Energieeffizienz und Ressourcenknappheit besonderes angestrebt. Ein Beispiel für die Veränderung der Nachgiebigkeit durch die Änderung der Geometrie eines Systems ohne Hilfsenergie ist die gezielte Anwendung eines instabilen Verhaltens mit einem Durchschlageffekt (siehe Abb. 2.5 b). Die Nachgiebigkeit des Systems ändert sich, wenn das Wirkelement von einem Zustand 1 in einen anderen Zustand 2 übergeht. Dies geschieht, wenn eine kritische Axialkraft auf das Wirkelement überschritten wird. Diese Kraft entsteht im System vorzugsweise durch die so genannte parasitäre Energie, die unerwünscht und unvermeidbar im System entsteht. Dadurch können belastungsabhängig zwei verschiedene Zustände mit unterschiedlichen Nachgiebigkeiten erreicht werden. Eine sinnvolle Auslegung solcher Systeme kann den Regelungsaufwand reduzieren oder sogar einsparen.

Die Materialeigenschaften der funktionellen Materialien eines Systems oder eines Systemteils können auch thermisch oder elektromagnetisch beeinflusst werden, um die Nachgiebigkeit zu verändern. Die veränderten mechanischen Eigenschaften einer lokal erwärmten Stelle eines funktionellen Materials, ermöglichen beispielsweise eine lokal erhöhte Nachgiebigkeit (vgl. Abb. 2.5 c), wodurch diese Stelle die Funktion eines Gelenks übernehmen kann. Dazu ist jedoch eine Hilfsenergie erforderlich. Ein weiteres Beispiel ist in Abb. 2.5 d gezeigt und stellt ein nachgiebiges Zahnradgetriebe mit Zähnen dar, die mit dem funktionellen Material Borsiloxan [45] (auch „Hüpfender Kitt" oder „Hüpfknete" genannt) gefüllt sind. Ein solches Material ändert sein Steifigkeits- und Dämpfungsverhalten abhängig von der Belastungsgeschwindigkeit. Je höher die Belastungsgeschwindigkeit ist, desto härter wird das Material. Die Zähne knicken bei niedrigen Geschwindigkeiten und hohen Momentbelastungen gezielt aus und unterbrechen dadurch die Bewegung der Zahnräder. Bei höheren Geschwindigkeiten und niedrigeren Momentbelastungen erfolgt eine zuverlässige Übertragung der Bewegung.

Ein einfacher nachgiebiger Balken dient als Modell für eine gezielt gesteuerte Nachgiebigkeitsänderung im folgenden Beispiel. Dabei gelten geometrieseitige Linearität, wobei nur kleine Verschiebungen zugelassen sind, und materialseitige Linearität gemäß dem HOOKEschen Gesetz. Der Balken, beispielsweise als ein nachgiebiges Gelenk in einem nachgiebigen System, ist einseitig eingespannt und hat die Länge l und das äquatoriale Flächenträgheitsmoment I_z. Seine Materialeigenschaften werden durch den Elastizitätsmodul E beschrieben. Der Balken wird durch eine Kraft $\mathbf{F}$ an seinem Ende belastet (vgl. Abb. 2.6 a). Die Verschiebung vom Ende wird mit u_y bezeichnet. Die *Nachgiebigkeit* wird hier als ein Quotient aus der Verschiebung u_y und der Kraft $\partial u_y/\partial F$ definiert. Die Verschiebung wird am Ende des Balkens bei $x = l$ gemessen. Die Nachgiebigkeit wird wie folgt notiert:

$$\eta = \frac{u_y(l)}{F}. \tag{2.1}$$

Die Nachgiebigkeit bleibt im linearen Fall konstant. Wenn der Elastizitätsmodul E von einem anderen Parameter, wie beispielsweise von der Temperatur T, linear abhängt, ist auch die Nachgiebigkeit temperaturabhängig: $\eta(T)$. Der Parameter T kann nun genutzt werden, um die Nachgiebigkeit gezielt zu verändern [54]. In Abb. 2.7 ist ein solches System als ein fluidmechanischer Aktuator dargestellt. Das System basiert auf einem Schlauch, der aus einem konventionellen Schrumpfschlauch gefertigt ist. Dieser wird zunächst durch Erhitzung in eine geschrumpfte Form gebracht. An einem Ende wird der Schlauch verschlossen, während durch das andere Ende ein Luftdruck aufgebracht wird. Die Temperatur wird lokal mit einem Heizdraht erhöht, der durch eine dünne Silikonschicht vom Schlauch einseitig thermoisoliert ist. Wenn der Draht unter elektrischer Spannung steht, erwärmt er einen lokalen Bereich des Schlauchs, wodurch dieser eine höhere Nachgiebigkeit erhält. Unter der Druckerhöhung im Innenraum dehnt sich der erwärmte Bereich aus. Nachdem der Druck entfernt wird schrumpft das Material, und das System kehrt in den ursprünglichen Zustand zurück. Je höher die Temperatur des lokalen Bereichs des Schlauchs ist, desto weicher wird er. Dadurch kann die Nachgiebigkeit eines Systems gezielt geändert werden.

Die Änderung der *Empfindlichkeit* des Systems, als Quotient aus der Ausgangsgröße, hier als die Nachgiebigkeit η, und der die Änderung verursachenden Größe, hier als die Temperaturänderung $\partial\eta/\partial T$ kann in einem solchen System nicht gewährleistet werden. Die Empfindlichkeit bleibt für einen gewünschten Temperaturzustand konstant. In Abb. 2.6 b ist eine Abhängigkeit $\eta(T)$ dargestellt, wobei die Empfindlichkeit des Systems durch den Winkel α_1 charakterisiert wird. Wenn ein weiterer Parameter, wie zum Beispiel Parameter X, herangezogen wird, der auch die Elastizität des Materials beeinflussen kann, ist es möglich, die Empfindlichkeit des Systems $\partial\eta/\partial T$, in Bezug auf den Parameter T, für einen bestimmten Zustand, beschrieben durch T und u_y, zu verändern. In Abb. 2.6 c–d ist der Fall schematisch dargestellt, bei dem die Nachgiebigkeit von zwei Parametern abhängt, wodurch auch die Veränderung der Empfindlichkeit möglich ist. Um die Komplexität zu reduzieren, wurde ein linearer Zusammenhang zwischen der Nachgiebigkeit und den beiden oben genannten Parametern angenommen.

Die Änderung der Empfindlichkeit $\partial\eta/\partial T$ ist somit nur möglich, sofern eine Abhängigkeit von zwei oder mehr Parametern vorliegt. Diese Situation lässt sich einstellen, indem das dargestellte System, wie in Abb. 2.7 gezeigt, nicht als fluidmechanischer Aktua-

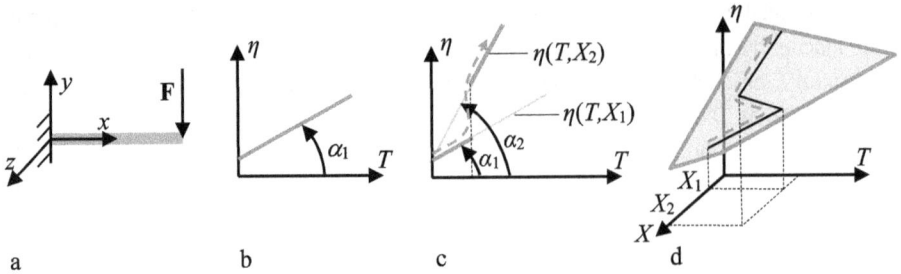

Abb. 2.6: Zur Empfindlichkeit in Bezug auf die Nachgiebigkeit: a – ein Beispiel eines eingespannten Balkens, die durch eine Kraft belastet wird; b – Nachgiebigkeit $\eta(T)$ mit konstanter Empfindlichkeit; c –Nachgiebigkeit, die von zwei Parametern abhängt $\eta(T,X)$, wodurch eine Veränderung der Empfindlichkeit möglich ist, charakterisiert durch α_1 und α_2; d – räumliche Darstellung des Weges für Änderung der Empfindlichkeit auf der Fläche $\eta(T,X)$.

tor, sondern als einfaches stoffschlüssiges Gelenk verwendet wird. Dieses Gelenk erfährt durch eine äußere Kraft eine Biegung, analog zu Abb. 2.6 a. Somit stehen zwei Parameter zur Verfügung, die die Nachgiebigkeit des Systems beeinflussen können: die Temperatur, die durch die elektrische Spannung im Heizdraht verändert werden kann, und der Innendruck im Schlauch. Gemäß Abb. 2.6 c-d kann in diesem Fall die Empfindlichkeit verändert werden. Der Innendruck im Schlauch entspricht hier dem Parameter X.

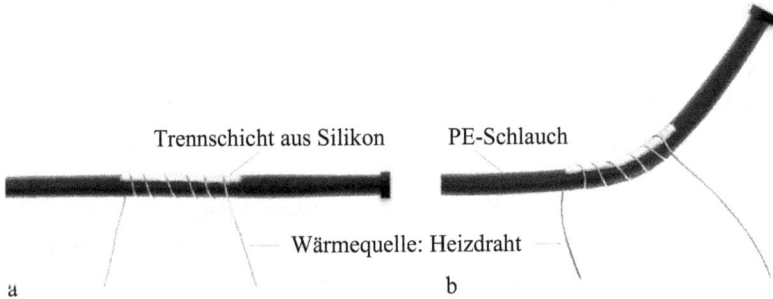

Abb. 2.7: Änderung der Nachgiebigkeit eines Systems infolge des Temperatureinflusses: a – ein Schlauch (Schrumpfschlauch) mit einem Heizdraht umwickelt und einseitig mit einer Trennschicht aus Silikon als Thermoisolierung auf einer Seite des Schlauchs gestaltet, kein Druck im Innenraum; b – das System steht unter dem Einfluss der Temperaturerhöhung und des Innendrucks.

Das beschriebene Beispiel zeigt eine Möglichkeit auf, wie die Empfindlichkeit eines nachgiebigen Systems verändert werden kann. Beispielsweise, in der Messtechnik ist eine gezielte Einstellung der Empfindlichkeit insbesondere wichtig. Neben der Empfindlichkeit wird zwangsläufig auch der Messbereich verändert und verschoben werden.

2.2 Nachgiebige Mechanismen

Ein Mechanismus, dessen Beweglichkeit ausschließlich oder vorrangig durch die Nachgiebigkeit seiner Strukturabschnitte bestimmt ist, wird als ein *nachgiebiger Mechanismus* bezeichnet (s. auch [6, 7] und [55]). Nachgiebige Mechanismen weisen aufgrund ihrer Nachgiebigkeit eine Reihe von Vorteilen gegenüber Starrkörpermechanismen auf. Im Allgemeinen lassen sich diese Vorteile wie folgt zusammenfassen: hohe Wiederholgenauigkeit, geringere Reibung bzw. Schmierung, gute Voraussetzungen für die Miniaturisierung, einfache Fertigung durch unkomplizierte bzw. keine Montage und geringe Wartung. Bei der Analyse und dem Entwurf nachgiebiger Mechanismen müssen jedoch oft komplexe Pfade eines Wirkelements berücksichtigt werden, die theoretisch schwer zu beschreiben sind. Darüber hinaus können große Verformungen oder längere Anwendungen das Auftreten von Ermüdungserscheinungen im Material begünstigen.

2.2.1 Einteilung nachgiebiger Mechanismen

Gemäß der Definition nachgiebiger Mechanismen lassen sich diese in vollständige nachgiebige Mechanismen und teilweise nachgiebige Mechanismen unterteilen (vgl. Abb. 2.8). Wenn ein Mechanismus seine Beweglichkeit durch Vorhandensein sowohl von nachgiebigen Strukturabschnitten als auch von Starrkörpergelenken erfährt, wird er als *teilweise nachgiebiger Mechanismus* bezeichnet. Ein *vollständiger* nachgiebiger Mechanismus erhält seine Beweglichkeit ausschließlich durch die Nachgiebigkeit seiner Strukturabschnitte. Die nachgiebigen Strukturabschnitte bilden nachgiebige Gelenke bzw. Glieder abhängig von der Verteilung der Nachgiebigkeit im Mechanismus (s. Abschnitt 2.2.2).

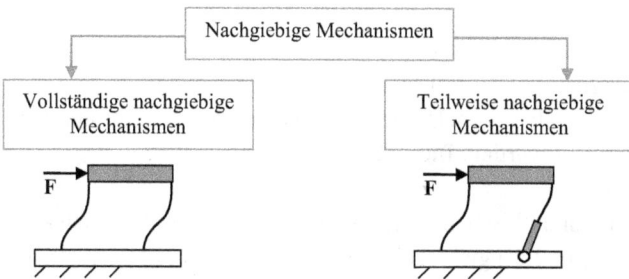

Abb. 2.8: Aufteilung der Mechanismen in vollständige nachgiebige und teilweise nachgiebige Mechanismen.

Im Hinblick auf die Nachgiebigkeitsverteilung (s. Abschnitt 2.1.1) lassen sich sowohl vollständige, als auch teilweise nachgiebige Mechanismen in Mechanismen mit konzentrierter Nachgiebigkeit oder verteilter Nachgiebigkeit unterteilen. Dies führt zu vier grundlegenden Fällen von nachgiebigen Mechanismen, die in Abb. 2.9 beispielhaft dargestellt sind.

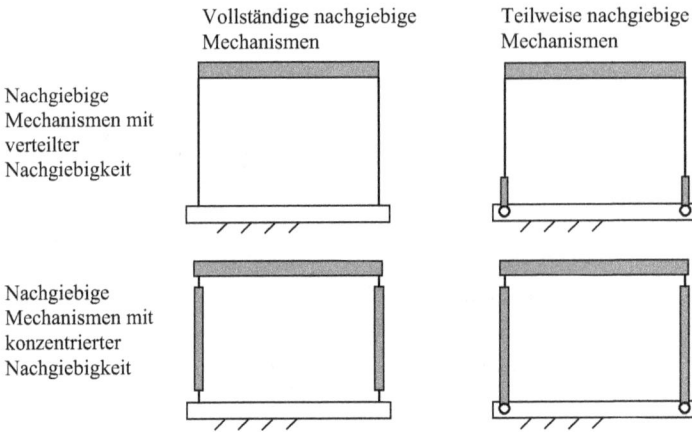

Abb. 2.9: Aufteilung vollständiger und teilweise nachgiebiger Mechanismen im Hinblick auf die Nachgiebigkeitsverteilung.

2.2.2 Nachgiebige Gelenke

Ein Strukturabschnitt eines nachgiebigen Mechanismus mit einer wesentlich erhöhten Nachgiebigkeit kann als ein Gelenk betrachtet werden, das im Allgemeinen lokal begrenzt ist. Im Gegensatz zu Starrkörpergelenken, bei denen zwei Glieder entweder eine formschlüssige oder kraftschlüssige Paarung aufweisen, verbinden nachgiebige Gelenke zwei oder mehr Teile des nachgiebigen Mechanismus, die eine höhere Steifigkeit aufweisen.

Die Bereiche mit höherer Nachgiebigkeit können inhärent im Mechanismus oder als integrierte bzw. hinzugefügte Strukturabschnitte realisiert werden. Andererseits kann höhere Nachgiebigkeit in einem nachgiebigen Mechanismus sowohl *material-* als auch *geometrieseitig* erreicht werden. Diese Aufteilung ist in Abb. 2.10 dargestellt und wird im Folgenden diskutiert.

Ein Mechanismus kann monolithisch, d. h. aus einem Stück Material inklusive Gelenken als Bereiche mit höherer Nachgiebigkeit, hergestellt werden. Es handelt sich bei den inhärenten nachgiebigen Bereichen um *stoffschlüssige Gelenke*, die für die Verformung im Mechanismus sorgen. Wenn das Material, aus dem der Mechanismus hergestellt ist, homogen und isotrop ist, können die Gelenke durch Verjüngung der Geometrie erzeugt werden (geometrieseitig). Neben der Bezeichnung „stoffschlüssiges Gelenk" existieren weitere Bezeichnungen für diese stoffschlüssige geometrieseitige Paarung, die einen Anspruch auf Allgemeinheit besitzen. Dazu zählt etwa der Begriff *Festkörpergelenk* (siehe Abb. 2.10 a). Dieser wird insbesondere dann verwendet, wenn

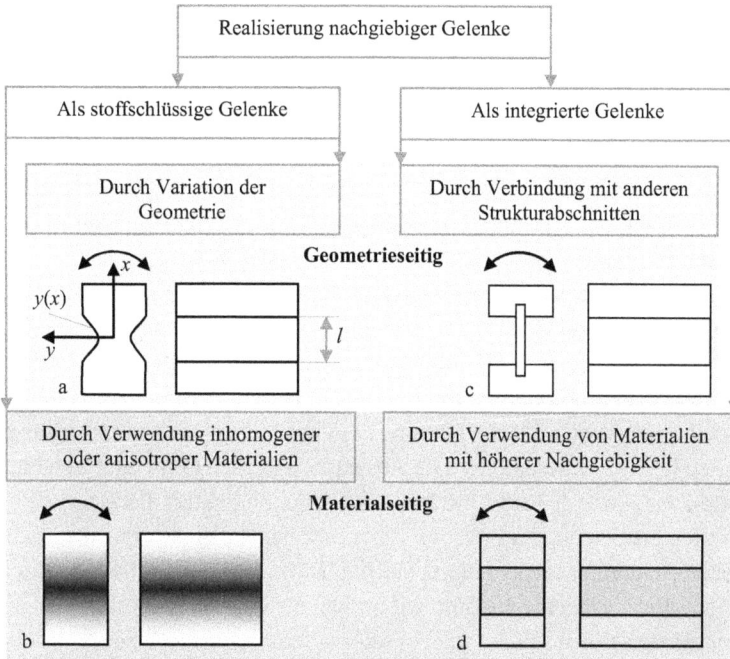

Abb. 2.10: Möglichkeiten zur Realisierung von nachgiebigen Gelenken eines nachgiebigen Mechanismus mit Beispielen sowie Aufteilung der Gelenke in materialseitige und geometrieseitige Realisierung: a – Verwendung inhomogener oder anisotroper Materialien; b – Gestaltung der Geometrie; c – Verwendung von Materialien mit höherer Nachgiebigkeit; d – Verbindung mit anderen Strukturabschnitten.

es sich um stoffschlüssige Gelenke mit konzentrierter Nachgiebigkeit handelt. Ist das Material nicht homogen und/oder anisotrop, können gezielt erzeugte Bereiche mit höherer Nachgiebigkeit als Gelenke im Mechanismus dienen (materialseitig, wie in Abb. 2.10 b).

Außerdem können nachgiebige Gelenke als Strukturabschnitte aus gleichem Material, aber mit kleineren Querschnittsabmessungen in den Mechanismus integriert werden. Sie werden die Funktion der Gelenke übernehmen (geometrieseitig, Abb. 2.10 c). Durch die Implementierung von Bereichen aus einem anderen Material mit höherer Nachgiebigkeit in den Mechanismus können diese als gelenkige Verbindungen bzw. nachgiebige Gelenke verwendet werden (materialseitig, Abb. 2.10 d). Eine kombinierte Variante ist ebenfalls möglich, wenn beispielsweise ein Gelenk aufgrund der geometrischen Auslegung und Anwendung von Materialien mit höherer Nachgiebigkeit ausgeführt wird [51].

Das Verformungsverhalten eines nachgiebigen Mechanismus hängt stark von der Beschaffenheit seiner nachgiebigen Gelenke ab, da diese hauptsächlich die Verformung des gesamten Mechanismus bestimmen. Insbesondere wird bei Mechanismen mit konzentrierter Nachgiebigkeit, d. h. mit Festkörpergelenken hohe Aufmerksamkeit der Gelenkkontur gewidmet. Die geometrische Auslegung der *Gelenkkontur* bezieht sich auf solche Parameter wie die Länge des Gelenks l und deren geometrische Kontur $y = y(x)$ (Abb. 2.10 a, s. [37]). Sie bestimmen solche Charakteristiken der Gelenke, wie die maximale Spannung und die Drehachsenverlagerung [39, 43]. In der Literatur finden sich verschiedene Ansätze zur Berechnung der *Drehachsenverlagerung*, darunter die Momentanpolannaherung, die Mittelpunktverschiebung, der Tangentenschnittpunkt sowie die Mittelpunktmitfuhrung. Diese Ansätze wurden in [38] untersucht und untereinander verglichen. Sie sind im gewissen Sinne gleichberechtigt, da die Extremwerte nach jeder dieser Ansätze gleichzeitig auftreten, wobei die Werte voneinander abweichen. Der Ansatz der *Mittelpunktmitfuhrung* erwies sich durch die einfache Berechnung und die Nähe zur Drehachse eines Starrkörpergelenkes in der Darstellung als vorteilhaft. Bei diesem Ansatz wird der Abstand zum mitgeführten Mittelpunkt gemessen, welcher fest mit dem bewegten, verformungssteifen Segment verbunden ist. Dieser Ansatz wird im Abschnitt 6.2 erklärt und angewendet.

Eine Einteilung der Strukturabschnitte in nachgiebige und starre Bereiche, demnach eine Abstraktion als Gelenke und Glieder, führt in vielen Fällen zu einer Vereinfachung der Modellbildung eines nachgiebigen Mechanismus. Ist eine solche Einteilung nicht möglich, sollte das nachgiebige System wie in [25] als ein komplett nachgiebiger Körper modelliert werden.

Auch in der Natur gibt es nachgiebige Systeme mit Gelenken, die durch Variation der Geometrie oder durch Variation des Materials entstehen. Ein Beispiel für Gelenke, die allein durch geometrische Gestaltung entstehen, ist ein mehrgelenkiges Spinnenbein (siehe Abb. 2.11 a). Ein Spinnenbein ist von einer relativ harten Schale umgeben, die ein sogenanntes Exoskelett bildet. Es weist an lokalen Stellen gelenkige Gebilde mit faltbaren Membranen auf, wobei alle Bereiche aus dem gleichen Material (Cuticula) bestehen. Bei einem Druckanstieg innerhalb der Schale entfaltet sich die Membran und das Bein wird gestreckt, wie in Abb. 2.11 b und c gezeigt.

In Abhängigkeit von der Geometrie des Gelenkbereichs werden hinsichtlich der Beinstreckung drei Fälle unterschieden ([62]). Im ersten Fall handelt es sich um ein Gelenk, das die Streckung des Spinnenbeins ausschließlich durch Erhöhung des hydraulischen Drucks realisiert. In diesem Fall verläuft die Drehachse durch einen peripheren Punkt des Beins und eine Beteiligung der Muskulatur an der Streckbewegung ist somit ausgeschlossen (siehe Abb. 2.12 a).

Ein weiteres Gelenk ermöglicht die Streckung des Beins durch Druckerhöhung im Gelenkbereich bei gleichzeitiger Muskelbeteiligung. Die Beinstreckmuskulatur kann hier im Exoskelett des Beins untergebracht werden, da die Drehachse des Gelenks durch das Bein verläuft, wie in Abb. 2.12 b dargestellt. Im dritten Fall teilt die Drehachse die Membran in zwei gleich große Flächen, wie in Abb. 2.12 c angedeutet. Der hydraulische Druck erzeugt in Bezug auf die Drehachse gleich große gegenläufige Momente, die zu keiner Bewegung führen. Die Nachgiebigkeit des Gelenks kann hier durch eine gleichzeitige Beteiligung des Innendrucks und der Muskeln verändert werden. In diesem Fall obliegen die Streckung und Beugung des Beins vollständig der Muskulatur.

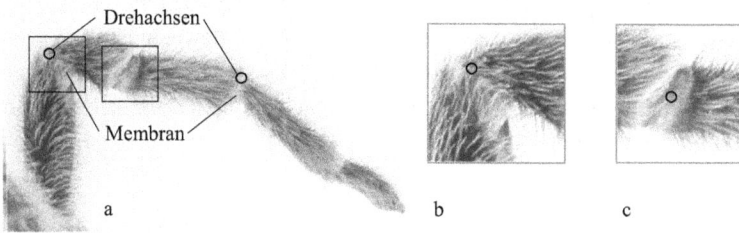

Abb. 2.11: Ein Beispiel für ein nachgiebiges System in der Natur: a – Streckung eines Spinnenbeins wird durch Erhöhung des hydraulischen Drucks in den Gelenkbereichen erreicht; b – rein hydraulisches Gelenk, die Drehachse verläuft durch einen peripheren Punkt des Beins (durch einen Kreis angedeutet; c – kein hydraulisches Gelenk, die Bewegung erfolgt hauptsächlich durch Muskeleinsatz, die Drehachse schneidet die Querschnittsfläche des Beins (durch einen Kreis angedeutet).

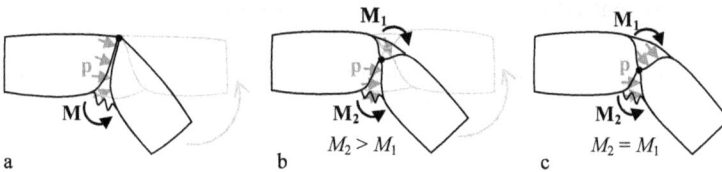

Abb. 2.12: Schematische Darstellung von Spinnenbeingelenken: a – ein rein hydraulisches Gelenk, eine Streckung kann nur durch Muskeln erzeugt werden; b – ein kombiniertes Gelenk, eine Streckung kann sowohl hydraulisch als auch durch Muskeln erzeugt werden; c – ein Gelenk, bei dem eine Streckung nur durch Muskeln erzeugt werden kann.

Ein weiteres Beispiel biologischer Gelenke, die durch zusätzliche Materialien mit höherer Nachgiebigkeit realisiert werden, ist die Wirbelsäule, die aus Wirbelkörpern und Bandscheiben besteht. Die zwischen den knöchernen Wirbelkörpern der Wirbelsäule gelegenen Bandscheiben bestehen aus einem äußeren, stabilen Faserknorpelring sowie einem gelartigen Kern, wie in Abb. 2.13 schematisch dargestellt. Die Bandscheiben sind flächig mit den Grund- bzw. Deckplatten der Wirbelkörper durch Bindegewebsfasern verwachsen.

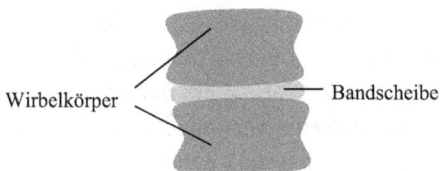

Abb. 2.13: Schematische Darstellung von zwei Wirbelkörpern der Wirbelsäule; die Wirbelkörper sind durch eine Bandscheibe miteinander verbunden, die elastische Bandscheibe stellt ein Gelenk dar.

Die Bandscheiben, die eine höhere Nachgiebigkeit besitzen, ermöglichen die Bewegung der Wirbelkörper relativ zueinander und damit auch die Beweglichkeit der gesamten Wirbelsäule. In den beiden Beispielen handelt es sich um stoffschlüssige Gelenke, da eine stoffliche Verbindung zwischen den nachgiebigen Gelenkelementen und den Systemteilen gewährleistet ist.

2.3 Nachgiebige Aktuatoren und Sensoren

Eine wichtige Voraussetzung für die Verwendung von Aktuatorik und Sensorik in nachgiebigen Systemen besteht darin, dass diese ebenfalls nachgiebig sein müssen, um die mechanische Funktionsfähigkeit des gesamten Systems nicht zu beeinträchtigen. Generell können aktuatorische oder sensorische Eigenschaften eines nachgiebigen Systems durch geometrische oder materialbedingte Gegebenheiten realisiert werden. Es ist vorteilhaft, wenn diese Systemteile auch einen unentbehrlichen mechanischen Teil des Systems ausmachen und folglich stoffschlüssig mit dem Gesamtsystem verbunden sind. Es handelt es sich dabei um eine Multifunktionalität solcher Systemteile.

2.3.1 Nachgiebige Aktuatoren

Wenn ein nachgiebiges System oder ein Körper nicht als kinematische Struktur betrachtet wird, sondern primär die Ursachen für die Bewegung berücksichtigt werden, kann der Begriff eines Aktuators eingeführt werden (s. auch [3]). Ein *nachgiebiger Aktuator* ist ein Aktuator, bei dem die Verrichtung mechanischer Arbeit mit Deformation nachgiebiger Bauelemente einhergeht (siehe Abb. 2.14). Handelt es sich dabei um die Energie eines fluidischen Mediums (Gas, Flüssigkeit, Gel), die in mechanische Arbeit (Deformation) umgewandelt wird, wird ein solcher Aktuator als *fluidmechanischer nachgiebiger Aktuator* bezeichnet (Abb. 2.14 a).

Im Beispiel der Spinnenbeingelenke, die in Abb. 2.12 a–b gezeigt werden, handelt es sich ebenfalls um fluidmechanische Aktuatoren im Gelenkbereich. Das System in Abb. 2.12 c ist kein fluidmechanischer Aktuator, weil die Bewegung nur unter der Wirkung von Muskelkraft realisiert wird. Der Innendruck verändert nur die Nachgiebigkeit des Gelenks.

Ein weiteres Beispiel ist ein nachgiebiger Greifer mit fluidmechanischen Aktuatoren, die parallel kaskadiert sind. Dies ist in Abb. 2.15 a–c dargestellt. Dank der Kaskadierung kann der Greifer als Innen- sowie als Außengreifer verwendet werden ([59]). Das Greifersystem kann als nachgiebiger Mechanismus mit inhärenter Aktuatorik betrachtet werden. Die aktuatorischen Eigenschaften werden durch die Hohlräume (strukturell und geometrisch) sowie die Elastizität des Materials realisiert, die einen unverzichtbaren Teil des Mechanismus ausmachen. Weitere Beispiele für nachgiebige fluidmechanische Aktuatoren finden sich in [17, 19]. In Kombination mit einem Starrkörpermechanismus wird dies in [10] beschrieben.

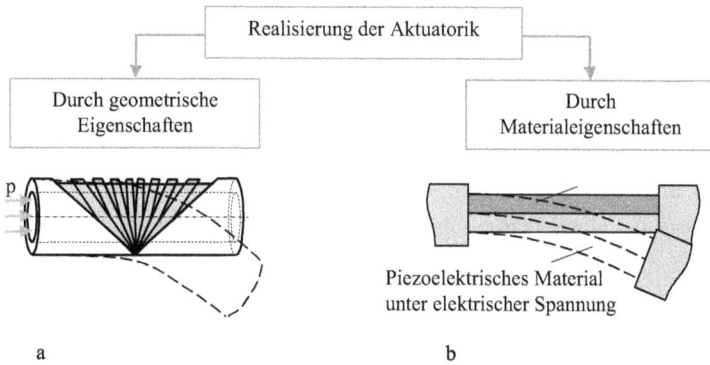

Abb. 2.14: Schematische Darstellung von nachgiebigen Aktuatoren: a – ein fluidmechanischer Aktuator, der sich durch Erhöhung des Innendrucks biegt; b – ein Aktuator, der durch Anwendung von funktionellen Materialien, wie z. B. piezoelektrischen Materialien, realisiert wird, die ihre Länge durch elektrische Spannung verändern.

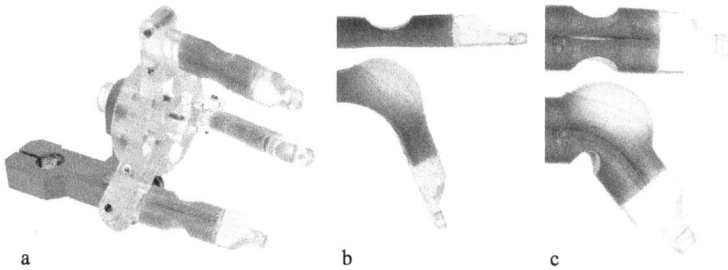

Abb. 2.15: Ein Greifersystem: a – ein Greifer als nachgiebiger Mechanismus mit fluidmechanischen Aktuatoren ([59]); b – fluidmechanischer Aktuator; c – parallel kaskadierte fluidmechanische Aktuatoren.

2.3.2 Nachgiebige Sensoren

Ein nachgiebiger Greifer aus Polymer (Abb. 2.16 a) mit inhärenten sensorischen Eigenschaften wird als Beispiel für die Realisierung nachgiebiger Sensorik betrachtet. Dabei werden die Zustände „mit Objekt", wenn der Greifer ein Objekt hält, und „ohne Objekt", falls sich kein Objekt zwischen den nachgiebigen Greifelementen befindet, unterschieden. Für die Sensorelemente im Greifer werden elektrisch leitfähige Polymere verwendet. Sie weisen nahezu identische mechanische Eigenschaften wie herkömmliche Polymere auf, die zur Fertigung des Greifers verwendet werden. Elektrisch leitfähige Polymere verändern ihren elektrischen Widerstand abhängig von der mechanischen Belastung. Es werden hier elektrisch leitfähige Polymere betrachtet, deren elektrischer Widerstand bei mechanischer Druckbeanspruchung des Materials abnimmt und bei

Zugbeanspruchung zunimmt (vgl. Abb. 2.18 b). Diese Eigenschaft kann auf einer ersten Abstraktionsebene durch die Änderung des Abstands zwischen den elektrisch leitfähigen Partikeln im Polymer, wie zum Beispiel Graphitpartikel, erklärt werden. Durch die Änderung des elektrischen Widerstands können Rückschlüsse auf die mechanischen Spannungen gezogen werden. Somit lassen sich zwei Zustände „mit Objekt" und „ohne Objekt" voneinander unterscheiden ([31, 32]).

Die Aktuatoren bringen die Greifelemente in den Greifzustand. Die Greifelemente verformen sich dabei und erfahren mechanische Spannungen. Die mechanischen Spannungen σ_0 im Zustand „ohne Objekt" werden mit den Spannungen σ_1 für den Zustand „mit Objekt" verglichen. Anschließend werden die Stellen des nachgiebigen Greifelements identifiziert, an denen die größte Differenz $\sigma_1 - \sigma_0 = \Delta\sigma$ auftritt. An diesen Stellen werden leitende Polymere eingebracht, um die Sensorik zu realisieren.

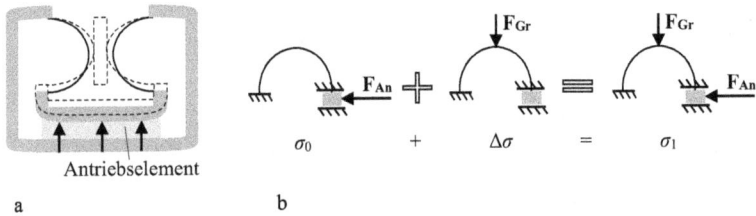

Abb. 2.16: Beispiel für einen nachgiebigen Greifers: a – Greifer im entspannten Zustand sowie unter der Wirkung der Antriebskraft mit einem gegriffenen Objekt; b – Darstellung des Superpositionsprinzips für die Spannungen im nachgiebigen Greifelement.

Unter der Annahme, dass die Verformungen in den Greifelementen klein bleiben, wird die lineare Theorie zur Spannungsermittlung verwendet. Demgemäß kann das Superpositionsprinzip verwendet werden, der den Lösungsweg zur Bestimmung der Spannungsdifferenz $\Delta\sigma$ erheblich vereinfacht. Die mechanischen Spannungen σ_1 setzen sich demnach aus den Spannungen σ_0, die unter der Antriebskraft $\mathbf{F_{An}}$ entstehen, und den Spannungen unter der Greiferkraft $\mathbf{F_{Gr}}$ zusammen (Abb. 2.16 b). Die Symmetrie des Systems impliziert, dass die Lagerreaktionen am rechten und linken Ende des Greifelements betragsmäßig gleich groß sind. Die Beträge der Lagerreaktionen werden als F_R für eine Kraft und als M_R für ein Moment bezeichnet (Abb. 2.17 a). Für die Lagerreaktion F_R gilt:

$$F_R = \frac{F_{Gr}}{2}.$$ (2.2)

Die Schnittreaktionen sowie die mechanischen Spannungen ergeben sich abhängig vom Parameter φ, welcher als eine Koordinate des Greifelements fungiert (Abb. 2.17 b). Es entstehen als Schnittreaktionen die Normalkraft N_S, die orthogonal zur Querschnittsfläche wirkt, die Querkraft Q_S in der Querschnittsfläche und das Schnittmoment M_S. Die *Gleichgewichtsbedingungen* für ein Segment des nachgiebigen Greifelements liefern im

Bereich von $0 < \varphi < \pi/2$ Werte für die Schnittreaktionen. Die Momentengleichung wird dabei bezüglich des Koordinatenursprungs aufgestellt. Aufgrund der Symmetrie sind die Werte der Schnittreaktionen im Bereich von $\pi/2 < \varphi < \pi$ gleich, wobei die y-Achse als Symmetrieachse gilt.

$$N_S = -\frac{F_{Gr}}{2} \cos \varphi,$$

$$Q_S = -\frac{F_{Gr}}{2} \sin \varphi, \tag{2.3}$$

$$M_S = M_R - \frac{F_{Gr}R}{2}(1 - \cos \varphi)$$

Das Reaktionsmoment M_R lässt sich mithilfe des Satzes von MENABREA (s. auch [11, 46]) berechnen. Da nur das Schnittmoment M_S vom Reaktionsmoment M_R abhängt und die Energie der Querkraft vernachlässigt wird, reduziert sich der Ausdruck für die Ableitung der Verformungsenergie W auf nur ein Integral:

$$\frac{\partial W}{\partial M_R} = \frac{1}{EI_{\varsigma 1}} \int\limits_0^{\frac{\pi}{2}} \left(M_R - \frac{F_{Gr}R}{2}(1 - \cos \varphi) \right) d\varphi = 0. \tag{2.4}$$

$EI_{\varsigma 1}$ bezeichnet die Biegesteifigkeit des nachgiebigen Greifelements (Abb. 2.17 c), welches aus dem Elastizitätsmodul E und dem äquatorialen Flächenträgheitsmoment $I_{\varsigma 1}$ besteht. R steht für den Krümmungsradius nachgiebiger Greifelemente. Das Reaktionsmoment wird aus der Gleichung (2.4) ermittelt:

$$M_R = F_{Gr}R \left(\frac{1}{2} - \frac{1}{\pi} \right). \tag{2.5}$$

Die mechanische Spannung $\Delta\sigma$ im Querschnitt des nachgiebigen Greifelements setzt sich aus der Druck/Zug-Spannung und der Biegespannung zusammen. Der Querschnitt ist ein Rechteck mit der Fläche A und den Abmessungen a und b. Das Koordinatensystem mit den Achsen ζ_1 und ζ_2 ist mit den Hauptträgheitsachsen des Querschnitts verbunden, wobei die Achsen ζ_1 und z in die gleiche Richtung zeigen (Abb. 2.17 c).

$$\Delta\sigma(\varphi, \zeta_2) = \frac{N_S}{A} + \frac{M_S}{I_{\varsigma 1}}\zeta_2 = -\frac{F_{Gr}}{2ba} \cos \varphi + \frac{6F_{Gr}R}{ba^3}\zeta_2 \left(\cos \varphi - \frac{2}{\pi} \right) \tag{2.6}$$

Der Extremwert von $\Delta\sigma$ fällt mit seinen Bereichsgrenzen $\varphi = 0$ und $\varphi = \pi/2$ zusammen. Dies lässt sich durch Ableiten der letzten Gleichung nach φ feststellen. Es besteht eine lineare Abhängigkeit bezüglich des Parameters ζ_2. Daher werden die Werte der Spannung $\Delta\sigma$ in den Bereichsgrenzen für φ und ζ_2 untereinander verglichen.

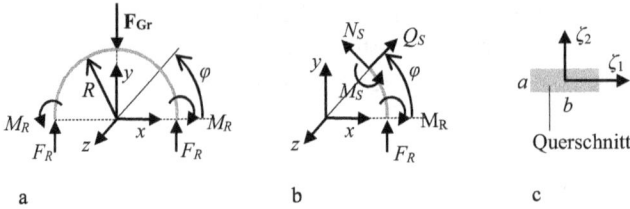

Abb. 2.17: Nachgiebiges Greifelement: a – Lagerreaktionen am nachgiebigen Greifelement; b – Darstellung eines Segments des nachgiebigen Greifelements; c – Querschnitt des nachgiebigen Greifelements.

$$\Delta\sigma\left(0, -\frac{a}{2}\right) = -\frac{F_{Gr}}{2ba} - \frac{3F_{Gr}R}{ba^2}\left(1 - \frac{2}{\pi}\right),$$

$$\Delta\sigma\left(0, \frac{a}{2}\right) = -\frac{F_{Gr}}{2ba} + \frac{3F_{Gr}R}{ba^2}\left(1 - \frac{2}{\pi}\right),$$

$$\Delta\sigma\left(\frac{\pi}{2}, -\frac{a}{2}\right) = \frac{6F_{Gr}R}{\pi ba^2},$$

$$\Delta\sigma\left(\frac{\pi}{2}, \frac{a}{2}\right) = -\frac{6F_{Gr}R}{\pi ba^2}$$

(2.7)

Die Maxima der absoluten Spannungswerte treten im Querschnitt bei der Koordinate $\varphi = \pi/2$ auf, wie die letzten beiden Gleichungen zeigen. Dabei ist vorauszusetzen, dass der Radius R viel größer als die Abmessung a ist. Beteiligt sind dabei die untere Seite für $\zeta_2 = -a/2$, die einem Zug ausgesetzt ist, und die obere Seite für $\zeta_2 = a/2$, die unter Druckspannungen steht. Insbesondere ist die Stelle mit den Koordinaten $\varphi = \pi/2$, $\zeta_2 = a/2$ (letzter Ausdruck aus (2.7)) für die Sensorisierung von Vorteil. Hier sind höhere Spannungen zu erwarten, wenn das gegriffene Objekt direkt auf die obere Seite des Greifelements bei $\zeta_2 = a/2$ eine Kraft ausübt. Dieser Bereich wird aus elektrisch leitfähigem Polymer hergestellt und einer elektrischen Spannung ausgesetzt. Die Änderungen des elektrischen Widerstands werden gemessen, um festzustellen, ob ein Objekt gegriffen wurde oder nicht (Abb. 2.18 a–b). Wenn die elektrische Spannung vom Objekt oder der Umgebung ferngehalten werden soll, kann sie isoliert werden.

Eine alternative Möglichkeit zur Lösung dieses Problems besteht in der Ausstattung der mittleren Schicht mit Sensorik. Die Stelle $\varphi = \pi/2$ kann hierfür nicht verwendet werden, da die Spannung $\Delta\sigma$ an der Stelle $\zeta_2 = 0$ den Wert Null annimmt. Durch das Einsetzen von $\zeta_2 = 0$ in die mechanische Spannung aus Gleichung (2.6), lässt sich ein Ausdruck für die mechanische Spannung des mittleren Fadens bzw. des mittleren Streifens des nachgiebigen Greifelements gewinnen:

$$\Delta\sigma(\varphi, 0) = -\frac{F_{Gr}}{2ba}\cos\varphi.$$

(2.8)

Dabei wird die Stelle $\varphi = 0$ und folgend auch die Stelle $\varphi = \pi$ für die Gestaltung der Sensorik genutzt (Abb. 2.18 a).

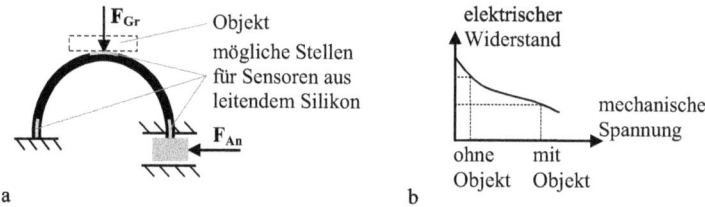

a   b

Abb. 2.18: Einsatz elektrisch leitfähiger Polymere: a – nachgiebiges Greifelement eines Greifersystems mit möglichen Stellen für inhärente Sensorik; b – Darstellung einer qualitativen Abhängigkeit des elektrischen Widerstandes von der mechanischen Spannung (Absolutwert der Spannung z. B. bei Druckbeanspruchung) für elektrisch leitfähige Polymere, die mit Graphitpartikeln dotiert sind.

Im Rahmen des Fertigungsprozesses kann eine Vernetzung elektrisch leitfähiger Polymere mit nicht leitfähigen Polymeren zu einem monolithischen Körper problemlos realisiert werden. Dabei weisen elektrisch leitfähige Polymere nahezu die gleichen mechanischen Eigenschaften wie nicht leitfähige Polymere auf. Daher übernehmen die Bereiche aus elektrisch leitfähigen Polymeren in der gezeigten Anwendung die Funktion der Sensorik und sind gleichzeitig Teil des mechanischen nachgiebigen Systems. Die Kontaktstelle der Greifelemente mit dem Objekt kann aber auch aus dem elektrisch leitfähigen Polymer mit einer geringeren Shore-Härte als die anderen Systemteile gestaltet werden, wenn für die Sensorisierung die Stelle $\varphi = \pi/2$ gewählt wird. In diesem Fall übernimmt das weichere Sensorteil zusätzlich die Aufgabe des sanften Greifens, was den Grad der Multifunktionalität weiter erhöht. Weitere Anwendungsbeispiele für elektrisch leitfähige Polymere finden sich in [4, 5] und [15].

2.3.3 Multifunktionalität

Die herkömmlichen Starrkörpermechanismen werden durch Aktuatoren angetrieben. Diese sind häufig nur räumlich in das Gesamtsystem integriert. Im Falle einer Erweiterung eines Starrkörpersystems um Sensorik wird diese dem System als zusätzliches Teil hinzugefügt. Die nachgiebigen Mechanismen können aufgrund ihrer Nachgiebigkeit so gestaltet werden, dass sie über inhärente aktuatorische und/oder sensorische Eigenschaften verfügen. Eine *inhärente Eigenschaft* eines Systems ist eine systemeigene Eigenschaft, die durch Geometrie- bzw. Strukturanpassung oder durch Materialeigenschaften erzielt werden kann. Eine wichtige Voraussetzung für solche Aktuatorik und Sensorik besteht darin, dass diese ebenfalls nachgiebig sein sollten, um die mechanische Funktionsfähigkeit des gesamten Systems nicht zu beeinträchtigen. Aktuatorische oder sensorische Eigenschaften eines nachgiebigen Systems lassen sich durch geometrische Mittel wie Hohlräume oder durch den Einsatz funktioneller Materialien realisieren (vgl. Abb. 2.14). Die aktuatorischen oder sensorischen Systemteile sind dann unentbehrliche, mechanisch tragende und mit dem Gesamtsystem stoffschlüssig verbundene Teile und weisen dadurch eine zusätzliche Funktion auf.

Wenn ein Systemteil mehrere Funktionen übernimmt, erhöht sich der Grad der Multifunktionalität des Systems. Unter *Multifunktionalität* wird eine Übernahme mehrerer Funktionen durch eine geringere Anzahl von Bauteilen, im Extremfall durch nur ein Bauteil, verstanden.

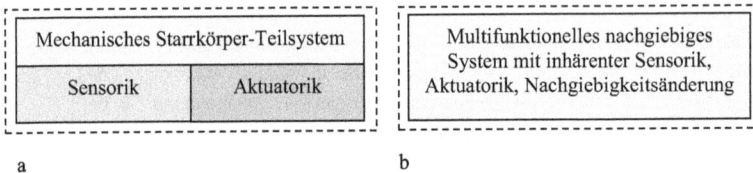

a   b

Abb. 2.19: Zwei Systeme im Vergleich: a – schematische Darstellung wesentlicher Bestandteile eines Starrkörper-Bewegungssystems; b – Darstellung eines nachgiebigen Bewegungssystems; das mechanische Systemteil übernimmt die Funktion einzelner Bestandteile.

In Abb. 2.19 ist ein Vergleich zwischen einem herkömmlichen Starrkörper-Bewegungssystem und einem multifunktionellen nachgiebigen System auf abstrakter Ebene gezeigt. Ein Starrkörper-Bewegungssystem (Abb. 2.19 a) besteht aus einem mechanischen Systemteil, Aktuatorik und Sensorik. Die Aktuatorik realisiert relative Bewegungen der Starrkörper zueinander und die Sensorik überwacht den Zustand des Systems.

Dank dem Einsatz von Materialien mit funktionellen Eigenschaften und durch eine sinnvolle strukturelle und geometrische Auslegung nachgiebiger Systeme können die Funktionen der Aktuatorik und Sensorik als inhärente Eigenschaften realisiert werden. So ein nachgiebiges System weist einen hohen Grad der Multifunktionalität auf. In einem Extremfall kann sogar eine maximale Multifunktionalität erreicht werden, indem die gesamte Aktuatorik und Sensorik gleichzeitig als notwendiger mechanischer Teil des Systems fungiert (Abb. 2.19 b). Dadurch wird auch eine kompakte Bauweise ermöglicht.

2.4 Verformungsverhalten nachgiebiger Systeme

Ein weiteres Kriterium für die Klassifikation nachgiebiger Systeme ist ihr Verformungsverhalten unter Belastungen. Als Belastungen werden Kräfte, Momente, verteilte Kräfte oder verteilte Momente betrachtet. Das Verformungsverhalten eines nachgiebigen Systems wird durch die Änderung der Lagen seines Wirkelements in Abhängigkeit von der Belastung beschrieben. Das Wirkelement wird funktionsbedingt für das System festgelegt.

Das Verformungsverhalten nachgiebiger Systeme lässt sich in stabiles und instabiles Verhalten unterteilen (Abb. 2.20). Bei stabilem Verhalten entspricht einer bestimmten Belastung, symbolisch durch F bezeichnet, genau ein Parameter u. Dieser Parameter bestimmt die Lage des Wirkelements, die durch eine Koordinate als Winkel oder Strecke beschrieben wird und damit den verformten Zustand des Systems charakterisiert.

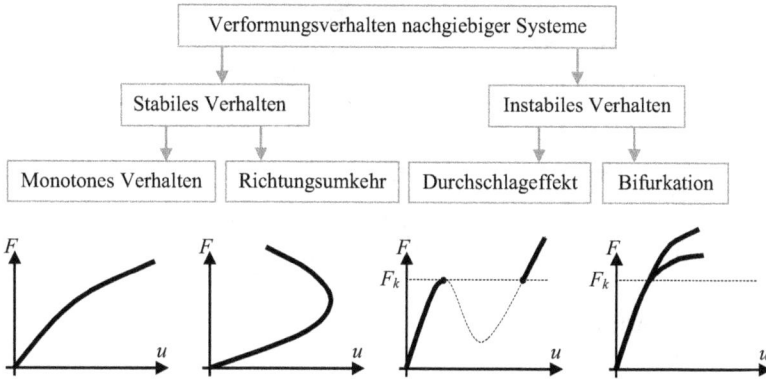

Abb. 2.20: Klassifizierung des Verhaltens nachgiebiger Systeme (s. auch [54]).

Beim stabilen Verhalten wird zwischen monotonem Verhalten und Verhalten mit Richtungsumkehr unterschieden. Bei einem instabilen Verhalten eines nachgiebigen Systems treten ein Durchschlageffekt (Verformungsverhalten mit einem „Sprung") oder eine Bifurkation („Verzweigung" des Verhaltens) auf. Im Folgenden werden die Arten des Verhaltens von nachgiebigen Systemen beispielhaft betrachtet. Dabei werden auch Starrkörpermechanismen genannt, um die Parallelen zwischen der Bewegungsübertragung mittels Starrkörper- und nachgiebigen Systemen aufzuzeigen. Die Zuordnung eines Systems innerhalb dieser Klassifikation hängt von der Wahl des Wirkelements mit dem charakteristischen Parameter u ab.

2.4.1 Stabiles Verhalten

Die meisten nachgiebigen Systeme weisen ein *stabiles Verhalten* auf. Dieses Verhalten ist bei vielen Anwendungen unentbehrlich, wie in der Präzisionstechnik, Robotik und Greifertechnik, um beispielsweise einen Positioniertisch hochgenau zu bewegen oder eine bestimmte Bahn mit einem Wirkelement des Systems zu realisieren.

Monotones Verhalten

In Abb. 2.21 sind Beispiele für ein *monotones Verhalten* eines Starrkörpermechanismus, wie einer Kurbelschleife, eines nachgiebigen Mechanismus, der sich nach dem Prinzip einer Parallelkurbel bewegt, und eines fluidmechanischen Aktuators gezeigt.

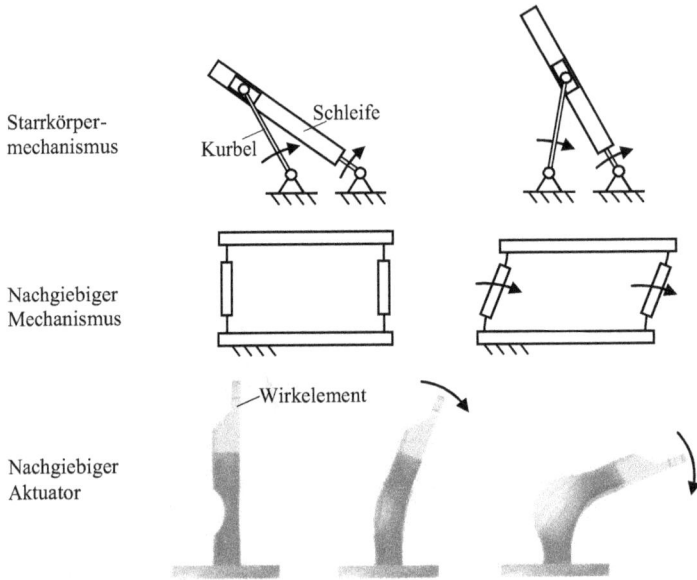

Abb. 2.21: Monotones Verhalten eines Starrkörpermechanismus, wie einer Kurbelschleife, eines nachgiebigen Mechanismus und eines nachgiebigen fluidmechanischen Aktuators.

Mit der Zunahme des Parameters, der eine Kraft oder ein Moment des Antriebs beschreibt, steigen auch die charakteristischen Größen für die Abtriebsbewegung. Im Beispiel des Starrkörpermechanismus – einer umlaufenden Kurbelschleife – wird die Abtriebsbewegung, die eine vollständige Umdrehung zulässt, durch den Winkel der Schleife definiert. Mit zunehmendem Antriebswinkel der Kurbel, wächst auch der Abtriebswinkel monoton an.

Die Bewegungsbereiche des Antriebs- und des Abtriebsglieds eines nachgiebigen Mechanismus sind begrenzt. Im Falle eines monotonen Verhaltens führt eine Erhöhung der Antriebsgröße zu einem Anstieg des Abtriebswinkels innerhalb der betreffenden Bereiche. Es kann angenommen werden, dass eines der in Abb. 2.21 dargestellten gestelllagerten Glieder als Antriebsglied und das andere als Abtriebsglied fungiert. Im Falle eines fluidmechanischen Aktuators entspricht dem steigenden Innendruck ein wachsender Neigungswinkel des am Aktuator befestigten Wirkelements. Der Bewegungsbereich des Wirkelements ist hier ebenfalls begrenzt.

Verhalten mit Richtungsumkehr

Ein *Verhalten mit Richtungsumkehr* kann genutzt werden, um komplizierte Bewegungsbahnen zu gestalten. In Abb. 2.22 sind ein Starrkörpersystem, ein nachgiebiger Mechanismus und ein nachgiebiger fluidmechanischer Aktuator dargestellt. Der Schieber der Schubkurbel, die ein Starrkörpersystem darstellt, führt eine wechselsinnige Bewegung aus, während die Antriebsbewegung ihre Richtung beibehält. Zur Beschreibung der Lageänderung des Schiebers kann dessen zurückgelegte Strecke als eine charakteristische Größe gewählt werden. Es handelt sich hierbei um ein Verhalten mit Richtungsumkehr.

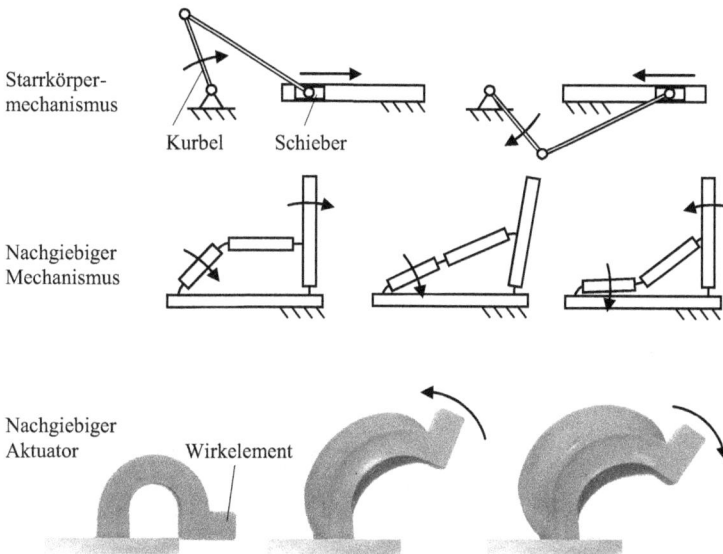

Abb. 2.22: Verhalten mit Richtungsumkehr eines Starrkörpermechanismus, wie einer Schubkurbel, eines nachgiebigen Mechanismus, wobei während der Bewegung des Antriebsglieds in einer Richtung das Abtriebsglied (rechts) seine Richtung verändert, sowie eines nachgiebigen fluidmechanischen Aktuators.

Der Bewegungsbereich eines nachgiebigen Mechanismus ist begrenzt. Das Abtriebsglied erfährt eine Richtungsumkehr während sich das Antriebsglied in eine Richtung unter steigender Belastung bewegt.

Die Geometrie des in Abb. 2.22 gezeigten Aktuators wurde so optimiert, dass unter Belastung durch den steigenden Innendruck eine Richtungsumkehr des Wirkelements stattfindet. In den beiden letzten Fällen kann der Neigungswinkel eines Wirkelements zur Beschreibung der Lage des Wirkelements gewählt werden. Das Verhalten mit Richtungsumkehr im Falle des fluidmechanischen Aktuators kann aufgrund seiner spezifischen Bahn als Extremität für Lokomotion von Minirobotern genutzt werden.

Nachgiebige Systeme, die ein Verhalten mit Richtungsumkehr aufweisen, haben eine folgende bemerkenswerte Eigenschaft. Eine charakteristische Größe kann in einem bestimmten Bereich den zwei verschiedenen Antriebsbelastungen, wie Druck, Kraft oder Moment, entsprechen (Abb. 2.23 a). Somit können für eine Lage, die durch denselben Parameter u^* beschrieben wird, zwei verschiedene Nachgiebigkeiten eines Systems erreicht werden.

Ein Verformungsverhalten, welches zwischen dem monotonen Verhalten und dem Verhalten mit Richtungsumkehr liegt, weist einen nahezu konstanten Wert der charakteristischen Bewegungsgröße des Wirkelements auf, während der Antriebsparameter kontinuierlich zunimmt (Abb. 2.23 b). Solches Verhalten nachgiebiger Systeme kann beispielsweise unter Verwendung eines Anschlags für das Wirkelement erreicht werden. Eine elegantere Art, dieses Verhalten zu erlangen, ist eine gezielte modellbasierte Auslegung der Geometrie des nachgiebigen Systems. In Abb. 2.23 c ist ein nachgiebiger Aktuator aus Silikon dargestellt, dessen charakteristische Verschiebung u ab einer bestimmten Belastung durch Innendruck konstant bleibt. Steigt der Innendruck bis zu einem bestimmten Wert an, verschiebt sich das Wirkelement des Aktuators. Steigt der Innendruck weiter an, dehnt sich der Aktuator in alle Richtungen aus, ohne dass sich die Verschiebung wesentlich vergrößert. Ein System mit solchen Eigenschaften ist besonders vorteilhaft bei der Anwendung für Greifersysteme, wodurch der sensorische Aufwand zur Überwachung der Greiferkraft entfällt. Die Begrenzung der Greiferkraft wird allein durch die mechanischen Eigenschaften des Systems erreicht.

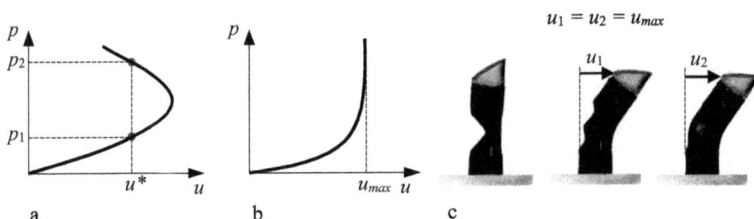

Abb. 2.23: Verhalten mit Richtungsumkehr und mit konstanter Verschiebung: a – Verhalten mit Richtungsumkehr; einer Lage u^* entsprechen zwei unterschiedliche Belastungen p_1 und p_2, beide Lagen weisen unterschiedliche Nachgiebigkeiten auf; b – ein Verhalten, welches zwischen dem monotonen Verhalten und dem Verhalten mit Richtungsumkehr liegt; c – ein fluidmechanischer Aktuator mit einem Verhalten, wie unter b dargestellt.

2.4.2 Instabiles Verformungsverhalten

Im Gegensatz zum stabilen Verhalten nachgiebiger Systeme nehmen Systeme bei instabilem Verhalten unter einer bestimmten Belastung mehrere Gleichgewichtslagen an. *Instabiles Verhalten* äußert sich als Durchschlageffekt oder als Bifurkation.

Verhalten mit einem Durchschlageffekt

Bei einem Verhalten mit Durchschlageffekt erfolgt ein sprungartiger Übergang von einer *Gleichgewichtslage* in eine andere stabile Lage. Dabei können einer kritischen Belastung mehrere Gleichgewichtslagen zugeordnet werden. Ein *Verhalten mit Durchschlageffekt* tritt meistens im Zusammenhang mit der Nachgiebigkeit eines Systems auf. Ein einfaches Beispiel dafür ist ein elastischer beidseitig eingespannter Balken, bei dem der Abstand zwischen den Einspannstellen kleiner als seine Länge ist: $a < l$ (Abb. 2.24 a). Aus diesem Grund bildet der Balken eine Wölbung. Eine Kraft, die in der Mitte dieses Balkens wirkt, führt zu seiner Verformung. Bei Erreichen der kritischen Kraft $F = F_{k1}$ kommt es zu einem sprunghaften Übergang in eine andere Gleichgewichtslage. In der grafischen Darstellung in Abb. 2.24 a ist ein solcher sprungartiger Übergang gezeigt, welcher entlang der u-Achse auf den anderen Ast der Kurve zum Punkt 2 führt. Danach nimmt die Verschiebung mit zunehmender Kraft weiter zu. Bei Verringerung der Kraft bis zu einem Wert von $F = 0$ wird eine andere Gleichgewichtslage 3 (siehe Abb. 2.24 a) eingestellt. Das System kehrt in die ursprüngliche Lage zurück, wenn die Kraft in entgegengesetzter Richtung wirkt. Sobald die Kraft den Wert von $F_{k2} = -F_{k1}$ erreicht und dann weggenommen wird, hat der Balken seine ursprüngliche Lage 1 wieder eingenommen. Folglich gibt es für einen unbelasteten Zustand zwei gleichwertige Gleichgewichtslagen des Balkens.

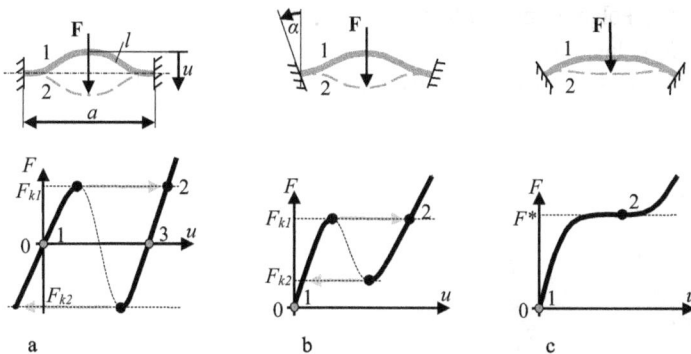

Abb. 2.24: Beidseitig eingespannter Balken als Beispiel für ein Verhalten mit Durchschlageffekt eines nachgiebigen Systems: a – ein System mit zwei symmetrischen Gleichgewichtslagen für einen unbelasteten Zustand $F = 0$; b – ein System mit einer Gleichgewichtslage für einen unbelasteten Zustand $F = 0$; c – ein System mit einem Verhalten zwischen dem monotonen Verhalten und dem Verhalten mit Durchschlageffekt.

Bei einer Neigung der Einspannstellen zueinander um den Winkel α hebt sich die Symmetrie der Lagen bezüglich einer waagerechten Symmetrieachse für $F = 0$ auf. Das wird das Verhalten des Systems verändern. Ab einem bestimmten Neigungswinkel existiert dann nur noch eine Gleichgewichtslage im unbelasteten Zustand $F = 0$, wie in Abb. 2.24 b dargestellt. Denkbar ist auch ein Verhalten, das zwischen monotonem Verhalten und Verhalten mit Durchschlageffekt einzuordnen ist (Abb. 2.24 c). Ein solches Verformungsverhalten eines nachgiebigen Systems kann durch Modifikation der Randbedingungen gezielt eingestellt werden. Dazu zählen beispielsweise der Winkel a, die Geometrieparameter sowie die Materialeigenschaften. In einem begrenzten Bewegungsbereich kann dann ein solches Verformungsverhalten erreicht werden, dass bei *konstanter Kraft* dennoch eine Verformung stattfindet. Derartige Mechanismen werden in den Abschnitten 5.4.1, 7.1.1 und 7.1.2 ausgelegt und untersucht.

In Abb. 2.25 und Abb. 2.26 sind rotationssymmetrische Strukturen gezeigt, die im ursprünglichen Zustand über eine halbtorusförmige Wölbung um die halbsphärische nach innen gerichtete Wölbung verfügen. Durch Innendruck wird die sphärische Wölbung nach außen gedrückt. Es handelt sich hierbei um fluidmechanische Aktuatoren, die einen Durchschlageffekt aufweisen. Charakteristisch ist, dass durch eine gezielte Veränderung geometrischer Parameter, wie Radien oder Wandstärke, ein monostabiles oder bistabiles Verformungsverhalten erzwungen werden kann. Die Außenabmessungen der Aktuatoren in Abb. 2.25 und Abb. 2.26 sind gleich. Der erste Aktuator (Abb. 2.25) hat jedoch eine dickere, der zweite eine dünnere Wandstärke. Der Scheitelpunkt (Mittelpunkt) der mittleren Wölbung beider Aktuatoren verschiebt sich bei steigendem Innendruck zunächst geringfügig nach außen, bis eine kritische Belastung eintritt. Der Wert dieser Belastung ist für beide Systeme unterschiedlich. Sobald die kritische Belastung erreicht ist, hat eine beliebig kleine Drucksteigerung eine sehr große Verschiebung zur Folge. Dabei schlägt die mittlere Wölbung vollständig nach außen durch. Wird die Belastung weggenommen, kehrt die erste Struktur (Abb. 2.25) in den ursprünglichen Zustand zurück – ein *monostabiles Verhalten*, welches auch in Abb. 2.24 b abgebildet ist.

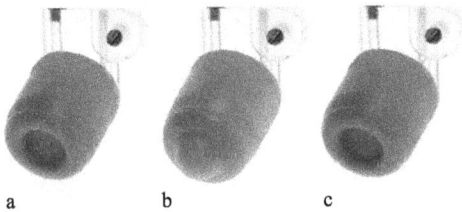

a   b   c

Abb. 2.25: Durchschlag einer gewölbten Struktur mit monostabilem Verhalten: a – ursprünglicher Zustand; b – ein Zustand nach einer Belastung mit einem kritischen Druck; c – ein Zustand nach Wegnahme der Belastung, der dem ursprünglichen Zustand entspricht.

Der zweite Aktuator (Abb. 2.26) zeigt bei Wegnahme des Innendrucks eine von der ersten unterschiedlichen stabilen Gleichgewichtslage, was für ein *bistabiles Verhalten* spricht. Dieses trifft auch auf das beschriebene System aus Abb. 2.24 a zu. Eines der Anwendungsbeispiele solcher Strukturen sind mechanische Ventile ([48]). Bei diesen wird die mittlere sphärische Wölbung unter einem kritischen Druck bewegt. Dadurch wird eine Öffnung entweder verschlossen oder freigestellt (vgl. auch [49]).

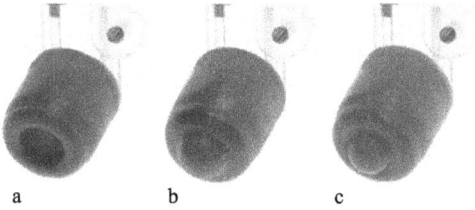

a   b   c

Abb. 2.26: Durchschlag einer gewölbten Struktur mit bistabilem Verformungsverhalten: a – ursprünglicher Zustand; b – ein Zustand nach einer Belastung mit einem kritischen Druck; c – ein Zustand nach Wegnahme der Belastung, der einer neuen Gleichgewichtslage entspricht.

Ein weiteres Beispiel ist ein nachgiebiger Aktuator mit mehreren rotationssymmetrischen Wölbungen [20]. Beim Druckzuwachs kommt es zunächst zur Ausstülpung der äußeren Wölbung und zuletzt des mittleren Kuppelpunkts. Bei Druckabfall zieht sich zuerst die Kuppel und zuletzt die äußere Wölbung zurück. Das hat zur Folge, dass die Kurve $p = p(u)$ für das Auswölben des Aktuators anders aussieht. Bei ausreichend geringer Wandstärke kann ein solcher Aktor *multistabiles Durchschlagverhalten* aufweisen (Abb. 2.27). Für dickwandige Strukturen mit wenig ausgeprägten Wölbungen kann sich ein monotones Verhalten ohne Durchschlageffekt einstellen.

Es besteht die Option, durch eine bestimmte oder nicht konstante Wandstärke ein Verhalten zu generieren, bei dem die Bewegung der ersten Wölbung ohne Durchschlag und der zweiten mit einem Durchschlag erfolgt – oder umgekehrt. Die Einstellung eines bestimmten Verhaltens eines nachgiebigen Systems ist nicht nur durch die Änderung geometrischer Parameter möglich, sondern auch durch die Anwendung anderer Materialien oder durch lokale Veränderung der Materialeigenschaften des Systems.

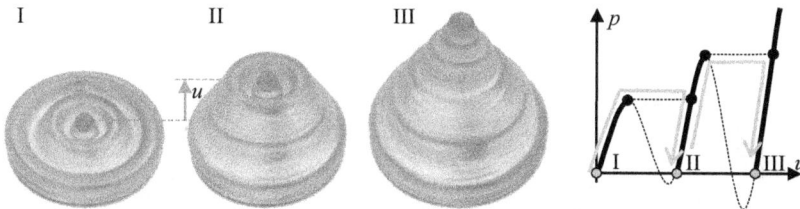

Abb. 2.27: Ein nachgiebiger fluidmechanischer Aktuator mit mehrfachem Durchschlageffekt und die entsprechende Kurve der Abhängigkeit zwischen dem Innendruck und der Verschiebung u des mittleren Kuppelpunkts (s. auch [20]).

Bifurkation

Verhalten mit Bifurkation bedeutet, dass das Verformen eines Systems plötzlich in mehrere Richtungen erfolgen kann oder mehrere zufällige Verhaltensmuster möglich sind, sobald eine bestimmte kritische Belastung erreicht ist. Die bekanntesten Beispiele dazu sind die EULER-Knickfälle eines geraden Balkens. Situationen, in denen Belastungen zu einem Bifurkationsverhalten der Strukturen führen, werden in der Technik oft vermieden. Die folgenden Überlegungen zeigen, wie man dieses Verhalten für technische Systeme vorteilhaft nutzen kann.

In Abb. 2.28 sind (s. auch [63]) balkenförmige Systeme gezeigt, die drei axial angeordnete Hohlräume aufweisen. Der gleiche Unterdruck in allen Hohlräumen (Abb. 2.28 a links) führt zu einer Druck- und dann Knickbeanspruchung. Unterschiedliche Unterdrücke in den Hohlräumen hingegen bewirken eine Biegung des Systems (Abb. 2.28 a rechts).

Im nächsten Beispiel in Abb. 2.28 b wird eine äußere Belastung durch die Kraft der Fäden erzeugt, beispielsweise SMA-Drähte (shape memory alloy), die in den Hohlräumen eingebracht sind. Wenn solche Drähte gleichmäßig gespannt werden (Abb. 2.28 b links), gilt für die einwirkenden Kräfte:

$$F_1 = F_2 = F_3. \tag{2.9}$$

Die Kräfte können durch eine axiale Kraft ersetzt werden. Damit gilt ein klassischer Fall des Stabilitätsproblems (Bifurkation) nach EULER mit dem Betrag der axialen Kraft:

$$F = F_1 + F_2 + F_3. \tag{2.10}$$

Falls die einwirkenden Kräfte verschieden sind, kommt es zur Biegung des balkenförmigen Systems.

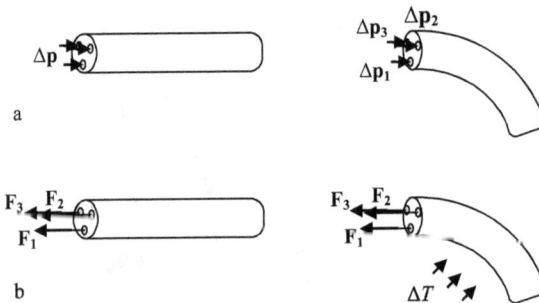

Abb. 2.28: Anwendungsbeispiele von nachgiebigen Systemen, die zu einem Bifurkationsverhalten fähig sind: a – ein System mit drei Hohlräumen, in denen Unterdruck erzeugt wird links: in den Hohlräumen herrscht jeweils ein gleicher Unterdruck $\Delta p < 0$, rechts: in einem der Hohlräume besitzt der Unterdruck einen höheren Betrag $|\Delta p_1| > |\Delta p_2|$, $\Delta p = \Delta p_3$, wodurch es zu einer Biegung des Systems kommt; b – ein System mit drei Hohlräumen, in denen Fäden, wie beispielsweise SMA-Drähte (shape memory alloy) eingebracht sind, links: $F_1 = F_2 = F_3$, ein unterkritischer Zustand, rechts: eine Belastung durch gleiche Kräfte und zusätzliche Erwärmung durch ΔT der unteren Seite des Systems resultieren in einer Biegung.

Die gezeigten Systeme sind nachgiebige Aktuatoren und im Falle einer Anwendung mit Innendruck, wie in Abb. 2.28 a, fluidmechanische nachgiebige Aktuatoren. Ein solcher Aktuator bleibt gerade, solange er sich unter der Wirkung einer unterkritischen axialen Belastung befindet. Wird der Aktor unter Verwendung von funktionellen Materialien hergestellt, kann er auf äußere Bedingungen reagieren. Beispielsweise können Temperaturänderungen ΔT, die entweder vom Anwender gezielt erzeugt werden oder durch die Umgebung bedingt sind, zu Änderungen der Nachgiebigkeit oder des Innendrucks führen. Werden bestimmte Bereiche des Systems auf diese Weise beeinflusst, so bestimmen diese bei einer Erhöhung des Innendrucks die Biegerichtung.

Der Aktuator, wie in Abb. 2.28 b gezeigt, mit gleichen Kräften in den Fäden befindet sich in einer Umgebung, in der die Temperatur an der Unterseite des Systems ansteigt. Das Material wird dadurch weicher (bei gezielt ausgewählten Materialeigenschaften) und das System erfährt eine Biegung. Dadurch kann beispielsweise eine bestimmte Funktion durch den Aktuator erfüllt werden. Abb. 2.28 b (rechts) verdeutlicht den betrachteten Fall. Die sinnvoll ausgelegten strukturellen und geometrischen Eigenschaften sowie gezielt ausgewählte Materialien übernehmen hier einen Großteil der Aufgaben der Sensorik sowie Informationsverarbeitung und Informationsübertragung. Der Energieaufwand für Sensorik und Steuerung wird durch die rein mechanischen Eigenschaften des Materials erheblich reduziert.

3 Modellierung nachgiebiger Systeme als Starrkörpersystem

Ein Nachteil nachgiebiger Mechanismen ist ihre komplizierte theoretische Beschreibung. Die Analyse nachgiebiger Mechanismen kann vereinfacht werden, wenn ein *Starrkörpermodell* zur Beschreibung der Beziehung zwischen den Belastungen und den Verformungen nachgiebiger Mechanismen aufgestellt werden kann. Ein Starrkörpermodell ist besonders für kleine Verformungen eines nachgiebigen Mechanismus geeignet. In [26, 27] sowie in weiteren Literaturquellen, wie [13, 14, 35, 42], und [47] wurde eine solche Modellbildung an einzelnen Beispielen bereits beschrieben. Zunächst werden die elastischen Elemente im System identifiziert und die auf sie wirkenden Belastungen ermittelt. Anschließend werden die Verformungsdifferentialgleichungen für jedes der nachgiebigen Elemente aufgestellt und gelöst. Schließlich wird für jedes elastische Element ein Starrkörpermodell mit einem Drehgelenk und einer Torsionsfeder gefunden. Dieses aufwendige Verfahren kann vereinfacht werden, wenn ein allgemein gültiger Formalismus zur Bildung eines Starrkörpermodells hergeleitet werden kann. In diesem Kapitel wird ein solcher Formalismus in Form von mathematischen Gleichungen und deren Herleitung vorgestellt und anschließend in nur zwei allgemeinen Formeln zusammengefasst. Diese ermöglichen eine einfache und schnelle Erstellung eines Starrkörpermodells für einen nachgiebigen Mechanismus.

3.1 Annahmen für die Modellbildung

Das Ziel ist die Erstellung eines Starrkörpermodells für ein nachgiebiges System mit stoffschlüssigen Gelenken. Für die Modellierung werden lediglich elastische Materialeigenschaften sowie kleine Verformungen nachgiebiger Mechanismen vorausgesetzt. Daher kann lineare Theorie zur Berechnung der Verformungen von elastischen Balken verwendet werden. Die Einteilung der Nachgiebigkeit in eine konzentrierte und eine verteilte Nachgiebigkeit erfolgt hier anhand der maximalen charakteristischen Länge des Systems (siehe Definition im Abschnitt 2.1.1). Das ist die Länge des Gesamtsystems in Richtung der Balkenachse nachgiebiger Elemente, die als Gelenke dienen. Die *Balkenachse* ist eine Achse, die durch die Schwerpunkte der Querschnittsflächen verläuft.

Die Modellbildung umfasst drei Schritte. Zunächst werden nachgiebige Elemente im System identifiziert. Dies sind Bereiche, die eine viel höhere Nachgiebigkeit aufweisen als die übrigen Teile des nachgiebigen Mechanismus. Diese nachgiebigen Bereiche, als stoffschlüssige Gelenke, verbinden zwei Mechanismenglieder miteinander, die als starr angenommen werden. Die Modellierung erfolgt auf Basis eines elastischen Balkens mit konstantem Querschnitt, dessen eine Seite eingespannt ist. Das andere Ende bleibt frei und wird durch Kräfte und Momente belastet. Die Bestimmung

https://doi.org/10.1515/9783110759884-003

der Belastungen erfolgt anhand der Gleichgewichtsbedingungen für die Systemteile und für eine vorgegebene Belastungssituation im System. Damit wird der erste Schritt der Modellbildung abgeschlossen. Im zweiten Schritt erfolgt die Substitution des nachgiebigen Elements durch zwei Starrkörperelemente, die mittels eines Drehgelenks miteinander verbunden sind. Die Elastizität des nachgiebigen Elements wird durch eine Torsionsfeder im Gelenk mit einer Federsteifigkeit c_t nachgebildet. Im dritten Schritt werden die Starrkörperelemente, die gelenkig und elastisch miteinander verbunden sind, in das gegebene System eingeführt und das neue Starrkörpermodell auf Relevanz überprüft. Dies erfolgt beispielsweise anhand der Bewertung der Beweglichkeit, die sich anhand des Freiheitsgrades bestimmen lässt. In Abb. 3.1 sind die drei oben beschriebenen Schritte am Beispiel einer nachgiebigen Zange schematisch dargestellt. Der erste und der letzte Schritt sind systemspezifisch und hängen von der strukturellen und geometrischen Auslegung sowie dem Belastungszustand des gegebenen Systems ab. Deshalb müssen diese für jedes System individuell durchgeführt werden. Im Gegensatz dazu lässt sich der zweite Schritt verallgemeinern, wie in den folgenden Ausführungen beschrieben wird.

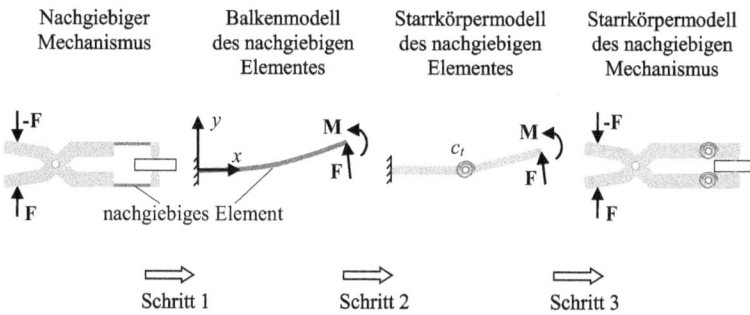

Abb. 3.1: Eine schematische Darstellung der Modellierungsschritte für den Übergang von einem nachgiebigen System zu einem Starrkörpermodell am Beispiel einer nachgiebigen Zange.

Im zweiten Schritt der gesamten Modellbildung werden für ein nachgiebiges Element zwei Starrkörperelemente gesucht, die miteinander gelenkig verbunden sind. Die Längen beider Starrkörperelemente zusammen sowie die Länge des nachgiebigen Elements sind untereinander gleich und werden mit l bezeichnet (Abb. 3.2 a–b). Das Verhältnis eines beweglichen Starrkörperelements zur Länge l wird durch einen Parameter δ angegeben (s. auch [27]). Somit steht δl für die Länge vom Gelenk bis zum freien Ende eines Starrkörperelements und $l(1-\delta)$ für den Abstand von der Einspannstelle bis zum Gelenk. Der Parameter δ gibt somit die Lage des Gelenks innerhalb der Länge l im Starrkörpermodell an. Eine Torsionsfeder mit Federkonstante c_t wird zwischen beiden Starrkörperelementen befestigt. Sie soll die Nachgiebigkeit des nachgiebigen Elements widerspiegeln. Es wird angenommen, dass die Verformungen des nachgiebigen Elements sehr klein sind. Folglich ist der Winkel θ der relativen Drehbewegung zwischen beiden Starrkörperelementen ebenfalls gering. Gelenkig verbundene Starrkörperelemente und die Torsionsfeder bilden ein Starrkörpermodell des nachgiebigen Elements. Um das Starrkörpermodell aufzustellen, müssen beide Parameter δ und c_t ermittelt werden.

Ein solches nachgiebiges Element lässt sich als ein elastischer Balken beschreiben, der am linken Ende eingespannt ist und am anderen Ende unterschiedlichen Belastungen ausgesetzt wird. Die Belastungen werden in drei Gruppen aufgeteilt:

- $n = 1$: Belastung durch ein reines Moment,
- $n = 2$: Belastung durch eine Kraft,
- $n = 3$: Belastung durch eine *Streckenlast* (verteilte Kraft).

Der Parameter n bezeichnet die Art der Belastung und ermöglicht eine rekursive Schreibweise. Die Bezeichnungen der Belastungen und des Neigungswinkels für das nachgiebige Element werden mit dem Index "0" versehen, wobei die Parameter des Starrkörpermodells ohne diesen Index bleiben. Die drei oben aufgezählten Belastungen werden zunächst einzeln betrachtet, daraus ergeben sich drei Fälle für die Modellbildung.

Fall 1: Belastung durch ein reines Moment
Im Folgenden wird ein elastischer Balken der Länge l betrachtet, der an einem Ende eingespannt und an einem anderen Ende durch ein Moment $\mathbf{M_0}$ belastet wird (Abb. 3.2 a). Die Verschiebung einer beliebigen Stelle des Balkens in y-Richtung mit Koordinate x wird durch $u_y(x)$ bezeichnet.

$$u_y{''}(x) = \frac{M_0}{EI_z} \tag{3.1}$$

Die Anwendung der Randbedingungen

$$u_y(0) = 0,$$
$$u_y{'}(0) = 0 \tag{3.2}$$

erlaubt die Lösung der Gleichung und die Ermittlung des Anstiegs der Tangente $u_y{'}(l)$ zur Biegelinie am Ende des elastischen Balkens sowie der Verschiebung $u_y(l)$:

$$u_y{'}(l) = \frac{M_0 l}{EI_z},$$
$$u_y(l) = \frac{M_0 l^2}{2EI_z}. \tag{3.3}$$

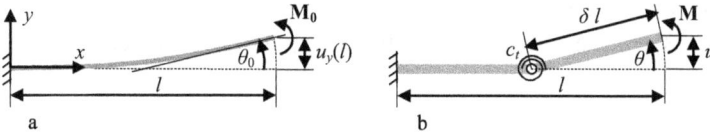

Abb. 3.2: Belastung durch ein reines Moment: a – elastischer Balken; b – Starrkörpermodell unter Belastung durch ein Moment.

Der Neigungswinkel des freien Starrkörperelements in Abb. 3.2 b lässt sich wie folgt bestimmen:

$$\theta = \frac{M}{c_t}. \tag{3.4}$$

Fall 2: Belastung durch eine Kraft

Die Differentialgleichung für den Fall der Belastung des elastischen Balkens durch eine Kraft $\mathbf{F_0}$ am freien Ende des Balkens (Abb. 3.3 a) lautet:

$$u_y{''}(x) = \frac{F_0(l-x)}{EI_z}. \tag{3.5}$$

Unter Betrachtung der Randbedingungen (3.2) ergeben sich der Anstieg der Tangente und die Verschiebung des Balkens an der Stelle $x = l$:

$$u_y{'}(l) = \frac{F_0 l^2}{2EI_z},$$

$$u_y(l) = \frac{F_0 l^3}{3EI_z}. \tag{3.6}$$

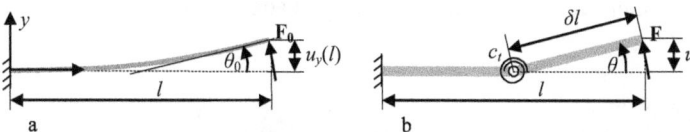

Abb. 3.3: Belastung durch eine Kraft: a – elastischer Balken; b – Starrkörpermodell für den Fall der Belastung durch eine Kraft.

Zur Ermittlung des Neigungswinkels des freien Starrkörperelements in Abb. 3.3 b wird das Moment der Kraft um das Drehgelenk betrachtet.

$$\theta = \frac{F\delta l}{c_t} \tag{3.7}$$

Fall 3: Belastung durch eine Streckenlast

Für den elastischen Balken in Abb. 3.4 a, welches durch eine Streckenlast belastet wird, gilt:

$$u_y''(x) = \frac{q_0(l-x)^2}{2EI_z}.$$

(3.8)

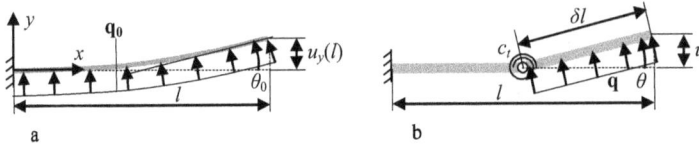

a   b

Abb. 3.4: Belastung durch eine Streckenlast: a – elastischer Balken; b – Starrkörpermodell unter Belastung durch eine Streckenlast.

Die Neigung der Tangente und die Verschiebung für $x = l$ sind unter Berücksichtigung von Randbedingungen (3.2) wie folgt:

$$u_y'(l) = \frac{q_0 l^3}{6EI_z},$$

$$u_y(l) = \frac{q_0 l^4}{8EI_z}.$$

(3.9)

Der Neigungswinkel des Starrkörperelements wird durch die Streckenlast (Abb. 3.4 b) beschrieben, welche lediglich auf die Strecke δl wirkt.

$$\theta = \frac{q(\delta l)^2}{2c_t}$$

(3.10)

Für diese drei Fälle sollen der Parameter δ und die Federkonstante c_t ermittelt werden.

3.2 Modelle für einzelne Belastungsfälle

Um eine allgemeine Betrachtung für alle drei Fälle zu ermöglichen, werden *Hilfsmomente* M_{0i}^H, i = 1,2,3 eingeführt. Für den elastischen Balken sind diese wie folgt definiert:

$$M_{01}{}^H = M_0,$$

$$M_{02}{}^H = F_0 l,$$

$$M_{03}{}^H = \frac{1}{2} q_0 l^2.$$

(3.11)

Diese Hilfsmomente stellen gleichzeitig Schnittmomente an der Einspannstelle des Stabes für den jeweiligen Belastungsfall dar. Für das Starrkörpermodell werden ebenfalls drei Hilfsmomente eingeführt:

$$M_1{}^H = M,$$

$$M_2{}^H = Fl,$$

$$M_3{}^H = \frac{1}{2} q l^2.$$

(3.12)

Die Hilfsmomente werden verwendet, um die Ausdrücke für den Anstieg der Tangente $u_y'(l)$ und die Verschiebung am Ende des elastischen Stabes $u_y(l)$ für einzelne Belastungsfälle aus den Gleichungen (3.3), (3.6) und (3.9) allgemein zu erfassen:

$$u_y'(l) = \frac{l}{EI_z} \frac{M_{0n}{}^H}{n},$$

$$u_y(l) = \frac{l^2}{EI_z} \frac{M_{0n}{}^H}{n+1}.$$

(3.13)

Infolge der Berücksichtigung kleiner Verformungen gilt:

$$\sin \theta \approx \theta.$$

(3.14)

Der Neigungswinkel des beweglichen Starrkörperelements θ sowie dessen Verschiebung u in y-Richtung werden für alle drei Fälle wie folgt aufgeschrieben:

$$\theta = \frac{M_n{}^H \delta^{n-1}}{c_t},$$

$$u = \delta l \theta.$$

(3.15)

Der letzte Ausdruck ist rein geometrischer Natur und unabhängig von Belastungen sowie vom Belastungsfall. Die Ableitung der Verschiebung vom Ende des elastischen Balkens $u_y'(l)$ lässt sich als Tangens des Winkels θ_0 für jeweils einen Belastungsfall n angeben und kann näherungsweise dem Winkels θ_0 gleichgesetzt werden, da dieser sehr klein ist:

$$u_y'(l) = \tan \theta_0 \approx \theta_0.$$

(3.16)

Zwei Modelle eines nachgiebigen Elements, ein elastischer Stab und ein Starrkörper, werden als äquivalent erachtet, wenn folgende drei Bedingungen erfüllt sind. Die erste Bedingung besagt, dass der Neigungswinkel beider Systeme, nämlich θ_0 und θ, identisch sein muss. Da die genannten Winkel sehr klein sind, kann diese Bedingung wie folgt formuliert werden:

$$u_y'(l) = \theta. \tag{3.17}$$

Des Weiteren ist sicherzustellen, dass die Verschiebungen des Stabendes $u_y(l)$ und des Endes des beweglichen Starrkörperelements u gleich sind:

$$u_y(l) = u. \tag{3.18}$$

Gemäß der dritten Bedingung müssen die auf den elastischen Stab und das Starrkörperelement wirkenden Beanspruchungen für jedes n ($n = 1,2,3$) gleich sein:

$$M_n^H = M_{0n}^H. \tag{3.19}$$

Unter Berücksichtigung der festgelegten Bedingungen (3.17) bis (3.19) werden aus den Gleichungen (3.13) und (3.15) folgende Formeln zur Ermittlung der Lage des Gelenks und der Federkonstante für einzelne Belastungsfälle n abgeleitet:

$$\delta = \frac{n}{n+1}, \tag{3.20}$$

$$c_t = \frac{n^n}{(n+1)^{n-1}} \frac{EI_z}{l}. \tag{3.21}$$

Die Lage des Gelenks sowie die entsprechende Federkonstante für die Starrkörpermodelle können gemäß den Formeln (3.20) und (3.21) für einzelne Belastungsfälle ermittelt werden. Die Werte für die Lage des Gelenks und die Federkonstante sind in der Tab. 3.1 für verschiedene Fälle n zusammengefasst. In Übereinstimmung mit diesen Resultaten verschiebt sich das Gelenk mit jedem weiteren Fall n von der Mitte des Systems, für ein reines Moment für $n = 1$, in Richtung der Einspannstelle. Gleichzeitig nimmt die Festigkeit der Feder zu. Es ist ersichtlich, dass die Resultate für die Feder-

Tab. 3.1: Werte für die Lage des Gelenks und die Federkonstanten eines Starrkörpermodells für einzelne Belastungsfälle.

n	δ	c_t	Darstellung
1	$\dfrac{1}{2}$	$\dfrac{EI_z}{l}$	
2	$\dfrac{2}{3}$	$\dfrac{4}{3}\dfrac{EI_z}{l}$	
3	$\dfrac{3}{4}$	$\dfrac{27}{16}\dfrac{EI_z}{l}$	

konstante sowie die Lage des Gelenks im Starrkörpermodell unabhängig vom Wert der Belastungen sind, sondern lediglich vom Belastungsfall n abhängen.

3.3 Modell für verteilte Nachgiebigkeit bei komplexen Belastungen

In einem nachgiebigen Mechanismus kommt es häufig zu komplexen Belastungen eines stoffschlüssigen Gelenks, welches hier durch einen elastischen Balken modelliert wird. Dabei wird dieser Balken gleichzeitig durch Kraft, Moment und durch Streckenlast beansprucht. Da die lineare Theorie zur Beschreibung seiner Verformungen angewendet wird, ist das Superpositionsprinzip gültig, sodass Verschiebungen und Winkel für einzelne Belastungsfälle aufaddiert werden können, um die entsprechenden Parameter für eine komplexe Belastung zu erhalten:

$$u_y{}'(l) = \frac{l}{EI_z} \sum_{n=1}^{3} \frac{M_{0n}{}^H}{n}, \tag{3.22}$$

$$u_y(l) = \frac{l^2}{EI_z} \sum_{n=1}^{3} \frac{M_{0n}{}^H}{n+1}. \tag{3.23}$$

Analog gelten folgende Zusammenhänge für ein Starrkörpermodell:

$$\theta = \frac{\sum\limits_{n=1}^{3} M_n{}^H \delta^{n-1}}{c_t}, \tag{3.24}$$

$$u = \delta\, l\, \theta. \tag{3.25}$$

Um ein äquivalentes Starrkörpermodell für ein nachgiebiges Element unter einer komplexen Belastung zu finden, sind ebenfalls die Bedingungen (3.17) bis (3.19) zu berücksichtigen. Unter Anwendung dieser Bedingungen und Berücksichtigung der Gleichungen (3.22) bis (3.25) lassen sich die Lage des Gelenks und der Wert der Federkonstante für ein Starrkörpermodell ermitteln:

$$\delta = \frac{\sum\limits_{n=1}^{3} \frac{M_n{}^H}{n+1}}{\sum\limits_{n=1}^{3} \frac{M_n{}^H}{n}}, \tag{3.26}$$

$$c_t = \frac{EI_z}{l} \frac{\sum\limits_{n=1}^{3} M_n{}^H \delta^{n-1}}{\sum\limits_{n=1}^{3} \frac{M_n{}^H}{n}}. \tag{3.27}$$

Die Gleichungen (3.26) und (3.27) stellen allgemeine Formeln dar, die zur Ermittlung der Lage des Gelenks sowie der Federsteifigkeit im Starrkörpermodell dienen.

Nun können die Parameterwerte δ und c_t mithilfe der beiden Formeln (3.26) und (3.27) untersucht werden. Zu diesem Zweck wird zunächst die Gleichung (3.26) wie folgt umformuliert:

$$\delta = \frac{\sum\limits_{n=1}^{3} \frac{M_n{}^H}{n+1}}{\sum\limits_{n=1}^{3} \frac{M_n{}^H}{n+1} + \sum\limits_{n=1}^{3} \frac{M_n{}^H}{n(n+1)}}. \tag{3.28}$$

Sofern beide Summen im Nenner der Gleichung (3.28) das gleiche Vorzeichen aufweisen, gilt für den Parameter δ:

$$\delta \in [0,1]. \tag{3.29}$$

Das Gelenk liegt dann innerhalb der Länge des Balkens.

Im Weiteren wird gezeigt, dass im System mit zwei Belastungsarten und solchen Hilfsmomenten, die das gleiche Vorzeichen aufweisen, das Gelenk des Starrkörpermodells sich im Bereich zwischen jenen Parametern δ befindet, welche den einzelnen Belastungsfällen entsprechen. Dies gilt ebenfalls für den Wert der Federsteifigkeit. Es wird ein nachgiebiges System unter Wirkung eines Moments ($n = 1$) und einer Kraft ($n = 2$) betrachtet. Die Lage des Gelenks lässt sich wie folgt darstellen:

$$\delta = \frac{3M_1{}^H + 2M_2{}^H}{6M_1{}^H + 3M_2{}^H}. \tag{3.30}$$

Im Falle der Einführung eines Parameters k_M, welcher als Quotient aus den Parametern $M_1{}^H$ und $M_2{}^H$ definiert wird, lässt sich für den Parameter δ Folgendes aufschreiben:

$$\delta = \frac{3k_M + 2}{6k_M + 3} \quad \text{mit } k_M = \frac{M_1{}^H}{M_2{}^H}. \tag{3.31}$$

Im Bereich $k_M \in [0,\infty]$, der dem gleichen Vorzeichen beider Hilfsmomente entspricht, fällt δ mit dem Wachstum des Parameters k_M monoton ab. Die Grenzwerte für δ, die aus (3.31) folgen, sind:

$$\lim_{k_M \to 0} \delta = \frac{2}{3},$$
$$\lim_{k_M \to \infty} \delta = \frac{1}{2}. \tag{3.32}$$

Der Wert für die Lage des Gelenks für eine komplexe Belastung durch ein Moment und eine Kraft entspricht demnach dem Bereich für δ:

$$\delta \in \left[\frac{1}{2}, \frac{2}{3}\right].$$ (3.33)

Die Grenzwerte dieses Bereichs sind jeweils dem Fall den einzelnen Belastungen, der Belastung durch das gleiche Moment bei $n = 1$ sowie der Belastung durch die gleiche Kraft bei $n = 2$ (vgl. Tab. 3.1) zuzuordnen. Analog lässt sich für die zuvor genannte komplexe Belastung nachweisen, dass die Federsteifigkeit der Torsionsfeder im folgenden Bereich liegt:

$$c_t \in \left[\frac{EI_z}{l}, \frac{4}{3}\frac{EI_z}{l}\right].$$ (3.34)

Somit können für ausgewählte Fälle Bereiche für beide Parameter, δ und c_t, definiert werden, innerhalb dessen diese Parameter zu erwarten sind, ohne dass hierfür eine Berechnung durchgeführt werden muss.

3.4 Modell für konzentrierte Nachgiebigkeit bei komplexen Belastungen

Infolge der relativ geringen Länge eines stoffschlüssigen Gelenks mit konzentrierter Nachgiebigkeit erfolgt die Positionierung des entsprechenden Drehgelenks des Starrkörpermodells in der Mitte der Länge l des Gelenks. Des Weiteren werden lediglich zwei Belastungsarten betrachtet, nämlich die Belastung durch ein Moment und Belastung durch eine Kraft. Aufgrund der geringen Länge des Gelenks wird die verteilte Belastung als nicht relevant erachtet. Unter Berücksichtigung der genannten Annahmen

$$M_{03} = M_3 = 0,$$

$$\delta = \frac{1}{2}$$ (3.35)

erfolgt die Berechnung der Federkonstante unter Anwendung der allgemeinen Formel (3.27). Der resultierende Ausdruck ist unabhängig vom Belastungsfall und den jeweiligen Belastungen.

$$c_t = \frac{EI_z}{l}.$$ (3.36)

3.5 Validierung des Modells

Es stellt sich die Frage, inwiefern ein vorgestelltes Starrkörpermodell zur Beschreibung von Verformungen bzw. Belastungen im Vergleich mit anderen Modellen geeignet ist. Um diese Frage zu diskutieren, werden die Verformungen eines nachgiebigen Balkens nach dem Starrkörpermodell, nach der linearen Theorie und nach der nichtlinearen Theorie miteinander verglichen. Die nichtlineare Theorie, bei welcher große Verformungen zugelassen sind, wird im Kapitel 4 eingeführt. Aus diesem Kapitel werden Gleichungen aus (4.152) und (4.176) vorgezogen und angewendet. Als Beispiel für diese Validierung wird ein einseitig eingespannter elastischer Balken unter Wirkung eines Moments, einer Kraft und zuletzt einer Streckenlast in Abb. 3.5 betrachtet. Nachfolgend wird der Vergleich der Ergebnisse für die Verschiebungen in x- und y-Richtung, die mit den drei genannten Methoden berechnet wurden, für den Belastungsfall $n = 2$ gezeigt.

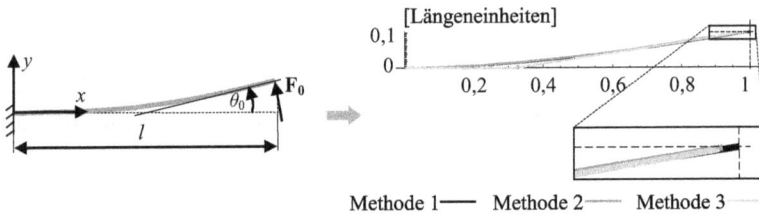

Abb. 3.5: Verschiebungen des freien Balkenendes unter der Wirkung einer Kraft ($n = 2$) bei Anwendung von drei unterschiedlichen Methoden im Vergleich; 1: lineare Theorie, 2: nichtlineare Theorie, 3: Starrkörpermodell.

Die Verschiebungen in x- und y-Richtung werden entsprechend mit u_x und u_y bezeichnet. Für die Herleitung der Gleichungen zur Beschreibung von Verformungen nach der nichtlinearen Theorie (s. Kapitel 4) werden Gleichgewichtsbedingungen für ein Balkenelement der Länge ds in einer verformten Lage aufgestellt. In diesen Gleichungen werden folgende Bezeichnungen verwendet: Q_i mit $i = 1,2$ kennzeichnen Schnittkräfte im Balken. Dabei handelt es sich um eine axiale Kraft Q_1 und eine Querkraft Q_2. M_3 bezeichnet ein Biegemoment und κ_3 die *Krümmung* der Biegelinie des Balkens. Es werden jeweils ein Moment, eine Kraft und eine Streckenlast gewählt, die eine Verschiebung u_y von 10 % der Balkenlänge nach Methode 1 verursachen. Die Ergebnisse der Verschiebungen in zwei Richtungen für die einzelnen Belastungsfälle nach drei unterschiedlichen Methoden sind in der Tab. 3.2 dargestellt. Die mittels der nichtlinearen Theorie ermittelten Ergebnisse beschreiben die realen Verschiebungen üblicherweise genauer im Vergleich mit den beiden anderen Methoden.

Die Differenzen zwischen den Lösungen nach der linearen Theorie, nach der nichtlinearen Theorie und nach der Modellbildung als ein Starrkörpersystem liegen unter einem Prozent. Wenn diese Abweichung akzeptabel ist, kann ein Starrkörpermodell für Verschiebungen, die weniger als 10% der Balkenlänge betragen, verwendet werden. Für das Starrkörpermodell ist die Verschiebung in x-Richtung ungleich Null. Infolgedessen liegt $u_x(l)$ im Starrkörpermodell sogar näher an der mittels der nichtlinearen Theorie ermittelten Lösung.

Tab. 3.2: Vergleich der Ergebnisse für die Verschiebung am Balkenende nach drei unterschiedlichen Methoden: nach der linearen Theorie, der nichtlinearen Theorie und nach der Modellbildung als ein Starrkörpersystem; die drei einzelnen Belastungen wurden so gewählt, dass die Verschiebung vom Stabende 10% der Stablänge nach Methode 1 beträgt; die Länge hat den Wert 1 (in Längeneinheiten).

Art und Größe der Belastung	Verschiebung	Methode 1: lineare Theorie		Methode 2: nichtlineare Theorie (große Verschiebungen)		Methode 3: als ein Starrkörpersystem	
		Berechnungsformeln	Ergebnis	Berechnungsformeln	Ergebnis [Längen-einheit]	Berechnungsformeln	Ergebnis [Längen-einheit]
$n = 1$ $\dfrac{M_0}{EI_z} = 0.2$ [Längen-einheit]	u_x		0	$\dfrac{dQ_1}{ds} - Q_2\kappa_3 = 0$	−0.00665		−0.00996
	u_y		0.1	$\dfrac{dQ_2}{ds} + Q_1 + q_2 = 0$	0.09966		0.1
$n = 2$ $\dfrac{F_0}{EI_z} = 0.3$ [Längen-einheit^{-1}]	u_x	$u_x = 0$	0	$\dfrac{dM_3}{ds} + Q_2 = 0$	−0.00599	$u_x = \delta l \cos\theta$	−0.00748
	u_y		0.1	$M_3 = EI_z\kappa_3$ $\dfrac{d\theta_3}{ds} = \kappa_3$	0.09974	$-\delta l$	0.1
$n = 3$ $\dfrac{q_0}{EI_z} = 0.8$ [Längen-einheit^{-2}]	u_x	$u_y = \dfrac{l^2}{EI_z}\dfrac{M_n^H}{n+1}$	0	$\dfrac{du_x}{ds} = \cos\theta_3 - 1$	−0.00570	$u_y = \delta l\,\theta$	−0.00665
	u_y		0.1	$\dfrac{du_y}{ds} = \sin\theta_3$	0.09977		0.1

3.6 Seriell kaskadierte Starrkörpergelenke

Im Rahmen der Modellbildung eines nachgiebigen Mechanismus durch ein Starrkörpermodell ist eine Überprüfung des Freiheitsgrades des neuen Systems erforderlich. Der Mechanismus muss beweglich sein, d. h. den Freiheitsgrad von mindestens eins besitzen. Falls dies nicht zutrifft, wird der Freiheitsgrad des Starrkörpersystems angepasst. Die Anpassung kann durch eine Reduzierung oder eine Erhöhung der Gelenkanzahl erreicht werden. Im Falle eines Starrkörpersystems können mehrere Gelenke durch ein einzelnes Gelenk ersetzt werden. Dies führt zu einer Reduzierung des Freiheitsgrades des Systems und zu einer Vereinfachung des Starrkörpermodells. Im Gegensatz dazu wird der Freiheitsgrad eines Systems erhöht, wenn die Anzahl der Gelenke erhöht wird.

Im Folgenden wird das Ersatzprinzip zweier Gelenke durch ein einzelnes Gelenk an einem zweigelenkigen Starrkörpersystem diskutiert (Abb. 3.6 a). Dabei werden die entsprechenden Bezeichnungen aus Abb. 3.6 verwendet. Die Systeme sollen gleiche Gesamtlängen aufweisen, dies kann durch folgende Formel beschrieben werden:

$$l_1 + l_2 + l_3 = l_0 + l. \tag{3.37}$$

Für jedes der beiden Gelenke des Systems in Abb. 3.6 a gilt:

$$\theta_1 c_{t1} = M + F l_1,$$

$$\theta_2 c_{t2} = M + F(l_1 + l_2). \tag{3.38}$$

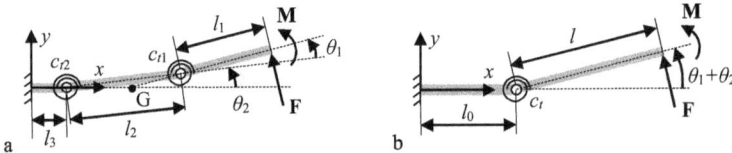

Abb. 3.6: Zwei Starrkörpersysteme: a – ein System mit zwei Gelenken; b – ein System mit einem Ersatzgelenk.

Die erste Gleichung aus (3.38) wird mit c_{t2} und die zweite Gleichung mit c_{t1} multipliziert. Dann werden beide Gleichungen aufaddiert, wodurch sich folgender Ausdruck ergibt:

$$(\theta_1 + \theta_2)c_{t1}c_{t2} = c_{t1}(M + F(l_1 + l_2)) + c_{t2}(M + Fl_1). \tag{3.39}$$

Die Gleichung (3.39) wird nun rein mathematisch umgestellt und um den Ausdruck $(M + Fl)$ erweitert, um eine neue Form zu erhalten:

$$(\theta_1 + \theta_2)\frac{c_{t1}c_{t2}(M + Fl)}{c_{t1}(M + F(l_1 + l_2)) + c_{t2}(M + Fl_1)} = M + Fl. \tag{3.40}$$

Die rechte Seite des Zusammenhangs (3.40) bildet ein Moment, welches auf den Starrkörper in Abb. 3.6 b wirkt. Dieses Moment ist bezüglich des Gelenks gebildet. Auf der linken Seite in (3.40) steht das Produkt aus dem Gesamtwinkel $\theta_1 + \theta_2$ und dem Bruch, welcher als eine Federkonstante c_t für das System aus Abb. 3.6 b aufgefasst werden kann. Somit lässt sich für die Federkonstante des Systems folgende Gleichung aufstellen:

$$c_t = \frac{c_{t1} c_{t2} (M + Fl)}{c_{t1}(M + F(l_1 + l_2)) + c_{t2}(M + Fl_1)}. \tag{3.41}$$

Diese Federkonstante kann auch in folgender Form dargestellt werden:

$$\frac{1}{c_t} = \frac{1}{c_{t2}} \cdot \frac{M + F(l_1 + l_2)}{M + Fl} + \frac{1}{c_{t1}} \cdot \frac{M + Fl_1}{M + Fl}. \tag{3.42}$$

Des Weiteren wird die Lage dieses Gelenks ermittelt. Sie ist durch den Punkt G in Abb. 3.6 a angedeutet und wird durch die Länge l des beweglichen Starrkörpers in Abb. 3.6 b bestimmt. Die Auslenkungen beider Systeme (Abb. 3.6 a und b) in y-Richtung sind gleich, da beide Systeme untereinander äquivalent sein müssen:

$$l(\theta_1 + \theta_2) = l_2 \theta_2 + l_1 (\theta_1 + \theta_2). \tag{3.43}$$

Nach (3.43) gilt dann für l:

$$l = \frac{l_2 \theta_2 + l_1 (\theta_1 + \theta_2)}{\theta_1 + \theta_2}. \tag{3.44}$$

Die Winkel θ_1 und θ_2 werden nach den Gleichungen (3.38) wie folgt aufgeschrieben:

$$\theta_1 = \frac{M + Fl_1}{c_{t1}},$$

$$\theta_2 = \frac{M + F(l_1 + l_2)}{c_{t2}}. \tag{3.45}$$

Die ermittelten Werte werden anschließend in (3.44) eingesetzt, um die Länge des beweglichen Körpers des Starrkörpersystems zu bestimmen:

$$l = \frac{M(c_{t1}(l_1 + l_2) + c_{t2}l_1) + F\left(c_{t1}(l_1 + l_2)^2 + c_{t2}l_1^2\right)}{M(c_{t1} + c_{t2}) + F(c_{t1}(l_1 + l_2) + c_{t2}l_1)}. \tag{3.46}$$

Die Ausdrücke (3.42) und (3.46) bestimmen die Federkonstante und die Lage des Gelenks für das System aus Abb. 3.6 b, welches dem ursprünglichen System mit zwei Gelenken aus Abb. 3.6 a äquivalent ist. Es wird noch einmal darauf hingewiesen, dass im Rahmen dieser Ausführungen unter zwei äquivalenten Systemen solche Systeme verstanden werden, die unter der Wirkung identischer Belastungen einen gleichen Auslenkwinkel und eine gleiche Verschiebung in y-Richtung aufweisen.

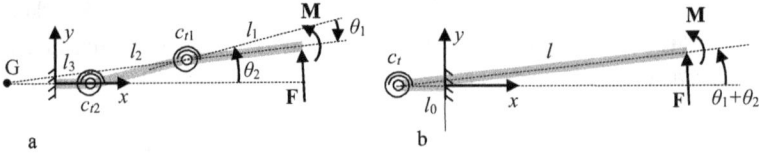

Abb. 3.7: Darstellung eines Systems mit einem negativen Winkel θ_1: a – ein System mit zwei Gelenken; b – Realisierung eines einzelnen Gelenks links von der Einspannstelle.

Ist der Winkel θ_1 negativ, so kann es zu einem virtuellen Gelenk kommen, wie es in Abb. 3.7 a durch den Punkt G angedeutet ist. Ein solches Gelenk ist jedoch realisierbar, indem es bezogen auf die Einspannstelle links eingeführt wird, wie in Abb. 3.7 b gezeigt.

In einem allgemeinen Fall sind die Parameter c_t und l von den Belastungen M und F abhängig, wie aus (3.42) und (3.46) ersichtlich wird. Die Lage des Gelenks und die Steifigkeit der dazugehörigen Feder werden sich mit veränderlichen Belastungen ebenfalls ändern. Es entsteht somit ein wanderndes Gelenk mit veränderlicher Federsteifigkeit.

In der Tab. 3.3 sind neben einem allgemeinen Fall drei weitere Fälle aufgeführt. Wenn nur ein Moment oder nur eine Kraft auf ein Starrkörpersystem wirkt, dann sind die Ausdrücke für die Federkonstante und für die Starrkörperlänge l nicht von dem Moment bzw. der Kraft abhängig.

Dies gilt ebenfalls, wenn das Moment M durch die Kraft F gebildet wird und als ein Produkt von h (z. B. ein Hebelarm) und F aufgeschrieben werden kann. Falls nur ein Moment auf das System wirkt ($M \neq 0$, $F = 0$), entspricht der Ausdruck für die Federkonstante dem von seriell angeordneten Zugfedern. Auch andere spezielle Situationen, beispielsweise für $l_1 = l_2$ und $c_{t1} = c_{t2}$, können gemäß den Gleichungen (3.42) und (3.46) abgebildet werden.

Tab. 3.3: Zusammenhang zwischen Parametern eines Starrkörpersystems mit einem Gelenk aus Abb. 3.6 b und eines Starrkörpersystems mit zwei Gelenken aus Abb. 3.6 a; die Systeme sind äquivalent.

Fall	c_t	l
$M \neq 0, F \neq 0$, $l_1 \neq l_2, c_{t1} \neq c_{t2}$	$\dfrac{1}{c_t} = \dfrac{1}{c_{t2}} \cdot \dfrac{M + F(l_1 + l_2)}{M + Fl} + \dfrac{1}{c_{t1}} \cdot \dfrac{M + Fl_1}{M + Fl}$	$l = \dfrac{M(c_{t1}(l_1 + l_2) + c_{t2}l_1) + F\left(c_{t1}(l_1 + l_2)^2 + c_{t2}l_1^2\right)}{M(c_{t1} + c_{t2}) + F(c_{t1}(l_1 + l_2) + c_{t2}l_1)}$
$M \neq 0, F = 0$, $l_1 \neq l_2, c_{t1} \neq c_{t2}$	$\dfrac{1}{c_t} = \dfrac{1}{c_{t2}} + \dfrac{1}{c_{t1}}$	$l = \dfrac{c_{t1}(l_1 + l_2) + c_{t2}l_1}{c_{t1} + c_{t2}}$
$M = 0, F \neq 0$, $l_1 \neq l_2, c_{t1} \neq c_{t2}$	$\dfrac{1}{c_t} = \dfrac{1}{c_{t2}} \cdot \dfrac{l_1 + l_2}{l} + \dfrac{1}{c_{t1}} \cdot \dfrac{l_1}{l}$	$l = \dfrac{c_{t1}(l_1 + l_2)^2 + c_{t2}l_1^2}{c_{t1}(l_1 + l_2) + c_{t2}l_1}$
$M = hF, F \neq 0$, $l_1 \neq l_2, c_{t1} \neq c_{t2}$	$\dfrac{1}{c_t} = \dfrac{1}{c_{t2}} \cdot \dfrac{h + l_1 + l_2}{h + l} + \dfrac{1}{c_{t1}} \cdot \dfrac{h + l_1}{h + l}$	$l = \dfrac{c_{t1}(l_1 + l_2)(h + l_1 + l_2) + c_{t2}l_1(h + l_1)}{c_{t1}(h + l_1 + l_2) + c_{t2}l_1}$

3.7 Beispiele zur Modellbildung eines Starrkörpersystems

In diesem Abschnitt wird die Anwendung der Methode zur Aufstellung eines Starrkörpermodells für einen nachgiebigen Mechanismus an drei Beispielen demonstriert. Im ersten Beispiel wird ein einfaches Greifersystem mit zwei stoffschlüssigen Gelenken betrachtet. Anhand von zwei weiteren Beispielen wird gezeigt, dass nicht jedes System durch das Einführen nur eines Gelenks anstatt eines nachgiebigen Elements als Starrkörpermodell geeignet ist. Der Freiheitsgrad kann auch den Wert kleiner Eins annehmen, wie im zweiten Beispiel gezeigt wird. Das dritte Beispiel beschreibt ein Starrkörpermodell eines nachgiebigen Mechanismus, bei welchem die Anwendung der vorgeschlagenen Modellierungsmethode einen unendlich großen Parameter δ ergibt. Anhand dieser Sonderfälle werden Probleme aufgezeigt, die bei der Aufstellung von Starrkörpermodellen auftreten können, und geeignete Lösungen vorgeschlagen. Die Lösungen für die diese Beispiele werden in allgemeiner Form erhalten, deshalb lassen sich die Ergebnisse ohne Probleme auf ähnliche Systeme übertragen.

3.7.1 Ein Greifersystem mit zwei Gelenken

Ein nachgiebiger Greifer (Abb. 3.8 a) wird durch die Wirkung eines Antriebselements, welches sich verkürzt, zum Greifen von Objekten verwendet. Dabei verformt sich ein nachgiebiger Finger unter einer Greiferkraft $\mathbf{F_{Gr}}$. Für dieses Beispiel soll ein Starrkörpermodell aufgestellt werden. Es wird angenommen, dass die Länge L_0 der nachgiebigen Verbindung deutlich kleiner ist als die Länge L des nachgiebigen Fingers. Aufgrund der geometrischen Parameter wird das Verbindungselement als stoffschlüssiges Gelenk mit konzentrierter Nachgiebigkeit und der Finger als solcher mit verteilter Nachgiebigkeit betrachtet. Im Falle eines stoffschlüssigen Gelenks mit konzentrierter Nachgiebigkeit wird ein Drehgelenk im Starrkörpermodell in die Mitte der Länge L_0 positioniert. Dieses Gelenk wird mit einer Torsionsfeder der Steifigkeit c_{tL0} versehen.

$$\delta_{L0} = \frac{1}{2},$$

$$c_{tL0} = \frac{EI_z}{L_0} \tag{3.47}$$

EI_z bezeichnet die Biegesteifigkeit beider nachgiebigen Elemente des Greifers. Der Finger mit der Länge L weist die verteilte Nachgiebigkeit auf und ist durch eine Greiferkraft belastet. Innerhalb dieser Länge L sind die Lage des Gelenks und die Federsteifigkeit der Torsionsfeder für ein Starrkörpermodell zu ermitteln. In diesem Fall liegt ein Belastungsfall durch eine Kraft vor, der $n = 2$ entspricht. Die Ergebnisse für δ_L und c_{tL} können der Tab. 3.1 entnommen werden:

$$\delta_L = \frac{2}{3},$$

$$c_{tL} = \frac{4}{3}\frac{EI_z}{L}. \tag{3.48}$$

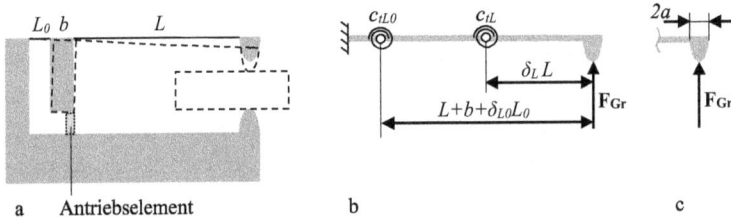

a   Antriebselement   b   c

Abb. 3.8: Beispiel eines nachgiebigen Greifers: a – ein Greifersystem mit einem stoffschlüssigen Gelenk mit verteilter Nachgiebigkeit und einem mit konzentrierter Nachgiebigkeit; b – ein entsprechendes Starrkörpermodell; c – ein Halteelement.

Es wird ein Starrkörpersystem für den gegebenen Greifer erstellt (Abb. 3.8 b). Sofern die Abmessung des Halteelements, hier mit dem Wert $2a$ versehen, zu berücksichtigen ist (Abb. 3.8 c), wirkt auf das nachgiebige Element neben einer Kraft noch ein Moment. Die Hilfsmomente werden in diesem Fall wie folgt eingeführt:

$$M_1^H = F_{Gr}a,$$

$$M_2^H = F_{Gr}L, \tag{3.49}$$

$$M_3^H = 0.$$

Die Position des Gelenks und die Steifigkeit der entsprechenden Torsionsfeder werden nach (3.26) und (3.27) ermittelt:

$$\delta_L = \frac{3a + 2L}{6a + 3L},$$

$$c_{tL} = \frac{EI_z}{L}\frac{2a + 2L}{2a + L}\delta_L. \tag{3.50}$$

Die beiden Parameter sind unabhängig von der Größe der Belastungen, jedoch abhängig von den geometrischen Abmessungen sowie den Materialeigenschaften des nachgiebigen Mechanismus. In Abb. 3.8 b ist ein Starrkörpermodell für den gegebenen nachgiebigen Greifer dargestellt. Das Starrkörpermodell kann zur Aufstellung des Zusammenhangs zwischen Verschiebungen und Belastungen sowie zu weiteren Simulationen der Verformung des nachgiebigen Greifers verwendet werden. Dabei ist zu beachten, dass dieses Modell nur für kleine Verformungen geeignet ist.

3.7.2 Ein Greifer mit mehreren Gelenken

Ein Greifer weist vier nachgiebige Elemente auf, deren Längen L und L_0 (Abb. 3.9 a) jeweils paarweise gleich sind. Für das Öffnen des Greifers unter der Wirkung einer Antriebskraft $\mathbf{F_{An}}$ ist ein Starrkörpermodell gesucht. Aufgrund geometrischer Abmessungen werden das nachgiebige Element der Länge L als ein stoffschlüssiges Gelenk mit verteilter Nachgiebigkeit und das nachgiebige Element der Länge L_0 als ein Gelenk mit konzentrierter Nachgiebigkeit im Modell berücksichtigt. Zunächst sollen die auf die nachgiebigen Elemente einwirkenden Belastungen ermittelt werden. Dabei sind folgende Bedingungen einzuhalten. Unter der Wirkung von Kräften und Momenten bleibt der Greiferfinger im Gleichgewicht (Abb. 3.9 b). Die auf die nachgiebigen Elemente einwirkenden axialen Kräfte werden vernachlässigt. Außerdem bleiben beide Tangenten t_1 und t_2 der nachgiebigen Elemente an der Einmündung in den Starrkörper stets parallel. Aus der ersten Bedingung und unter Berücksichtigung der Antriebskraft lassen sich Zusammenhänge für die einwirkenden Kräfte und Momente ableiten:

$$F_L = F_{L0} = \frac{1}{2} F_{An},$$

$$M_L - M_{L0} = \frac{F_{An}}{2} a. \qquad (3.51)$$

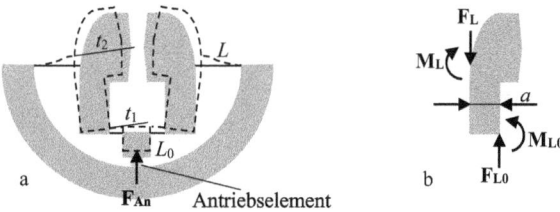

Abb. 3.9: Ein nachgiebiger Greifer mit mehreren Gelenken: a – ein Greifersystem mit zwei Gelenken mit verteilter Nachgiebigkeit und zwei mit konzentrierter Nachgiebigkeit; b – Darstellung der eingreifenden Belastungen auf ein Greiferelement.

Der Ausdruck (3.22) findet Anwendung bei der Berechnung der Tangentenneigungen. Bei Berücksichtigung der Parallelität der Tangenten t_1 und t_2 lassen sich die Momente M_{L0} und M_L, welche auf die nachgiebigen Elemente der Länge L_0 und L wirken, ermitteln:

$$M_{L0} = \frac{F_{An}}{2} h, \quad M_L = \frac{F_{An}}{2} h. \qquad (3.52)$$

Für den Parameter h gilt in diesem Beispiel:

$$h = \frac{L_0^2 - 2aL_0 - L^2}{2(L - L_0)}. \qquad (3.53)$$

Das Gelenk des Starrkörpermodells für nachgiebige Elemente mit konzentrierter Nachgiebigkeit wird in die Mitte der Strecke L_0 platziert. Die Ermittlung der Federkonstante erfolgt gemäß (3.36).

Auf das nachgiebige Element der Länge L wirken eine Kraft und ein Moment mit Beträgen von F_L und M_L, welche den Vektoren $\mathbf{F_L}$ und $\mathbf{M_L}$ aus Abb. 3.9 b entgegengerichtet sind. Folglich werden die Hilfsmomente definiert:

$$M_1^H = \frac{F_{An}}{2}\, h,$$

$$M_2^H = \frac{F_{An}}{2}\, L,$$

$$M_3^H = 0.$$

(3.54)

Die Lage des Gelenks sowie die Federsteifigkeit können gemäß (3.26) und (3.27) ermittelt werden (Abb. 3.10 a). Es sei darauf hingewiesen, dass der Parameter h aus (3.53) negativ ist, da $L > L_0$ ist. Daher befindet sich das Gelenk nicht für alle Werte der Parameter L, L_0 und a innerhalb der Länge L des nachgiebigen Elements (s. auch Abschnitt 3.3). In Abb. 3.10 b wird ein Starrkörpermodell des Greifers für den Fall $0 < \delta_L < 1$ dargestellt. Die Lage des Gelenks sowie die Federkonstante lassen sich wie folgt ausdrücken:

$$\delta_L = \frac{3h + 2L}{6h + 3L},$$

$$c_{tL} = \frac{EI_z}{L}\, \frac{2h + 2L\,\delta_L}{2h + L}.$$

(3.55)

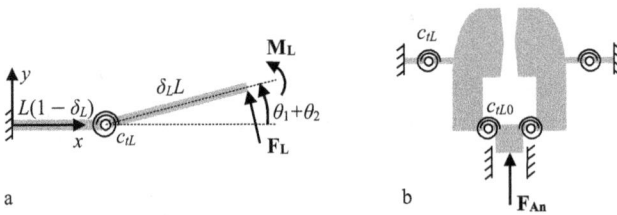

Abb. 3.10: Ein Starrkörpermodell: a – ein Starrkörpermodell eines nachgiebigen Elements der Länge L; b – ein Starrkörpermodell des Greifers mit einem Freiheitsgrad von (–1).

Der Freiheitsgrad des erhaltenen Systems in Abb. 3.10 b ist (–1), wodurch keine relative Bewegung der Greiferglieder stattfinden kann. Um die Bewegung des Systems zu gewährleisten, soll sein Freiheitsgrad erhöht werden. Dies erfolgt durch die Einführung von zusätzlichen Gelenken. Das nachgiebige Element mit der Länge L wird daher mit zwei Gelenken versehen (siehe Abb. 3.11). Da die Kraft F_L und das Moment M_L voneinander abhängig sind, wie aus (3.51) und (3.52) ersichtlich wird, spiegelt die letzte Zeile der Tab. 3.3 die Zusammenhänge zwischen den Parametern des eingelenkigen Systems aus Abb. 3.10 a und des neuen zweigelenkigen Starrkörpersystems wider (siehe Abb. 3.11 a). Die Lage der Gelenke sowie die dazugehörigen Federsteifigkeiten sind von den Belastungen F_L und M_L unabhängig.

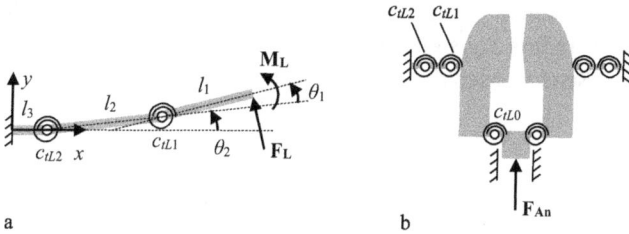

a   b

Abb. 3.11: Ein Starrkörpermodell: a – ein Starrkörpermodell mit zwei Gelenken für ein nachgiebiges Element der Länge L; b – ein Starrkörpermodell des Greifers mit einem Freiheitsgrad von eins.

Um die Gleichungen der letzten Zeile aus der Tab. 3.3 lösen zu können, werden folgende Festlegungen getroffen:

$$c_{tL2} = c_{tL1},$$

$$l_2 = l_1. \tag{3.56}$$

Nach dem Einsetzen der relevanten Parameter in die Formeln aus der letzten Zeile der Tab. 3.3 unter Beachtung der Festlegungen aus (3.56) werden folgende Ausdrücke gewonnen:

$$\delta_L L = l_1 \frac{3h + 5l_1}{h + 3l_1},$$
$$\frac{1}{c_{tL}} = \frac{1}{c_{tL1}} \frac{2h + 3l_1}{h + \delta_L L}. \tag{3.57}$$

Die erste Gleichung aus (3.57) dient zur Ermittlung von l_1 und aus der zweiten Gleichung kann c_{tL1} gefunden werden. Es ist zu beachten, dass für $L > L_0$ der Parameter h negativ ist. Daher ist es zu empfehlen, im Anschluss die Relevanz der Lösung zu überprüfen. Die ermittelten Parameter bestimmen das neue Starrkörpermodell für das System aus Abb. 3.9 a, wie in Abb. 3.11 b dargestellt.

3.7.3 Parallele Führung durch kaskadierte nachgiebige Elemente

Ein weiteres Beispiel stellt ein mechanisches Systemteil für eine parallele Führung dar (siehe Abb. 3.12). Das nachgiebige System beinhaltet zwei parallel verbundene nachgiebige Elemente, welche zwischen einem Rahmen und einem bewegenden Systemteil eine elastische Verbindung bilden. Infolge der Wirkung einer Kraft $2\mathbf{F_L}$ kommt es zu einer Verschiebung des bewegenden Systemteils (vgl. Abb. 3.13 a–b), wobei die Annahme einer reinen translatorischen Bewegung zugrunde gelegt wird. Für die nachgiebigen Elemente ist ein Starrkörpermodell zu erstellen. Eines dieser Elemente wird als elastischer Balken modelliert. Das eine Ende des Balkens ist in $x = 0$ eingespannt, während auf das andere Ende eine Kraft F_L und ein Moment M_L wirken (siehe Abb. 3.13 a–b). Anschließend werden die Hilfsmomente eingeführt:

$$M_1^H = M_L,$$

$$M_2^H = -F_L L, \tag{3.58}$$

$$M_3^H = 0.$$

Das Moment M_L ist bislang unbekannt und wird gemäß dem Ausdruck (3.22) mithilfe der Randbedingung für die Stelle $x = L$ ermittelt. Demnach bleibt die Tangente für die Stelle $x = L$ stets parallel zur x-Achse:

$$u_y'(L) = 0. \tag{3.59}$$

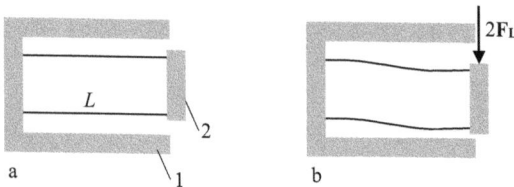

Abb. 3.12: Ein System für eine parallele Führung: a – der unbelastete Zustand, 1 – der Rahmen, 2 – das bewegliche Systemteil; b – der belastete Zustand.

Für das Moment M_L ergibt sich:

$$M_L = \frac{1}{2} F_L L. \tag{3.60}$$

Die Lage des Gelenks innerhalb der Länge L kann nach der Formel (3.26) unter Beachtung von (3.60) ermittelt werden. Dabei zeigt sich, dass das Gelenk unendlich weit von der Einspannstelle des Balkens entfernt liegt. Diese Tatsache lässt sich durch die Parallelität der Tangenten an beiden Enden des Balkens begründen. In diesem Fall kann kein Gelenk eingeführt werden, sodass die Bedingung der Parallelität erfüllt werden kann. Aufgrund der Punktsymmetrie des verformten Balkens wird lediglich dessen Hälfte betrachtet, wie in Abb. 3.13 c gezeigt. Um die Belastungen am freien Ende des neuen Balkens zu ermitteln (siehe Abb. 3.13 b), werden in den Ausdruck seines Schnittmoments (3.61) der Wert für das Moment M_L aus (3.60) und die Koordinate $x = L/2$ eingesetzt:

$$M_z(x) = M_L - F_L(L - x).$$

(3.61)

Es ergibt sich ein Schnittmoment mit dem Wert Null, sodass am freien Ende des neuen Modellbalkens aus Abb. 3.13 c kein Moment, sondern lediglich eine Kraft wirkt, deren Betrag weiterhin nicht relevant ist und mit F_1 bezeichnet wird. Es handelt sich um den Fall $n = 2$, weshalb die entsprechenden Werte für δ und c_t für diesen Modellstab der Länge $L/2$ aus der Tab. 3.1 übernommen werden (siehe Abb. 3.14 a):

$$\delta = \frac{2}{3},$$
$$c_t = \frac{8}{3}\frac{EI_z}{L}.$$

(3.62)

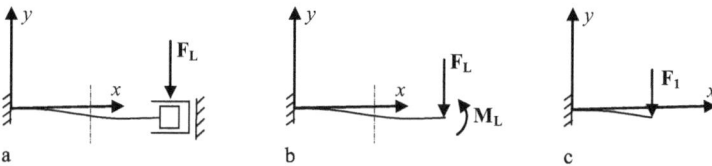

Abb. 3.13: Ein nachgiebiges Element, modelliert als ein elastischer Balken: a – eine schematische Darstellung der Randbedingungen des Balkens; b – Darstellung der Belastungen am Balkenende; c – eine Hälfte des Balkens mit Länge $L/2$ aus Symmetriegründen.

Im nächsten Schritt werden die beiden Hälften zu einem System zusammengesetzt, wodurch für einen gesamten Balken ein Starrkörpermodell mit zwei Gelenken entsteht (Abb. 3.14 b). Dabei weist der mittlere Teil des Systems eine Länge von $2L/3$ auf, während die seitlichen Teile, die mit diesem gelenkig verbunden sind, jeweils eine Länge von $L/6$ einnehmen. Das resultierende Starrkörpsystem ist in Abb. 3.14 c dargestellt.

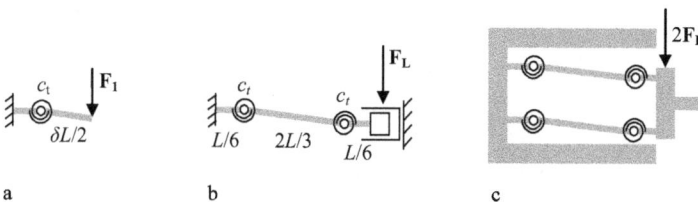

Abb. 3.14: Ein Starrkörpermodell: a – ein Modell für eine Hälfte des nachgiebigen Elements und b – für das ganze nachgiebige Element; c – Starrkörpermodell für das Gesamtsystem.

Die Lage der Gelenke und die Werte für die Federkonstanten (3.62) sind in diesem Beispiel unabhängig von den äußeren Belastungen. Diese Zusammenhänge gelten auch, wenn die parallel kaskadierten nachgiebigen Elemente zusätzlichen Belastungen ausgesetzt sind. Die Randbedingung (3.59) muss jedoch erfüllt sein, damit der Zusammenhang (3.60) zwischen der einwirkenden Kraft und dem Moment entsteht. Das Starrkörpermodell aus Abb. 3.14 c kann somit für alle parallel kaskadierten nachgiebigen Elemente übernommen werden, bei denen eine nahezu translatorische Bewegung des Wirkelements vorausgesetzt wird.

4 Modellierung großer Verformungen gekrümmter Balkensysteme

Im Rahmen weiterer Untersuchungen werden elastische, dünne und gekrümmte Balken betrachtet, deren ursprüngliche sowie belastete Formen beliebige Krümmungen im dreidimensionalen Raum aufweisen. Um neben den Mechanismen auch die fluidmechanischen Aktuatoren in der Modellbildung zu erfassen, werden neben den zuvor erwähnten Balken auch solche mit einem Hohlraum betrachtet. Der Hohlraum wird mit einem unter Druck stehenden Fluid gefüllt. Wenn die Schwerpunkte von Hohlraum und Balken nicht zusammenfallen, kommt es zu einer Biegung des Balkens. Die hohlen Balken können darüber hinaus eingebettete Elemente enthalten, was zu einer Verstärkung der Biegung des Balkens führt. Die genannten Elemente können in Form eines Fadens oder eines Streifens ausgeführt werden und werden in den weiteren Ausführungen als biegeschlaff und längenunveränderlich angenommen. Bei einer Druckerhöhung im Innenraum derartiger Balken oder unter äußeren Belastungen behalten die eingebetteten Elemente ihre konstante Länge bei, während andere Teile des Systems gedehnt oder gestaucht werden. Dies führt zu einer Biegung des Systems. In die Modellbildung werden derartige Systeme einbezogen, womit eine Modellierung von Verformungen fluidmechanischer Aktuatoren, welche die Geometrie dünner Balken aufweisen, ermöglicht wird.

Die Verformungen werden auf der Basis von Gleichgewichtsbedingungen für ein Balkenelement (s. auch [44] und [50]) beschrieben, wobei die Theorie um eine konstruktiv gegebene *neutrale Faser* erweitert wird. Die neutrale Faser zeichnet sich durch eine konstante Länge aus, sei es ein eingebetteter Faden oder Streifen. Im Rahmen dieser Untersuchung werden diese zusätzlich berücksichtigt und in die Gleichungen einbezogen. In diesem Zusammenhang wird auch der innere Druck zusätzlich in den Modellgleichungen berücksichtigt [58, 63].

4.1 Annahmen für die Modellbildung

Innerhalb der mathematischen Modellbildung werden zwei Arten von Modellen unterschieden: *lineare* und *nichtlineare Modelle*. Es handelt sich dabei entweder um eine geometrische Linearität oder um eine materialseitige Linearität. Die geometrische Linearität erlaubt lediglich geringe Verschiebungen, während die materialseitige Linearität das HOOKEsche Gesetz voraussetzt. Bei linearen Modellen entstehen lineare Modellgleichungen. Die Entstehung nichtlinearer Modellgleichungen ist auf zwei Ursachen zurückzuführen. Einerseits kann dies der Fall sein, wenn eine signifikante Verformung der Systeme zugelassen wird. Andererseits kann dies auch eintreten, wenn deren Materialeigenschaften einen nichtlinearen Charakter aufweisen. Weiterhin werden gekrümmte Balken, die große Verformungen (geometrieseitige Nichtlinea-

https://doi.org/10.1515/9783110759884-004

rität) erfahren, jedoch lineare Materialeigenschaften aufweisen, in einem dreidimensionalen Raum modelliert.

Bei Betrachtung großer Verformungen wird zwischen einer richtungstreuen und einer mitgeführten Belastung unterschieden. Die Richtung einer *richtungstreuen Belastung*, beispielsweise einer Kraft, bleibt im kartesischen Koordinatensystem während der Verformung eines nachgiebigen Systems unverändert. Im Gegensatz zu dieser ändert die *mitgeführte Belastung* ihre Richtung im kartesischen Koordinatensystem und behält ihre Richtung im mit dem Balken verbundenen Koordinatensystem. In Abb. 4.1 wird der Unterschied des Verformungszustandes unter der Wirkung einer mitgeführten und einer richtungstreuen Kraft für große Verformungen dargestellt, wobei die einwirkenden Kräfte vom Betrag gleich sind. Es existieren jedoch andere Belastungen, die sich in keine der beiden Gruppen einteilen lassen.

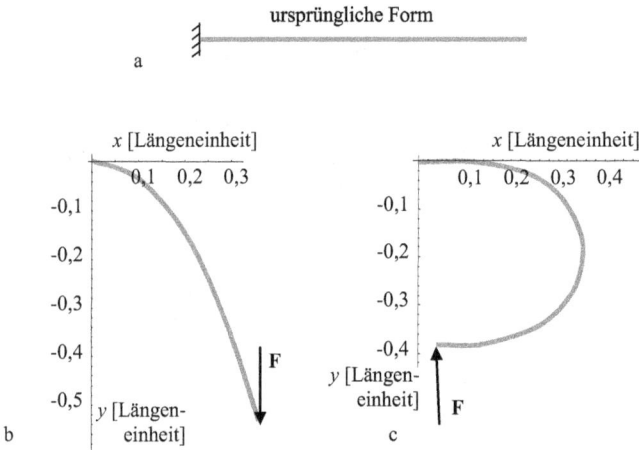

Abb. 4.1: Darstellung der Verformungen unter einer richtungstreuen und einer mitgeführten Kraft: a – ein unbelasteter Balken; b – Verformung eines Balkens unter Belastung durch eine richtungstreue Kraft; c – Verformung eines Balkens unter der Wirkung einer mitgeführten Kraft; die Kräfte sind für die Fälle b und c vom Betrag her gleich.

Für die Modellbildung werden folgende Annahmen getroffen:
- Es wird ein statisches Problem betrachtet;
- Es handelt sich um *dünne Balken*: die Querschnittsabmessungen sind viel kleiner (zehnmal kleiner und mehr) als die Länge des Balkens und als dessen Krümmungsradius, sowohl im verformten als auch im ursprünglichen Zustand;
- Das Material des Balkens genügt dem *HOOKEschen Gesetz*;
- Die *BERNOULLI-Hypothese* ist gültig: die Querschnitte sind orthogonal zur Balkenachse und bleiben während der Belastung eben;

- Das *Prinzip von SAINT-VENANT* ist gültig: Um die Kraftangriffsstelle sind die Spannungen gleichmäßig verteilt, so als würde die Kraft über die ganze Querschnittsfläche wirken;
- Der Balken kann einen Hohlraum und einen eingebetteten, längenbeständigen, biegeschlaffen Faden oder Streifen aufweisen.

Im Rahmen der Hypothese, dass das Material des Balkens dem HOOKEschen Gesetz entspricht, sind lediglich diejenigen Lösungen akzeptabel, bei denen die maximalen Normalspannungen die Proportionalitätsgrenze für das gegebene Material nicht überschreiten. Die Modellgleichungen lassen sich aus dem Gleichgewicht eines Balkenelements ableiten. Bei den Balken mit einem Hohlraum ist die Wirkung des inneren Drucks neben den äußeren Kräften und Momenten ebenfalls als äußere Belastung zu betrachten.

Eine neutrale Faser des Balkens fällt mit der Balkenachse zusammen, denn deren Dehnung und Stauchung im Modell nicht zugelassen werden. Existiert eine reale Faser, die als längenbeständiger und biegeschlaffer (Biegesteifigkeit ist vernachlässigbar) Faden in die Wand des Balkens eingebettet ist, übernimmt dieser Faden oder Streifen die Rolle der neutralen Faser. Ein eingebetteter Faden oder Streifen werden nur im Zusammenhang mit einem druckbelasteten Hohlraum betrachtet. Demgegenüber kann ein druckbelasteter Hohlraum auch ohne einen eingebetteten Faden in das Modell einbezogen werden.

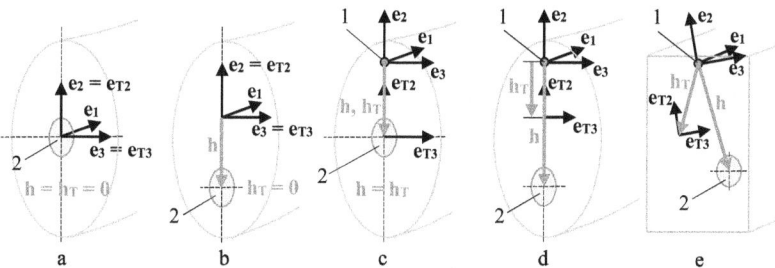

Abb. 4.2: Ausgewählte Lagen des Hohlraums und des Fadens in einer Balkenquerschnittsfläche: a – die Schwerpunkte der Querschnittsflächen vom Hohlraum und vom Balken fallen zusammen, ein eingebetteter Faden ist nicht vorhanden; b – die Schwerpunkte der Querschnittsflächen vom Hohlraum und vom Balken fallen nicht zusammen, ein eingebetteter Faden ist nicht vorhanden; c – die Schwerpunkte der Querschnittsflächen vom Hohlraum und vom Balken fallen zusammen, ein eingebetteter Faden ist vorhanden; d – die Gerade, die durch den Schwerpunkt der Querschnittsfläche des Hohlraums und des Balkens verläuft, schneidet den eingebetteten Faden, h und h_T liegen auf dieser Geraden; e – die Gerade, die durch den Schwerpunkt der Querschnittsfläche des Hohlraums und des Balkens verläuft, schneidet den eingebetteten Faden nicht, die Richtungen von h und h_T sind verschieden; 1 – der eingebettete Faden; 2 – der Hohlraum.

In einem Balkenquerschnitt werden zwei Vektoren $\mathbf{h}$ und $\mathbf{h}_T$ eingeführt. Ihre Ursprünge liegen auf der neutralen Faser. Der erste zeigt zum Schwerpunkt der Hohlraum-Querschnittsfläche, der zweite zum Schwerpunkt der Balken-Querschnittsfläche (siehe Abb. 4.2). Im Falle der Abwesenheit sowohl einer körperlich vorhandenen neutralen Faser (eingebetteter Faden oder Streifen) als auch eines Hohlraums fallen die Balken-achse und die neutrale Faser zusammen, dabei gilt: $\mathbf{h}_T = \mathbf{h} = \mathbf{0}$. Die Koordinate eines Balkenquerschnitts wird durch s beschrieben. Diese wird von einem Ende des Balkens entlang der neutralen Faser gemessen. Die Verschiebung zwischen einer unbelasteten und einer verformten Lage des Balkens wird durch einen Parameter $\mathbf{u}$ angegeben (Abb. 4.3). Ein kartesisches Koordinatensystem wird als ein festes Koordinatensystem eingeführt. Die drei Achsen $\{x, y, z\}$ bilden ein Rechtskoordinatensystem. Dabei sind $\{\mathbf{j}_1, \mathbf{j}_2, \mathbf{j}_3\}$ dessen entsprechende Basisvektoren. Ein *Basisvektor* besitzt einen Betrag von Eins und gibt die Richtung der Koordinatenachse an.

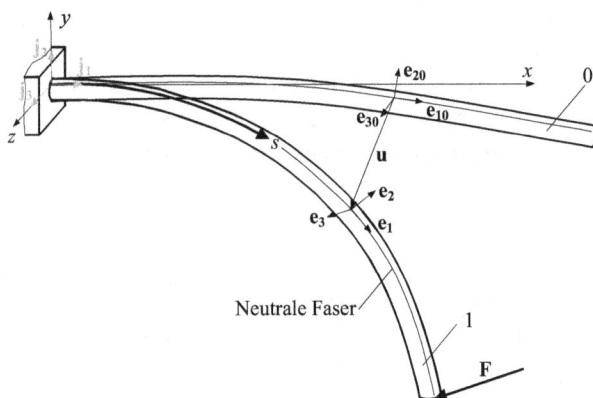

Abb. 4.3: Verformung eines Balkens: 0 – der ursprüngliche Zustand, 1 – der verformte Zustand.

Die Basisvektoren $\mathbf{e}_{T2}$ und $\mathbf{e}_{T3}$ liegen auf den Hauptträgheitsachsen der Querschnitts-flächen (Abb. 4.2). Ein weiteres Koordinatensystem, welches durch die Basisvektoren $\mathbf{e}_1$, $\mathbf{e}_2$ und $\mathbf{e}_3$ als Tangentenvektor, Hauptnormalvektor und Binormalvektor definiert ist, ist fest mit dem verformten Balken verbunden. Dieses Koordinatensystem wird als *mitgeführtes Koordinatensystem* bezeichnet. Der Tangentenvektor $\mathbf{e}_1$ liegt auf der Tangente zu der neutralen Faser des Balkens (siehe Abb. 4.3). Der Hauptnormalvektor $\mathbf{e}_2$ fällt zusammen oder ist zumindest parallel zu der Hauptträgheitsachse des Querschnitts $\mathbf{e}_{T2}$. Liegen der Basisvektor $\mathbf{e}_2$ und der Vektor $\mathbf{h}$ auf einer Geraden, wie in Abb. 4.2 b–d dargestellt, so wird eine entgegengesetzte Richtung der beiden Vektoren bevorzugt. Der letzte Binormalvektor $\mathbf{e}_3$ ist so gerichtet, dass er der Vektorprodukt der beiden ist:

$$\mathbf{e}_3 = \mathbf{e}_1 \times \mathbf{e}_2. \tag{4.1}$$

Ein Tripel von Basisvektoren $\mathbf{e}_1$, $\mathbf{e}_2$ und $\mathbf{e}_3$, die paarweise orthogonal sind, bildet ein sogenanntes *mitgeführtes Dreibein*. Die weiteren Basisvektoren $\mathbf{e}_{10}$, $\mathbf{e}_{20}$ und $\mathbf{e}_{30}$ entsprechen der unbelasteten Lage des Balkens und werden analog zum mitgeführten Dreibein $\{\mathbf{e}_1, \mathbf{e}_2, \mathbf{e}_3\}$ eingeführt. In einem mitgeführten Koordinatensystem werden die Vektoren $\mathbf{h}$ und $\mathbf{h}_T$ im Allgemeinfall wie folgt dargestellt:

$$\mathbf{h} = h_2\mathbf{e}_2 + h_3\mathbf{e}_3, \quad \mathbf{h}_T = h_{T2}\mathbf{e}_2 + h_{T3}\mathbf{e}_3. \tag{4.2}$$

4.2 Gleichgewichtsbedingungen für ein Balkenelement

Die Verformungen eines gekrümmten Balkens werden mit Hilfe von Gleichgewichtsbedingungen für ein Balkenelement beschrieben, wobei große Verformungen zugelassen sind. Die Gleichungen werden zunächst in einem mitgeführten Koordinatensystem für eine belastete und somit verformte Lage des Balkens aufgestellt.

4.2.1 Gleichgewichtsbedingungen in Vektorform

Im Folgenden wird ein Balkenelement der Länge ds betrachtet (Abb. 4.4). In seinem Querschnitt mit der Koordinate s wirken eine Kraft $\mathbf{Q}$, bestehend aus drei Komponenten sowie ein Moment $\mathbf{M}$, welches ebenfalls drei Komponenten aufweist. Diese sind M_1 als ein Torsionsmoment sowie M_2 und M_3 als Biegemomente. Die Kraft $\mathbf{Q}$ setzt sich aus der Normalkraft Q_1 und den Querkräften Q_2 und Q_3 zusammen.

$$\mathbf{Q} = Q_1\mathbf{e}_1 + Q_2\mathbf{e}_2 + Q_3\mathbf{e}_3,$$
$$\mathbf{M} = M_1\mathbf{e}_1 + M_2\mathbf{e}_2 + M_3\mathbf{e}_3 \tag{4.3}$$

An einem anderen Ende des Balkenelements mit der Koordinate $s + ds$ wirken eine Kraft $\mathbf{Q} + d\mathbf{Q}$ sowie ein Moment $\mathbf{M} + d\mathbf{M}$. Diese Darstellung der Belastungen resultiert aus der TAYLORreihen-Entwicklung in einer Umgebung des Parameters s:

$$Q(s + ds) = Q(s) + \frac{dQ(s)}{ds} ds + \frac{d^2Q(s)}{ds^2} ds^2 + \dots. \tag{4.4}$$

Es wird hier lediglich der lineare Teil des Ausdrucks berücksichtigt, da die übrigen Summanden als vernachlässigbar klein erachtet werden. Für die Schnittkraft an der Stelle $s + ds$ gilt demnach:

$$Q(s + ds) = Q(s) + dQ(s). \tag{4.5}$$

Analog wird der Ausdruck für ein Schnittmoment erhalten.

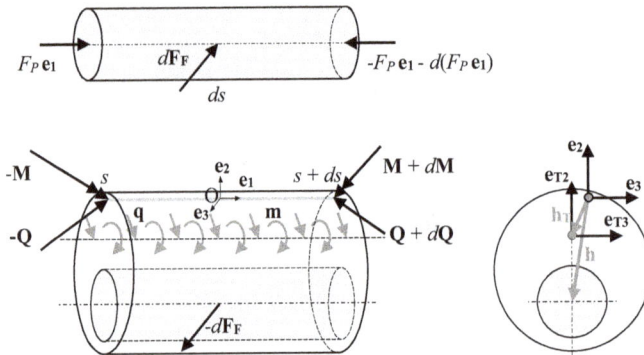

Abb. 4.4: Ein Balkenelement mit Fluidfüllung; oben: Fluidelement, unten: Balkenelement.

Die Betrachtung erfolgt getrennt für das hohle Balkenelement und das entsprechende Fluidelement, wie in Abb. 4.4 gezeigt. Das mitgeführte Dreibein $\{e_1, e_2, e_3\}$ wird mit der Mitte der Strecke ds der neutralen Faser verbunden. Der Angriffspunkt der Kräfte und Momente in einem Querschnitt werden ebenfalls mit der Position der neutralen Faser zusammengelegt. Des Weiteren wirken auf das Balkenelement eine Streckenlast **q**, die beispielsweise für die Darstellung der Schwerkraft geeignet ist, sowie ein verteiltes Moment **m**, wobei beide bezogen auf die Balkenachse betrachtet werden. Das Balkenelement und seine Füllung werden separat beschrieben, weshalb zunächst Gleichgewichtsbedingungen für beide Systeme einzeln aufgestellt werden. Die Gleichgewichtsbedingung für das Fluidelement lautet:

$$-d(F_P\mathbf{e_1}) + d\mathbf{F_F} = \mathbf{0}. \tag{4.6}$$

Die Kraft $\mathbf{F_P}$ wird durch den Innendruck des Fluids p erzeugt und wirkt stets orthogonal auf die Querschnittsfläche A_P:

$$\mathbf{F}_P = F_P\mathbf{e_1} = pA_P\mathbf{e_1}. \tag{4.7}$$

Unter der Voraussetzung, dass die Querschnittsabmessungen des Balkens deutlich kleiner sind als sein Krümmungsradius, kann der Druck auf die innere Mantelfläche eines gekrümmten Balkens als aufgehoben betrachtet werden. Die Kraft $d\mathbf{F_F}$ stellt eine Zwangskraft zwischen dem Balkenelement und dem Fluidelement dar. Für das Balkenelement lässt sich eine Gleichgewichtsbedingung wie folgt formulieren:

$$d\mathbf{Q} + \mathbf{q}\,ds - d\mathbf{F_F} = \mathbf{0}. \tag{4.8}$$

Durch das Einsetzen der Kraft $d\mathbf{F_F}$ aus der Gleichung (4.6) in die Gleichung (4.8) und darauffolgendes Dividieren des Ergebnisses durch ds entsteht eine Differentialgleichung für die Gleichgewicht der Kräfte:

$$\frac{d\mathbf{Q}}{ds} - \frac{d(F_P\mathbf{e_1})}{ds} + \mathbf{q} = \mathbf{0}. \tag{4.9}$$

Die Momenten-Gleichgewichtsgleichung wird für das Balkenelement bezüglich des Koordinatenursprungs, in Abb. 4.4 unten durch den Punkt O bezeichnet, aufgestellt:

$$d\mathbf{M} + (ds\mathbf{e_1} \times \mathbf{Q}) + (\mathbf{h_T} \times \mathbf{q}ds) + \mathbf{m}ds - (\mathbf{h} \times d\mathbf{F_P}) = \mathbf{0}. \tag{4.10}$$

In der vorliegenden Herleitung werden Parametervariationen höherer Ordnungen, wie beispielsweise das Produkt zwischen $ds\mathbf{e_1}$ und $d\mathbf{Q}$, analog zu (4.4)–(4.5) als vernachlässigbar klein erachtet. Nach dem Dividieren der Gleichung (4.10) durch ds, wird eine Differentialgleichung für Momente erhalten:

$$\frac{d\mathbf{M}}{ds} + (\mathbf{e_1} \times \mathbf{Q}) + (\mathbf{h_T} \times \mathbf{q}) + \mathbf{m} - \left(\mathbf{h} \times \frac{d\mathbf{F_P}}{ds}\right) = \mathbf{0}. \tag{4.11}$$

Im Allgemeinen werden die Vektoren $\mathbf{h}$ und $\mathbf{h_T}$ in Komponenten zerlegt, die sich auf die Richtungen $\mathbf{e_2}$ und $\mathbf{e_3}$ beziehen. Die Betrachtung der Fälle, bei denen der Basisvektor $\mathbf{e_2}$ und die Vektoren $\mathbf{h}$ und $\mathbf{h_T}$ auf einer Geraden liegen (Abb. 4.2 a–d), zeigt sich, dass diese jeweils nur eine Komponente besitzen. Der Richtungssinn des Basisvektors $\mathbf{e_2}$ wird für derartige Fälle vorzugsweise so gewählt, dass diese Komponente negativ ist:

$$\mathbf{h} = -h\mathbf{e_2}, \quad \mathbf{h_T} = -h_T\mathbf{e_2}, \quad h_T \geq 0, h \geq 0. \tag{4.12}$$

In der Konsequenz erfolgt die Darstellung der Gleichung (4.11) in folgender Form:

$$\frac{d\mathbf{M}}{ds} + (\mathbf{e_1} \times \mathbf{Q}) - h_T(\mathbf{e_2} \times \mathbf{q}) + \mathbf{m} + h\left(\mathbf{e_2} \times \frac{d\mathbf{F_P}}{ds}\right) = \mathbf{0}. \tag{4.13}$$

Die Ableitung der Kraft $\mathbf{F_P}$ aus der letzten Gleichung setzt sich aus der Ableitung des Betrags und der Ableitung des Basisvektors $\mathbf{e_1}$ zusammen. Dabei wird vorausgesetzt, dass der Druck p über die Länge des Balkens gleichmäßig verteilt ist. Dann gilt für die Ableitung der Kraft $\mathbf{F_P}$:

$$\frac{d\mathbf{F_P}}{ds} = \frac{d(F_P\mathbf{e_1})}{ds} = pA'_P\mathbf{e_1} + F_P\frac{d\mathbf{e_1}}{ds}, \quad A'_P = \frac{dA_P}{ds}. \tag{4.14}$$

Die Gleichgewichtsgleichungen (4.9) und (4.11) sind Vektorgleichungen im mitgeführten Koordinatensystem. Demgemäß werden die Basisvektoren des Koordinatensystems die Richtungen bezüglich s ändern. Die Ableitungen der Kräfte und Momente sind daher wie folgt aufzuschreiben (vgl. Gleichung (4.3)):

$$\frac{d\mathbf{Q}}{ds} = \sum_{i=1}^{3}\frac{dQ_i}{ds}\mathbf{e_i} + \sum_{i=1}^{3}\frac{d\mathbf{e_i}}{ds}Q_i,$$

$$\frac{d\mathbf{M}}{ds} = \sum_{i=1}^{3}\frac{dM_i}{ds}\mathbf{e_i} + \sum_{i=1}^{3}\frac{d\mathbf{e_i}}{ds}M_i. \tag{4.15}$$

Die Ableitungen der Basisvektoren sind noch zu ermitteln, um die Gleichgewichtsgleichungen (4.9) und (4.11) als skalare Gleichungen in Projektionen auf die Basisrichtungen zu formulieren. Die Behandlung dieser Aufgabenstellung erfolgt im nachfolgenden Abschnitt.

4.2.2 Ableitungen der Basisvektoren

Die Ableitungen von Basisvektoren $\mathbf{e}_1$, $\mathbf{e}_2$ und $\mathbf{e}_3$ nach der Koordinate s sind ebenfalls Vektoren und können auf die Richtungen $\mathbf{e}_1$, $\mathbf{e}_2$ und $\mathbf{e}_3$ in Komponenten zerlegt werden. Diese Komponenten sind zunächst unbekannt und werden durch κ_{ij} ($i = 1,2,3$; $j = 1,2,3$) bezeichnet:

$$\frac{d\mathbf{e}_1}{ds} = \kappa_{11}\mathbf{e}_1 + \kappa_{12}\mathbf{e}_2 + \kappa_{13}\mathbf{e}_3,$$

$$\frac{d\mathbf{e}_3}{ds} = \kappa_{21}\mathbf{e}_1 + \kappa_{22}\mathbf{e}_2 + \kappa_{23}\mathbf{e}_3, \qquad (4.16)$$

$$\frac{d\mathbf{e}_3}{ds} = \kappa_{31}\mathbf{e}_1 + \kappa_{32}\mathbf{e}_2 + \kappa_{33}\mathbf{e}_3.$$

Die Komponenten κ_{ij} bilden eine Matrix der Dimension 3×3:

$$\underline{\mathbf{\kappa}} = \begin{pmatrix} \kappa_{11} & \kappa_{12} & \kappa_{13} \\ \kappa_{21} & \kappa_{22} & \kappa_{23} \\ \kappa_{31} & \kappa_{32} & \kappa_{33} \end{pmatrix}. \qquad (4.17)$$

Weiterhin werden Eigenschaften der Komponenten κ_{ij} untersucht, um die Ableitungen der Basisvektoren zu bestimmen. Eine erste Eigenschaft lässt sich anhand der Gleichungen (4.16) feststellen, indem die Gleichungen jeweils mit Basisvektoren $\mathbf{e}_j$, $j = 1, ...,3$ multipliziert werden. Anschließend können die einzelnen Komponenten durch die Basisvektoren und deren Ableitung wie folgt dargestellt werden:

$$\kappa_{ij} = \frac{d\mathbf{e}_i}{ds}\mathbf{e}_j. \qquad (4.18)$$

Die Orthogonalität der Basisvektoren impliziert, dass sie eine gemeinsame Eigenschaft aufweisen:

$$\mathbf{e}_i\mathbf{e}_j = 0, \quad i \neq j. \qquad (4.19)$$

Die Ableitung der Gleichung (4.19) nach s ergibt den folgenden Ausdruck:

$$\frac{d\mathbf{e}_i}{ds}\mathbf{e}_j + \frac{d\mathbf{e}_j}{ds}\mathbf{e}_i = 0, \quad i \neq j. \qquad (4.20)$$

Unter Berücksichtigung von (4.18) kann die letzte Gleichung durch die Komponenten κ_{ij} wie folgt dargestellt werden:

$$\kappa_{ij} = -\kappa_{ji}, \quad i \neq j. \tag{4.21}$$

Demnach haben sechs von neun unbekannten Komponenten paarweise den gleichen Betrag, was die Anzahl der Unbekannten um drei reduziert. Zur Ermittlung weiterer Eigenschaften der Komponenten κ_{ij}, wird die Gleichung (4.22) nach s abgeleitet.

$$\mathbf{e_i e_i} = 1 \tag{4.22}$$

Anschließend, unter der Berücksichtigung von (4.18), können drei Komponenten der Matrix (4.17) ermittelt werden:

$$\kappa_{ii} = 0, \quad i = 1, 2, 3. \tag{4.23}$$

Die Matrix (4.17) wird unter Beachtung der ermittelten Komponenten aus (4.21) und (4.23) eine folgende Form annehmen:

$$\underline{\mathbf{\kappa}} = \begin{pmatrix} 0 & \kappa_{12} & -\kappa_{31} \\ -\kappa_{12} & 0 & \kappa_{23} \\ \kappa_{31} & -\kappa_{23} & 0 \end{pmatrix} = \begin{pmatrix} 0 & \kappa_3 & -\kappa_2 \\ -\kappa_3 & 0 & \kappa_1 \\ \kappa_2 & -\kappa_1 & 0 \end{pmatrix}. \tag{4.24}$$

Diese Matrix ist somit schiefsymmetrisch und wird anhand von nur drei Komponenten definiert. Zur Vereinfachung der Ausführungen werden für die verbleibenden Komponenten neue Bezeichnungen eingeführt: $\kappa_1 = \kappa_{23}$, $\kappa_2 = \kappa_{31}$ und $\kappa_3 = \kappa_{12}$. Somit sind die Ableitungen der Basisvektoren ebenfalls durch nur drei Komponenten κ_1, κ_2 und κ_3 zu beschreiben:

$$\frac{d\mathbf{e_1}}{ds} = \kappa_3 \mathbf{e_2} - \kappa_2 \mathbf{e_3},$$

$$\frac{d\mathbf{e_3}}{ds} = -\kappa_3 \mathbf{e_1} + \kappa_1 \mathbf{e_3}, \tag{4.25}$$

$$\frac{d\mathbf{e_3}}{ds} = \kappa_2 \mathbf{e_1} - \kappa_1 \mathbf{e_2}.$$

Dieses Gleichungssystem kann auch in Vektorform aufgeschrieben werden. Somit lässt sich für die Ableitung eines Basisvektors folgende Gleichung aufstellen:

$$\frac{d\mathbf{e_i}}{ds} = \underline{\mathbf{\kappa}}^{\mathrm{T}} \mathbf{e_i}. \tag{4.26}$$

Unter Berücksichtigung dreier verbleibender Komponenten besteht die Möglichkeit, anstatt einer Matrix einen Vektor zu bilden:

$$\mathbf{\kappa} = \kappa_1 \mathbf{e_1} + \kappa_2 \mathbf{e_2} + \kappa_3 \mathbf{e_3}. \tag{4.27}$$

Die Ableitungen der Basisvektoren lassen sich anhand des vorliegenden Vektors wie folgt darstellen:

$$\frac{d\mathbf{e_i}}{ds} = \mathbf{\kappa} \times \mathbf{e_i}. \tag{4.28}$$

Dieser Ausdruck kann für die drei Basisvektoren $\mathbf{e_1}$, $\mathbf{e_2}$ und $\mathbf{e_3}$ überprüft und somit bewiesen werden. Hier wird der Nachweis der Gleichung (4.28) für die Ableitung von $\mathbf{e_1}$ erbracht:

$$\frac{d\mathbf{e_1}}{ds} = \mathbf{\kappa} \times \mathbf{e_1} = \left(\kappa_1\mathbf{e_1} + \kappa_2\mathbf{e_2} + \kappa_3\mathbf{e_3} \right) \times \mathbf{e_1} = -\kappa_2\mathbf{e_3} + \kappa_3\mathbf{e_2}. \tag{4.29}$$

Der Vergleich dieses Ausdrucks mit der ersten Gleichung aus (4.25) bestätigt die Gültigkeit der Gleichung (4.28).

4.2.3 Basisvektoren im natürlichen Koordinatensystem

Weiterhin werden die Basisvektoren $\mathbf{e_{n1}}$, $\mathbf{e_{n2}}$ und $\mathbf{e_{n3}}$ eines *natürlichen Koordinatensystems* für eine räumliche Kurve betrachtet. Der Vektor $\mathbf{e_{n1}}$ liegt auf der Tangente zu der Kurve. Der Basisvektor $\mathbf{e_{n2}}$ zeigt auf den Krümmungsmittelpunkt der Kurve und $\mathbf{e_{n3}}$ ist so orientiert, dass das Dreibein $\{\mathbf{e_{n1}}, \mathbf{e_{n2}}, \mathbf{e_{n3}}\}$ ein Rechtskoordinatensystem bildet. Dieses ist ein Spezialfall des Dreibeins eines mitgeführten Koordinatensystems, welches im Abschnitt 4.1 eingeführt wurde. Daher gilt das Gleichungssystem (4.25) auch für $\mathbf{e_{ni}}$ ($i = 1,2,3$). Die Komponenten für das natürliche Koordinatensystem werden durch κ_{ni} bezeichnet, um sie von den Komponenten κ_i für das Dreibein $\{\mathbf{e_1}, \mathbf{e_2}, \mathbf{e_3}\}$ zu unterscheiden:

$$\frac{d\mathbf{e_{n1}}}{ds} = \kappa_{n3}\mathbf{e_{n2}} - \kappa_{n2}\mathbf{e_{n3}},$$

$$\frac{d\mathbf{e_{n3}}}{ds} = -\kappa_{n3}\mathbf{e_{n1}} + \kappa_{n1}\mathbf{e_{n3}}, \tag{4.30}$$

$$\frac{d\mathbf{e_{n3}}}{ds} = \kappa_{n2}\mathbf{e_{n1}} - \kappa_{n1}\mathbf{e_{n2}}.$$

Das Dreibein des natürlichen Koordinatensystems wird zur Aufklärung der geometrischen Bedeutung von Komponenten κ_{ni} genutzt, um dann auch die Erkenntnisse über die Komponenten κ_i zu gewinnen. Für die weiteren Ausführungen werden neue Bezeichnungen und Parameter benötigt. Die Flächen, die durch jeweils zwei Basisvektoren gebildet werden, werden mit γ_{n1}, γ_{n2} und γ_{n3} bezeichnet. Die erste Fläche ist orthogonal zu $\mathbf{e_{n1}}$, die zweite zu $\mathbf{e_{n2}}$ und die dritte zu $\mathbf{e_{n3}}$. Außerdem werden drei Winkel für die Rotation um die Basisvektoren eingeführt und mit θ_{ni}, $i = 1,2,3$ bezeichnet (Abb. 4.5 a).

Im Folgenden wird die Ebene γ_{n3} betrachtet, in welcher sich ein Kurvenelement mit einer Länge Δs befindet. Bei einer Schiebung des Dreibeins vom Anfang zum Ende des Kurvenelements mit einem Krümmungsradius ρ erfährt dieser eine Rotation um den Winkel $\Delta\theta_{n3}$. Diese Situation ist in Abb. 4.5 b dargestellt. In diesem Fall ändert sich die Richtung des Basisvektors $\mathbf{e_{n1}}$, wenn der Krümmungsradius ρ ungleich Null ist. Die Ableitung dieses Basisvektors ist dann ebenfalls nicht Null und kann gemäß der mathematischen Definition der Ableitung wie folgt aufgeschrieben werden:

$$\frac{d\mathbf{e_{n1}}}{ds} = \lim_{\Delta s \to 0} \frac{\Delta\mathbf{e_{n1}}}{\Delta s} = \lim_{\Delta s \to 0} \frac{\mathbf{e_{n1e}} - \mathbf{e_{n1a}}}{\Delta s} = \lim_{\Delta s \to 0} \frac{\Delta\theta_{n3}\mathbf{e_{n2}}}{\Delta s}. \tag{4.31}$$

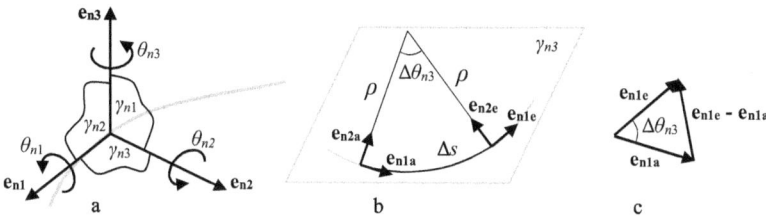

Abb. 4.5: Das natürliche Koordinatensystem und Bezeichnungen: a – das Dreibein mit Bezeichnungen der Ebenen und der Winkel; b – die Bewegung des Dreibeins vom Anfang zum Ende des Kurvenelements Δs mit dem Krümmungsradius ρ; c – die Differenz der Basisvektoren zur Verwendung in der Gleichung (4.31).

Der Basisvektor $\mathbf{e_{n1}}$ wird durch die Parameter $\mathbf{e_{n1a}}$ und $\mathbf{e_{n1e}}$ entsprechend am Anfang und am Ende der Strecke Δs bezeichnet. Ein Vektor, der die Differenz $\mathbf{e_{n1e}} - \mathbf{e_{n1a}}$ bildet, ist zum Krümmungsmittelpunkt gerichtet und besitzt dementsprechend eine Richtung $\mathbf{e_{n2}}$. Unter Berücksichtigung des geometrischen Zusammenhangs lässt sich dies wie folgt darstellen:

$$\frac{\Delta\theta_{n3}}{\Delta s} = \frac{1}{\rho}. \tag{4.32}$$

Demnach wird die Ableitung des Basisvektors $\mathbf{e_{n1}}$ wie folgt aufgeschrieben

$$\frac{d\mathbf{e_{n1}}}{ds} = \lim_{\Delta s \to 0} \frac{1}{\rho}\mathbf{e_{n2}} = \frac{1}{\rho}\mathbf{e_{n2}}. \tag{4.33}$$

Bei einer Gegenüberstellung des vorliegenden Ausdrucks mit der ersten Gleichung aus (4.30) lässt sich eine Übereinstimmung hinsichtlich der Bedeutungen bzw. der Beträge der beiden Komponenten κ_{n3} und κ_{n2} feststellen.

$$\kappa_{n3} = \frac{1}{\rho},$$

$$\kappa_{n2} = 0. \tag{4.34}$$

Die Komponente κ_{n3} ist umgekehrt proportional zum Krümmungsradius und wird als *Krümmung* für eine Kurve bezeichnet. Die Komponente κ_{n2} existiert im natürlichen Koordinatensystem nicht. Um die Frage nach der geometrischen Bedeutung der Komponente κ_{n1} zu klären, wird die letzte Gleichung aus dem Gleichungssystem (4.30) untersucht. Im Folgenden wird die Schiebung des Dreibeins entlang des Kurvenelements Δs beobachtet (Abb. 4.6 a). Dabei wird seine Drehung in der Ebene γ_{n1} betrachtet. Die Ableitung des Basisvektors $\mathbf{e_{n3}}$ wird mit Unterstützung der Darstellungen aus Abb. 4.6 b–c wie folgt aufgeschrieben:

$$\frac{d\mathbf{e_{n3}}}{ds} = \lim_{\Delta s \to 0} \frac{\Delta \mathbf{e_{n3}}}{\Delta s} = \lim_{\Delta s \to 0} \frac{\mathbf{e_{n3e}} - \mathbf{e_{n3a}}}{\Delta s} = \lim_{\Delta s \to 0} \left(-\frac{\Delta \theta_{n1} \mathbf{e_{n2}}}{\Delta s} \right) = -\frac{d\theta_{n1}}{ds} \mathbf{e_{n2}}. \tag{4.35}$$

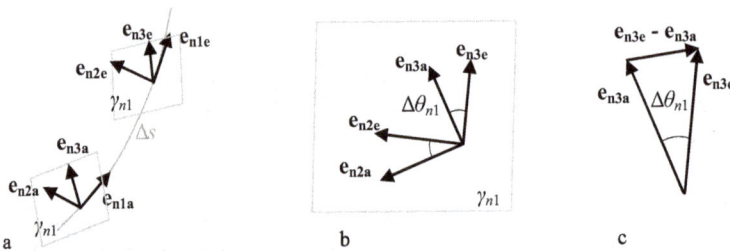

Abb. 4.6: Zur Ableitung des Basisvektors $\mathbf{e_{n3}}$: a – die Schiebung des Dreibeins entlang der Kurve; b – die Änderung des Basisvektors $\mathbf{e_{n3}}$ in der Ebene γ_{n1}; c – die Differenz der Basisvektoren (s. Gleichung (4.35)).

Ein Vektor, der aus der Differenz von $\mathbf{e_{n3e}}$ und $\mathbf{e_{n3a}}$ gebildet wird, zeigt entgegen der Richtung von $\mathbf{e_{n2}}$, wodurch das Vorzeichen „–" im letzten Ausdruck zustande kommt. Die Bedeutung der Komponente κ_{n1} lässt sich anhand der Gleichung (4.35) und unter Berücksichtigung der letzten Gleichung des Gleichungssystems (4.30) erkennen. Diese spiegelt die Verdrehung der Kurve um den Basisvektor $\mathbf{e_{n1}}$ wider und wird als *Drillung* bezeichnet:

$$\kappa_{n1} = \frac{d\theta_{n1}}{ds}. \tag{4.36}$$

Der Vektor $\boldsymbol{\kappa_n}$, der durch die ermittelten Komponenten gebildet wird, heißt *DARBOUX-Vektor* (s. auch [1]):

$$\boldsymbol{\kappa_n} = \kappa_{n1} \mathbf{e_{n1}} + 0\mathbf{e_{n2}} + \kappa_{n3} \mathbf{e_{n3}}.$$

Unter Berücksichtigung der ermittelten Komponenten, wie Krümmung κ_{n3} und Drillung κ_{n1} gemäß (4.34) und (4.36), kann das Gleichungssystem (4.30) neu aufgeschrieben werden:

$$\frac{d\mathbf{e}_{n1}}{ds} = \kappa_{n3}\mathbf{e}_{n2},$$

$$\frac{d\mathbf{e}_{n2}}{ds} = -\kappa_{n3}\mathbf{e}_{n1} + \kappa_{n1}\mathbf{e}_{n3}, \tag{4.37}$$

$$\frac{d\mathbf{e}_{n3}}{ds} = -\kappa_{n1}\mathbf{e}_{n2}.$$

Diese Gleichungen werden als *FRENETsche Gleichungen* bezeichnet. In der Kinematik werden Gleichungen dieser Form (4.37) zur Beschreibung der Bewegung eines starren Körpers entlang einer Kurve verwendet, wie in [1] beschrieben. Dabei wird anstatt des DARBOUX-Vektors ein Winkelgeschwindigkeitsvektor des Körpers verwendet.

4.2.4 Zusammenhang zwischen natürlichem und mitgeführtem Koordinatensystem

Bei einer Gegenüberstellung der Basisvektoren des natürlichen Koordinatensystems $\{\mathbf{e}_{n1}, \mathbf{e}_{n2}, \mathbf{e}_{n3}\}$ und des mitgeführten Koordinatensystems $\{\mathbf{e}_1, \mathbf{e}_2, \mathbf{e}_3\}$ lässt sich feststellen, dass die Vektoren $\mathbf{e}_{n1}$ und $\mathbf{e}_1$ stets zusammenfallen, da sie auf der Tangente zur Kurve bzw. der neutralen Faser liegen. Die Vektorpaare $\mathbf{e}_{n2}, \mathbf{e}_{n3}$ sowie $\mathbf{e}_2, \mathbf{e}_3$ liegen in der Querschnittsebene. Sie haben den gleichen Ursprungspunkt und sind orthogonal zu $\mathbf{e}_{n1}$ bzw. $\mathbf{e}_1$. Die genannten Vektorpaare können in dieser Ebene unterschiedliche Richtungen aufweisen (Abb. 4.7 a), die sich um einen Winkel $\theta_{(1)}$ unterscheiden. Der Vektor $\boldsymbol{\kappa}_n$ ist im natürlichen Koordinatensystem definiert und kann wie folgt dargestellt werden:

$$\boldsymbol{\kappa}_n = \kappa_{n1}\mathbf{e}_{n1} + \kappa_{n3}\mathbf{e}_{n3}. \tag{4.38}$$

Die beiden Basisvektoren lassen sich durch die Richtungen $\mathbf{e}_2$ und $\mathbf{e}_3$ wie folgt aufschreiben:

$$\mathbf{e}_{n1} = \mathbf{e}_1,$$

$$\mathbf{e}_{n3} = \sin\theta_{(1)}\mathbf{e}_2 + \cos\theta_{(1)}\mathbf{e}_3. \tag{4.39}$$

Dem Vektor $\boldsymbol{\kappa}_n$ des natürlichen Koordinatensystems entspricht der Vektor $\boldsymbol{\kappa}$ im lokalen Koordinatensystem, der wie folgt aufgeschrieben wird:

$$\boldsymbol{\kappa} = \kappa_1\mathbf{e}_1 + \kappa_{n3}\sin\theta_{(1)}\mathbf{e}_2 + \kappa_{n3}\cos\theta_{(1)}\mathbf{e}_3, \tag{4.40}$$

wobei seine drei Komponenten verschieden von Null sind:

$$\kappa_1 = \frac{d(\theta_{n1} + \theta_{(1)})}{ds} = \kappa_{n1} + \frac{d\theta_{(1)}}{ds},$$

$$\kappa_2 = \kappa_{n3} \sin \theta_{(1)}, \tag{4.41}$$

$$\kappa_3 = \kappa_{n3} \cos \theta_{(1)}.$$

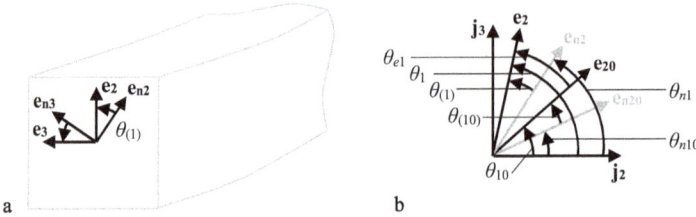

Abb. 4.7: Die Lage und die Bezeichnungen der Basisvektoren: a – Vektorpaare $\mathbf{e_{n2}}$, $\mathbf{e_{n3}}$ und $\mathbf{e_2}$, $\mathbf{e_3}$ in der Querschnittsebene des Balkens; b – Bezeichnungen für Winkel θ im Zusammenhang mit dem Index 1; die Achsen stehen für: $\mathbf{e_{2n0}}$ – natürliches Koordinatensystem, unbelasteter Zustand, $\mathbf{e_{2n}}$ – natürliches Koordinatensystem, belasteter Zustand, $\mathbf{e_{20}}$ – mitgeführtes Koordinatensystem, unbelasteter Zustand, $\mathbf{e_{20}}$ – mitgeführtes Koordinatensystem, belasteter Zustand, $\mathbf{j_2}$ und $\mathbf{j_3}$ sind Basisvektoren des kartesischen Koordinatensystems.

Die erste Komponente des Vektors $\mathbf{\kappa}$ setzt sich aus der Drillung der Kurve der neutralen Faser und der Verdrehung der Basisvektoren $\mathbf{e_2}$ und $\mathbf{e_3}$ bezüglich des natürlichen Koordinatensystems zusammen. Letzteres wird als eine Ableitung des Winkels $\theta_{(1)}$ dargestellt. Die zweite und dritte Komponente κ_2 und κ_3 sind entsprechende Projektionen der Krümmung $\kappa_{n3}\mathbf{e_3}$ auf $\mathbf{e_2}$ und $\mathbf{e_3}$.

Die Ableitungen der Basisvektoren des Balkens werden zukünftig gemäß (4.28) ermittelt. Die Bezeichnungen aus Abb. 4.5 a werden für die Basisvektoren {$\mathbf{e_1}$, $\mathbf{e_2}$, $\mathbf{e_3}$} und {$\mathbf{e_{10}}$, $\mathbf{e_{20}}$, $\mathbf{e_{30}}$} verwendet, wobei die Indizes entsprechend angepasst werden. Der Index „0" steht in diesem Fall für die ursprüngliche Lage des Balkens. Die Bezeichnungen für die Winkel „θ" sowie für die Ebenen „γ" werden neben dem natürlichen Koordinatensystem auch für andere Koordinatensysteme verwendet und mit den entsprechenden Indizes versehen. In Abb. 4.7 b sind die Bezeichnungen für den Winkel θ im Zusammenhang mit dem Index 1 bereits unter Berücksichtigung der Transformation aus Abschnitt 4.4 aufgeführt.

Im unbelasteten Zustand widerspiegelt der Winkel $\theta_{(10)}$ die Verdrehung des mitgeführten Koordinatensystems in Bezug auf das natürliche Koordinatensystem und sollte bekannt sein. Im Gegensatz dazu bleibt der Winkel $\theta_{(1)}$ unbekannt. Wenn die zwei letzten Gleichungen aus (4.41) quadriert und dann aufaddiert werden, lässt sich folgender Zusammenhang ableiten:

$$\kappa_2^2 + \kappa_3^2 = \kappa_{n3}^2. \tag{4.42}$$

Der Ausdruck (4.42) kann schematisch als ein rechteckiges Dreieck mit der Hypotenuse κ_{n3} und den Katheten κ_2 und κ_3 illustriert werden. Dies wird in Abb. 4.8 demonstriert.

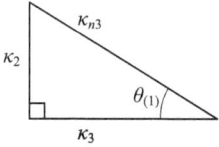

Abb. 4.8: Eine Schematische Darstellung der Zusammenhänge aus (4.42) unter Berücksichtigung der zwei letzten Gleichungen aus (4.41): ein rechteckiges Dreieck mit einer Hypotenuse κ_{n3} und Katheten κ_2 und κ_3.

Somit lassen sich für den Winkel $\theta_{(1)}$ folgende Gleichungen aufstellen:

$$\cos\theta_{(1)} = \frac{\kappa_3}{\sqrt{\kappa_2^2 + \kappa_3^2}},$$

$$\sin\theta_{(1)} = \frac{\kappa_2}{\sqrt{\kappa_2^2 + \kappa_3^2}}. \tag{4.43}$$

Die Werte für κ_2 und κ_3 können nach der Ermittlung der verformten Lage des Balkens bestimmt werden.

4.2.5 Weiterentwicklung der Gleichgewichtsgleichungen

Für die Gleichgewichtsgleichungen (4.9) und (4.11) werden zunächst die Ableitungen der Kräfte und Momente nach (4.15) unter Verwendung des Ausdrucks (4.28) für die Ableitungen der Basisvektoren aufgeschrieben.

$$\frac{d\mathbf{Q}}{ds} = \frac{dQ_1}{ds}\mathbf{e}_1 + \frac{dQ_2}{ds}\mathbf{e}_2 + \frac{dQ_3}{ds}\mathbf{e}_3 + \boldsymbol{\kappa}\times\mathbf{Q} = \frac{d'\mathbf{Q}}{ds} + \boldsymbol{\kappa}\times\mathbf{Q},$$

$$\frac{d\mathbf{M}}{ds} = \frac{dM_1}{ds}\mathbf{e}_1 + \frac{dM_2}{ds}\mathbf{e}_2 + \frac{dM_3}{ds}\mathbf{e}_3 + \boldsymbol{\kappa}\times\mathbf{M} = \frac{d'\mathbf{M}}{ds} + \boldsymbol{\kappa}\times\mathbf{M} \tag{4.44}$$

Die Summe der Ableitungen der Beträge der Kräfte bzw. Momente werden als lokale Ableitungen bezeichnet und mit einem „Strich" versehen, um sie von den echten Ableitungen zu unterscheiden:

$$\frac{d'\mathbf{Q}}{ds} = \frac{dQ_1}{ds}\mathbf{e}_1 + \frac{dQ_2}{ds}\mathbf{e}_2 + \frac{dQ_3}{ds}\mathbf{e}_3,$$

$$\frac{d'\mathbf{M}}{ds} = \frac{dM_1}{ds}\mathbf{e}_1 + \frac{dM_2}{ds}\mathbf{e}_2 + \frac{dM_3}{ds}\mathbf{e}_3. \tag{4.45}$$

Unter Anwendung dieser Beziehungen und unter Berücksichtigung des Ausdrucks (4.14) kann die Gleichung für Kräftegleichgewicht (4.9) wie folgt ausgeschrieben werden.

$$\frac{d\mathbf{Q}}{ds} + \kappa \times (\mathbf{Q} - \mathbf{F_P}) - pA'_P\mathbf{e_1} + \mathbf{q} = 0 \tag{4.46}$$

Zur Umformung der Gleichgewichtsgleichung für die Momente (4.11) wird zunächst der letzte Term dieser Gleichung wie folgt geschrieben:

$$\left(\mathbf{h} \times \frac{d\mathbf{F_P}}{ds} \right) = \mathbf{h} \times \left(A'_P p\mathbf{e_1} + F_P \frac{d\mathbf{e_1}}{ds} \right) = pA'_P(\mathbf{h} \times \mathbf{e_1}) + pA_P(\mathbf{h} \times (\kappa \times \mathbf{e_1})). \tag{4.47}$$

Im Falle, dass der Vektor **h** nur eine Komponente für die Richtung $\mathbf{e_2}$ aufweist (s. Gleichungen (4.12)), lässt sich der letzte Term vereinfachen:

$$\left(-h\mathbf{e_2} \times \frac{d\mathbf{F_P}}{ds} \right) = -h\mathbf{e_2} \times \left(A'_P p\mathbf{e_1} + F_P \frac{d\mathbf{e_1}}{ds} \right) = hp(A_P\kappa_2\mathbf{e_1} + A'_P\mathbf{e_3}). \tag{4.48}$$

Der Term aus Gleichung (4.47) soll nun in die Gleichung für Momentengleichgewicht (4.11) eingesetzt sowie die Ableitung des Moments gemäß dem Ausdruck (4.44) angewendet werden:

$$\frac{d\mathbf{M}}{ds} + \kappa \times \mathbf{M} + (\mathbf{e_1} \times \mathbf{Q}) + (\mathbf{h_T} \times \mathbf{q})$$
$$- pA'_P(\mathbf{h} \times \mathbf{e_1}) - F_P(\mathbf{h} \times (\kappa \times \mathbf{e_1})) + \mathbf{m} = 0. \tag{4.49}$$

Die Gleichungen (4.46) und (4.49) beschreiben Schnittkräfte und Schnittmomente eines gekrümmten Balkens, der sich unter äußeren Belastungen verformt.

4.3 Einbindung der Materialeigenschaften

Im Querschnitt eines belasteten Balkens entsteht eine Spannung $\boldsymbol{\sigma}$, die bezüglich des mitgeführten Dreibeins $\{\mathbf{e_1}, \mathbf{e_2}, \mathbf{e_3}\}$ in drei Komponenten zerlegt wird. Die resultierende Spannung setzt sich aus einer zum Querschnitt orthogonalen Normalspannung σ_1 und einer Schubspannung τ zusammen, die in der Querschnittsebene liegt und zwei Komponenten τ_2 und τ_3 beinhaltet. Die Indizes verdeutlichen die Richtungen der Spannungskomponenten (Abb. 4.9).

$$\boldsymbol{\sigma} = \sigma_1\mathbf{e_1} + \tau_2\mathbf{e_2} + \tau_3\mathbf{e_3} \tag{4.50}$$

Ein Radiusvektor **r** beschreibt die Lage eines beliebigen Punkts P im Querschnitt eines verformten Balkens und besitzt zwei Komponenten:

$$\mathbf{r} = r_2\mathbf{e_2} + r_3\mathbf{e_3}. \tag{4.51}$$

Durch die Spannungen entsteht in einem Querschnitt ein Schnittmoment **M**, welches wie folgt aufgeschrieben wird:

$$\mathbf{M} = \int (\mathbf{r} \times \boldsymbol{\sigma}) dA = \int ((r_2\mathbf{e_2} + r_3\mathbf{e_3}) \times (\sigma_1\mathbf{e_1} + \tau_2\mathbf{e_2} + \tau_3\mathbf{e_3})) dA. \tag{4.52}$$

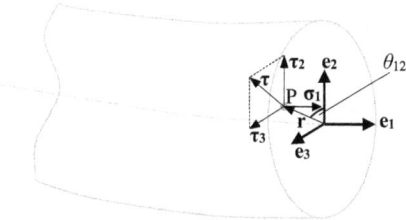

Abb. 4.9: Die Komponenten der Spannung **σ** im Querschnitt: die Normalspannung σ_1 und Schubspannungen τ_2 und τ_3 für einen Punkt, welcher im Querschnitt durch ein Radiusvektor **r** bestimmt wird.

Im Folgenden werden die Bezugsachsen für die Momente als identisch mit den Basisvektoren $\mathbf{e_i}$, $i = 1,2,3$ angenommen. Einzelne Komponenten des Moments lassen sich wie folgt darstellen:

$$M_1 = \int (r_2\tau_3 - r_3\tau_2) dA,$$

$$M_2 = \int (r_3\sigma_1) dA, \tag{4.53}$$

$$M_3 = \int (-r_2\sigma_1) dA.$$

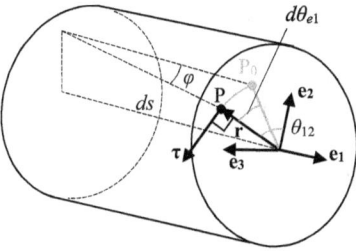

Abb. 4.10: Darstellung der Schubspannung unter einer Verdrehung des Balkenelements um $\mathbf{e_1}$.

Zunächst wird das erste Moment M_1 betrachtet, um dieses anhand des HOOKEschen Gesetzes mit Verformung des Balkens zu verbinden. Das Moment bewirkt eine Verdrehung des Balkens, wie es in Abb. 4.10 anhand eines Balkenelements gezeigt ist. Die entsprechenden Schubspannungen sind mit dem Winkel φ, der infolge einer Verdrehung entsteht, linear durch eine Proportionalitätskonstante G, ein Gleitmodul (auch Schubmodul), nach dem *HOOKEschen Gesetz* wie folgt verbunden:

$$\tau = G\varphi. \tag{4.54}$$

Der Winkel $d\theta_{e1}$ steht für die Verdrehung des Balkenelements der Länge ds unter äußeren Belastungen. Aus der geometrischen Konstellation in Abb. 4.10 folgt ein Zusammenhang:

$$d\theta_{e1}r = \varphi ds. \tag{4.55}$$

Aus der letzten Gleichung wird der Winkel φ in das HOOKEsche Gesetz (4.54) eingesetzt:

$$\tau = Gr\frac{d\theta_{e1}}{ds}. \tag{4.56}$$

Die Schubspannung τ wird auf beide Richtungen $\mathbf{e}_2$ und $\mathbf{e}_3$, die im Querschnitt des Balkens liegen, projiziert:

$$\tau = \tau_2\mathbf{e}_2 + \tau_3\mathbf{e}_3 = -\tau \sin\theta_{12}\mathbf{e}_2 + \tau \cos\theta_{12}\mathbf{e}_3. \tag{4.57}$$

Der Winkel θ_{12} ist ein Winkel zwischen dem Radiusvektor $\mathbf{r}$ zu dem betrachteten Punkt P und der $\mathbf{e}_2$-Richtung in der Querschnittsebene des Balkens (Abb. 4.9 und Abb. 4.10):

$$\cos\theta_{12} = \frac{r_2}{r},$$

$$\sin\theta_{12} = \frac{r_3}{r}. \tag{4.58}$$

Das erste Moment des Gleichungssystems (4.53) kann unter Berücksichtigung der Gleichungen (4.56)–(4.58) wie folgt aufgeschrieben werden:

$$M_1 = \int G\frac{d\theta_{e1}}{ds}(r_2^2 + r_3^2)dA. \tag{4.59}$$

Der Winkel θ_{e1} für die Verdrehung des Balkens kann gemäß Abb. 4.7 b durch vier andere Winkel dargestellt werden:

$$\theta_{e1} = \theta_1 - \theta_{10} = \theta_{n1} + \theta_{(1)} - (\theta_{n10} + \theta_{(10)}). \tag{4.60}$$

Die Ableitung dieses Winkels erfolgt unter Berücksichtigung des Ausdrucks (4.41) für κ_1 in folgender Form:

$$\frac{d\theta_{e1}}{ds} = \frac{(d\theta_{n1} + d\theta_{(1)})}{ds} - \frac{(d\theta_{n10} + d\theta_{(10)})}{ds} = \kappa_1 - \kappa_{(10)}. \tag{4.61}$$

Hierbei wurde ein neuer Parameter $\kappa_{(10)}$ eingeführt:

$$\kappa_{(10)} = \frac{(d\theta_{n10} + d\theta_{(10)})}{ds} = \kappa_{n10} + \frac{d\theta_{(10)}}{ds} = \frac{d\theta_{10}}{ds}. \tag{4.62}$$

Dieser Parameter charakterisiert eine Verdrehung des mitgeführten Koordinatensystems für einen noch unbelasteten Zustand des Balkens. Der Parameter κ_{n10} ist die Drillung der neutralen Faser des unbelasteten Balkens. Zudem wird berücksichtigt, dass

$$I_1 = \int (r_2^2 + r_3^2)dA \tag{4.63}$$

das polare Flächenträgheitsmoment der Querschnittsfläche um $\mathbf{e}_1$ ist. Das Torsionsmoment wird mit der Verformung des Balkens entsprechend (4.59) wie folgt verknüpft:

$$M_1 = GI_1(\kappa_1 - \kappa_{(10)}). \tag{4.64}$$

Das Moment M_1 bewirkt die Änderung der Drillung des Balkens. Das polare Flächenträgheitsmoment in der letzten Formel eignet sich lediglich für die Modellbildung im Zusammenhang mit rotationssymmetrischen Querschnitten. Im Falle nicht rotationssymmetrischer Querschnitte ist stattdessen das Torsionsträgheitsmoment zu verwenden [12].

Ein weiteres Moment aus dem Gleichungssystem (4.53), das Biegemoment M_2, soll ebenfalls über die Verformung des Balkens aufgeschrieben werden. Dazu wird das *HOOKEsche Gesetz* angewendet, wonach die Normalspannung σ_1 gleich dem Produkt aus der Dehnung des Balkens ε und einer Proportionalitätskonstante, dem Elastizitätsmodul E, ist:

$$\sigma_1 = E\varepsilon. \tag{4.65}$$

Die Dehnung ε wird durch die Längenänderung einer beliebigen Faser, die um r_{n2} von der neutralen Faser entfernt ist, aufgeschrieben. Deren Länge wird vor einer Verformung mit ds_{f0} und nach einer Verformung mit ds_f bezeichnet. Die Verformung des Balkens wird zunächst in der Ebene γ_{n3}, in welcher $\mathbf{e}_{n1}$ und $\mathbf{e}_{n2}$ liegen, betrachtet. Die Dehnung der Faser ds_f setzt sich dann wie folgt zusammen (Abb. 4.11 a).

$$\varepsilon = \frac{ds_f - ds_{f0}}{ds_{f0}} = \frac{(\rho - r_{n2})d\theta_{n3} - (\rho_0 - r_{n20})d\theta_{n30}}{(\rho_0 - r_{n20})d\theta_{n30}} \tag{4.66}$$

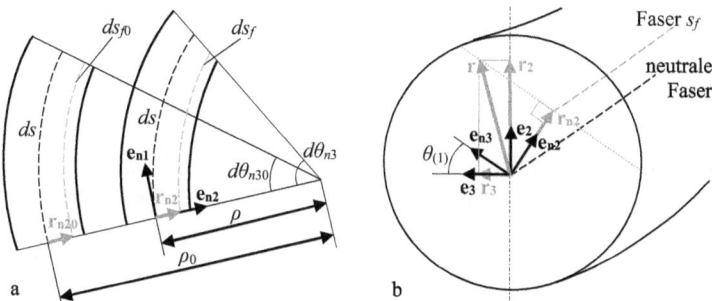

Abb. 4.11: Die Längenänderung einer Faser: a – Die Änderung der Faserlängen und der Krümmung nach einer Verformung des Balkenelements der Länge ds; b – schematische Darstellung der Lage des Vektors $\mathbf{r_{n2}}$ sowie der Vektorpaare $\mathbf{e_{n2}}$, $\mathbf{e_{n3}}$ und $\mathbf{e_2}$, $\mathbf{e_3}$ in einer Querschnittsebene des Balkens.

Es sei daran erinnert, dass die Länge der neutralen Faser konstant bleibt. Infolgedessen gilt bezogen auf die Länge *ds* folgender Ausdruck:

$$\rho_0 \, d\theta_{n30} = \rho \, d\theta_{n3}. \tag{4.67}$$

Die Dehnung aus (4.66) wird unter Berücksichtigung des Zusammenhangs (4.67) und der Annahme, dass r_{n20} viel kleiner als ρ_0 ist, erneut notiert:

$$\varepsilon = \frac{1}{\rho_0 - r_{n20}} \left(r_{n20} - \frac{\rho_0}{\rho} r_{n2} \right) \approx r_{n20} \frac{1}{\rho_0} - r_{n2} \frac{1}{\rho}. \tag{4.68}$$

Die Beträge der Vektoren $\mathbf{r_{n2}}$ und $\mathbf{r_{n20}}$ bleiben untereinander gleich und können durch die Komponenten des Vektors $\mathbf{r}$, namentlich $\mathbf{r_2}$ und $\mathbf{r_3}$ im Koordinatensystem des verformten Balkens, ersetzt werden (Abb. 4.11 b):

$$r_{n2} = r_{n20} = r_2 \cos\theta_{(1)} - r_3 \sin\theta_{(1)}. \tag{4.69}$$

Die Parameter r_{n2} und r_{n20} in (4.68) werden gemäß der Gleichung (4.69) ersetzt:

$$\varepsilon = (r_2 \cos\theta_{(1)} - r_3 \sin\theta_{(1)}) \left(\frac{1}{\rho_0} - \frac{1}{\rho} \right). \tag{4.70}$$

Unter Berücksichtigung von (4.41) können folgende Zusammenhänge für κ_2 und κ_3 für die weiteren Ausführungen verwendet werden:

$$\kappa_2 = \frac{1}{\rho} \sin\theta_{(1)}, \quad \kappa_3 = \frac{1}{\rho} \cos\theta_{(1)}. \tag{4.71}$$

Weiterhin werden neue Parameter $\kappa_{(20)}$ und $\kappa_{(30)}$ eingeführt:

$$\kappa_{(20)} = \frac{1}{\rho_0} \sin\theta_{(1)}, \quad \kappa_{(30)} = \frac{1}{\rho_0} \cos\theta_{(1)}. \tag{4.72}$$

Im Anschluss werden die Zusammenhänge (4.71) und (4.72) auf (4.70) angewendet. Schließlich nimmt die Dehnung folgende Form an:

$$\varepsilon = r_3 \left(\kappa_2 - \kappa_{(20)} \right) - r_2 \left(\kappa_3 - \kappa_{(30)} \right). \tag{4.73}$$

Die Dehnung aus Gleichung (4.73) wird in die Gleichung (4.65) für die Spannung eingesetzt, welche anschließend für das Biegemoment M_2 aus dem Gleichungssystem (4.53) verwendet wird. Somit lässt sich das Biegemoment wie folgt darstellen:

$$M_2 = EI_2 (\kappa_2 - \kappa_{(20)}) + EI_{23} (\kappa_3 - \kappa_{(30)}). \tag{4.74}$$

Der Parameter I_2 ist ein äquatoriales Flächenträgheitsmoment um eine Achse, die mit dem Basisvektor $\mathbf{e_2}$ zusammenfällt:

$$I_2 = \int r_3^2 dA. \tag{4.75}$$

Der Parameter I_{23} ist ein biaxiales Flächenträgheitsmoment:

$$I_{23} = -\int r_2 r_3 dA. \tag{4.76}$$

Analog wird das Moment M_3 aus dem Gleichungssystem (4.53) aufgeschrieben:

$$M_3 = EI_3(\kappa_3 - \kappa_{(30)}) + EI_{32}(\kappa_2 - \kappa_{(20)}). \tag{4.77}$$

Das äquatoriale Flächenträgheitsmoment I_3 um eine Achse, die mit $\mathbf{e}_3$ zusammenfällt, wird wie folgt ausgedrückt:

$$I_3 = \int r_2^2 dA. \tag{4.78}$$

Die Differenz $(\kappa_3 - \kappa_{(30)})$ stellt die Änderung der Krümmung der neutralen Faser vom Balken dar, die auf die Richtung $\mathbf{e}_3$ projiziert wird. Analog dazu soll der Ausdruck $(\kappa_2 - \kappa_{(20)})$ als eine Projektion der Krümmungsänderung der neutralen Faser auf die Richtung $\mathbf{e}_2$, erfasst werden.

$$\kappa_2 - \kappa_{(20)} = \left(\frac{1}{\rho} - \frac{1}{\rho_0}\right) \sin\theta_{(1)},$$
$$\kappa_3 - \kappa_{(30)} = \left(\frac{1}{\rho} - \frac{1}{\rho_0}\right) \cos\theta_{(1)} \tag{4.79}$$

Wenn die Basisvektoren $\mathbf{e}_2$ und $\mathbf{e}_3$ Hauptträgheitsachsen sind, wie im Abschnitt 4.1 dargelegt, dann werden die biaxialen Flächenträgheitsmomente den Nullwert annehmen. In der Folge entstehen drei Gleichungen, welche die äußeren Belastungen in der Form des belasteten Balkens verbinden. Die Form des Balkens wird durch den Vektor $\boldsymbol{\kappa}$ beschrieben.

$$M_1 = GI_1(\kappa_1 - \kappa_{(10)}),$$
$$M_2 = EI_2(\kappa_2 - \kappa_{(20)}),$$
$$M_3 = EI_3(\kappa_3 - \kappa_{(30)}) \tag{4.80}$$

Es wird die Steifigkeitsmatrix wie folgt eingeführt:

$$\underline{S} = \begin{pmatrix} GI_1 & 0 & 0 \\ 0 & EI_2 & 0 \\ 0 & 0 & EI_3 \end{pmatrix}. \tag{4.81}$$

Demnach können die Gleichungen (4.80) als eine Vektorgleichung aufgeschrieben werden:

$$\mathbf{M} = \underline{\mathbf{S}}(\boldsymbol{\kappa} - \boldsymbol{\kappa}_{(0)}). \tag{4.82}$$

Die Parameter $\mathbf{M}$, $\boldsymbol{\kappa}$ und $\boldsymbol{\kappa}_{(0)}$ sind hier als Spaltenvektoren anzuwenden:

$$\mathbf{M} = \begin{pmatrix} M_1 \\ M_2 \\ M_3 \end{pmatrix}, \quad \boldsymbol{\kappa} = \begin{pmatrix} \kappa_1 \\ \kappa_2 \\ \kappa_3 \end{pmatrix}, \quad \boldsymbol{\kappa}_{(0)} = \begin{pmatrix} \kappa_{(10)} \\ \kappa_{(20)} \\ \kappa_{(30)} \end{pmatrix} = \begin{pmatrix} \frac{d\theta_{n10}}{ds} + \frac{d\theta_{(10)}}{ds} \\ \frac{1}{\rho_0}\sin\theta_{(1)} \\ \frac{1}{\rho_0}\cos\theta_{(1)} \end{pmatrix}. \tag{4.83}$$

Der Vektor $\boldsymbol{\kappa}_{(0)}$ weist gleiche Komponenten in der Basis $\{\mathbf{e}_i\}$ auf wie der Vektor $\boldsymbol{\kappa}_0$ in der Basis $\{\mathbf{e}_{i0}\}$. Die skalaren Gleichungen (4.80) oder die Vektorgleichung (4.82) stellen eine Verbindung zwischen den Belastungen und den daraus folgenden belasteten Formen des Balkens dar. Die Komponenten des Parameters $\boldsymbol{\kappa}$ spiegeln eindeutig die Form seiner neutralen Faser wider, da diese sowohl die Krümmung als auch die Drillung beinhalten.

4.4 Transformationsmatrizen

Im Folgenden soll die Möglichkeit eröffnet werden, einen Vektor in verschiedenen Koordinatensystemen darzustellen. Dies erfolgt unter Zuhilfenahme von *Transformationsmatrizen*, welche drei Koordinatensysteme mit Dreibeinen $\{\mathbf{e}_{i0}\}$, $\{\mathbf{e}_i\}$ und $\{\mathbf{j}_i\}$, $i = 1,2,3$ untereinander verbinden. Zunächst wird eine Transformationsmatrix für die Basisvektoren $\{\mathbf{j}_i\}$ und $\{\mathbf{e}_i\}$ erstellt. Die Basisvektoren $\{\mathbf{j}_i\}$ können durch drei Rotationen in die Basisvektoren $\{\mathbf{e}_i\}$ überführt werden. Logisch erscheint hier jeweils eine Drehung um eine Achse mit Anwendung von Winkel θ_i durchzuführen. Dabei wird zunächst um die Achse $\mathbf{j}_1$ und dann um eine neue Achse, die aus der Achse $\mathbf{j}_2$ entsteht, gedreht. Im Anschluss erfolgt eine Drehung um die frühere Achse $\mathbf{j}_3$, wodurch die endgültige Lage der Basisvektoren $\{\mathbf{e}_i\}$ erreicht wird. Die dabei entstehende Transformationsmatrix wird außerdem als *Drehmatrix* bezeichnet. Aus der beschriebenen Vorgehensweise resultiert eine Reihenfolge der Schritte für Drehbewegungen, die in Abb. 4.12 dargestellt sind:

– Drehung um die Achse $\mathbf{j}_1$ mit dem Winkel θ_1 mit einem Ergebnis für die neue Lage des Dreibeins $\{\mathbf{e}_i^1\}$,
– Drehung um die Achse $\mathbf{e}_2^1$ mit dem Winkel θ_2 mit einer neuen Lage des Dreibeins $\{\mathbf{e}_i^2\}$,
– Drehung um die Achse $\mathbf{e}_3^2$ mit dem Winkel θ_3, wodurch eine letzte Lage und somit das mitgeführte Dreibein $\{\mathbf{e}_i\}$ entsteht.

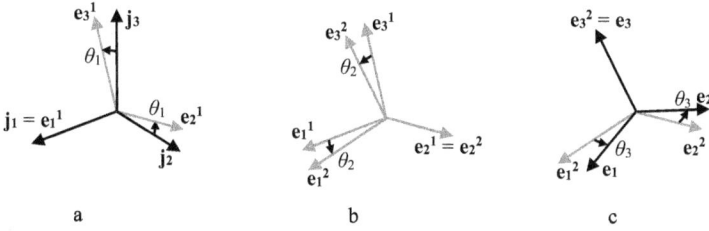

Abb. 4.12: Die Transformation der Basisvektoren {j_i} in die Basisvektoren {e_i} anhand von drei Drehungen: a – die Drehung um die Achse j_1 mit dem Winkel θ_1; b – die Drehung um die Achse e_2^1 mit dem Winkel θ_2; c – die Drehung um die Achse e_3^2 mit dem Winkel θ_3.

Der erste Schritt wird durch folgende Zusammenhänge zwischen den ursprünglichen Basisvektoren {j_i} und den Basisvektoren {e_i^1} beschrieben:

$$e_1^1 = 1j_1 + 0j_2 + 0j_3,$$
$$e_2^1 = 0j_1 + \cos\theta_1 j_2 + \sin\theta_1 j_3, \tag{4.84}$$
$$e_3^1 = 0j_1 - \sin\theta_1 j_2 + \cos\theta_1 j_3.$$

Dabei entsteht eine Matrix $\underline{T}_1$:

$$\underline{T}_1 = \begin{pmatrix} 1 & 0 & 0 \\ 0 & \cos\theta_1 & \sin\theta_1 \\ 0 & -\sin\theta_1 & \cos\theta_1 \end{pmatrix}, \tag{4.85}$$

welche die folgenden Transformationen für jeweils ein i mit $i = 1,2,3$ erlaubt:

$$e_i^1 = \underline{T}_1^T j_i,$$
$$j_i = \underline{T}_1 e_i^1. \tag{4.86}$$

Eine Matrix mit dem Index „T" (oben geschrieben) stellt eine transponierte Matrix dar. Für die Drehmatrizen ist die transponierte Matrix gleich der inversen Matrix (s. [52]). Der Ausdruck für e_i^1 lässt sich einfach überprüfen, beispielsweise anhand der Ermittlung des Basisvektors e_2^1:

$$e_2^1 = \underline{T}_1^T j_2 = \begin{pmatrix} 1 & 0 & 0 \\ 0 & \cos\theta_1 & -\sin\theta_1 \\ 0 & \sin\theta_1 & \cos\theta_1 \end{pmatrix} \begin{pmatrix} 0 \\ 1 \\ 0 \end{pmatrix} = \begin{pmatrix} 0 \\ \cos\theta_1 \\ \sin\theta_1 \end{pmatrix}. \tag{4.87}$$

Ein Vergleich mit der zweiten Gleichung aus (4.84) zeigt die Richtigkeit des Ausdrucks (4.86) für e_2^1. Die nächste Drehung mit dem Winkel θ_2 überführt die Basisvektoren {e_i^1} in die Basisvektoren {e_i^2}:

$$e_1^2 = \cos\theta_2 e_1^1 + 0e_2^1 - \sin\theta_2 e_3^1,$$

$$e_2^2 = 0e_1^1 + 1e_2^1 + 0e_3^1, \tag{4.88}$$

$$e_3^2 = \sin\theta_2 e_1^1 + 0e_2^1 + \cos\theta_2 e_3^1.$$

Eine zweite Drehmatrix $\underline{\mathbf{T}}_2$ kann nun aufgestellt werden:

$$\underline{\mathbf{T}}_2 = \begin{pmatrix} \cos\theta_2 & 0 & -\sin\theta_2 \\ 0 & 1 & 0 \\ \sin\theta_2 & 0 & \cos\theta_2 \end{pmatrix}. \tag{4.89}$$

Aus dieser Matrix resultieren folgende Transformationen:

$$e_i^2 = \underline{\mathbf{T}}_2^T e_i^1,$$

$$e_i^1 = \underline{\mathbf{T}}_2 e_i^2. \tag{4.90}$$

Die letzte Drehung verbindet die Basisvektoren $\{e_i{}^2\}$ mit den Basisvektoren $\{e_i\}$ über den Winkel θ_3:

$$e_1 = \cos\theta_3 e_1^2 + \sin\theta_3 e_2^2 + 0e_3^2,$$

$$e_2 = -\sin\theta_3 e_1^2 + \cos\theta_3 e_2^2 + 0e_3^2, \tag{4.91}$$

$$e_3 = 0e_1^2 + 0e_2^2 + 1e_3^2.$$

Infolge dieser Drehung entsteht die letzte Matrix $\underline{\mathbf{T}}_3$:

$$\underline{\mathbf{T}}_3 = \begin{pmatrix} \cos\theta_3 & \sin\theta_3 & 0 \\ -\sin\theta_3 & \cos\theta_3 & 0 \\ 0 & 0 & 1 \end{pmatrix}. \tag{4.92}$$

Die erhaltene Drehmatrix erlaubt folgende Transformationen:

$$e_i = \underline{\mathbf{T}}_3^T e_i^2,$$

$$e_i^2 = \underline{\mathbf{T}}_3 e_i. \tag{4.93}$$

Wenn diese drei Drehungen, dargestellt in den Gleichungen aus (4.86), (4.90) und (4.93), zusammengefasst werden, dann lässt sich die Transformation von $\{j_i\}$ zu $\{e_i\}$ in folgender Form realisieren:

$$j_i = \underline{\mathbf{T}}_1 \underline{\mathbf{T}}_2 \underline{\mathbf{T}}_3 e_i \tag{4.94}$$

oder

$$\mathbf{j}_i = \underline{\mathbf{T}}\mathbf{e}_i,$$
$$\mathbf{e}_i = \underline{\mathbf{T}}^{\mathrm{T}}\mathbf{j}_i. \tag{4.95}$$

Für die entstehende Drehmatrix mit Elementen t_{ik} $(i,k = 1,2,3)$, die alle drei Drehungen beinhaltet (Abb. 4.13), gilt:

$$\underline{\mathbf{T}} = \underline{\mathbf{T}}_1\underline{\mathbf{T}}_2\underline{\mathbf{T}}_3 = \begin{pmatrix} t_{11} & t_{12} & t_{13} \\ t_{21} & t_{22} & t_{23} \\ t_{31} & t_{32} & t_{33} \end{pmatrix}$$

$$= \begin{pmatrix} \cos\theta_2\cos\theta_3 & \cos\theta_2\sin\theta_3 & -\sin\theta_2 \\ \sin\theta_1\sin\theta_2\cos\theta_3 & \sin\theta_1\sin\theta_2\sin\theta_3 & \\ -\cos\theta_1\sin\theta_3 & +\cos\theta_1\cos\theta_3 & \sin\theta_1\cos\theta_2 \\ \cos\theta_1\sin\theta_2\cos\theta_3 & \cos\theta_1\sin\theta_2\sin\theta_3 & \\ +\sin\theta_1\sin\theta_3 & -\sin\theta_1\cos\theta_3 & \cos\theta_1\cos\theta_2 \end{pmatrix}. \tag{4.96}$$

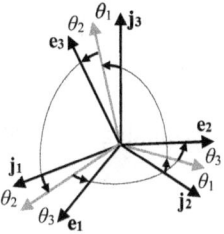

$$\theta_1 \rightarrow \theta_2 \rightarrow \theta_3$$

Abb. 4.13: Darstellung der Transformation $\{\mathbf{j}_i\}$ zu $\{\mathbf{e}_i\}$.

Neben der Transformation zwischen unterschiedlichen Basisvektoren erlaubt die Transformationsmatrix einen Vektor in verschiedenen Koordinatensystemen darzustellen. Ein Vektor $\mathbf{r}_{(j)}$, dessen Komponenten anhand der Richtungen des Dreibeins $\{\mathbf{j}_i\}$ definiert sind, kann durch die Komponenten in Richtungen $\{\mathbf{e}_i\}$ dargestellt werden. Im Koordinatensystem mit Basisvektoren $\{\mathbf{e}_i\}$ wird dieser durch $\mathbf{r}_{(e)}$ bezeichnet. Der Vektor $\mathbf{r}_{(j)}$ wird zunächst komponentenweise ausgeschrieben:

$$\mathbf{r}_{(j)} = \begin{pmatrix} r_{(j)1} \\ r_{(j)2} \\ r_{(j)3} \end{pmatrix} = r_{(j)1}\mathbf{j}_1 + r_{(j)2}\mathbf{j}_2 + r_{(j)3}\mathbf{j}_3. \tag{4.97}$$

Der Vektor aus dem letzten Ausdruck wird durch die Komponenten in den Richtungen $\{e_i\}$ (vgl. (4.95)) unter der Bezeichnung $r_{(e)}$, ausgedrückt.

$$
\mathbf{r}_{(e)} = r_{(j)1}\underline{\mathbf{T}}\mathbf{e}_1 + r_{(j)2}\underline{\mathbf{T}}\mathbf{e}_2 + r_{(j)3}\underline{\mathbf{T}}\mathbf{e}_3 = r_{(j)1}\begin{pmatrix} t_{11} \\ t_{21} \\ t_{31} \end{pmatrix} + r_{(j)2}\begin{pmatrix} t_{12} \\ t_{22} \\ t_{32} \end{pmatrix} + r_{(j)3}\begin{pmatrix} t_{13} \\ t_{23} \\ t_{33} \end{pmatrix}
$$

$$
= \begin{pmatrix} r_{(j)1}t_{11} + r_{(j)2}t_{12} + r_{(j)3}t_{13} \\ r_{(j)1}t_{21} + r_{(j)2}t_{22} + r_{(j)3}t_{23} \\ r_{(j)1}t_{31} + r_{(j)2}t_{32} + r_{(j)3}t_{23} \end{pmatrix} = \begin{pmatrix} t_{11} & t_{12} & t_{13} \\ t_{21} & t_{22} & t_{23} \\ t_{31} & t_{32} & t_{33} \end{pmatrix} \begin{pmatrix} r_{(j)1} \\ r_{(j)2} \\ r_{(j)3} \end{pmatrix} = \underline{\mathbf{T}}\mathbf{r}_{(j)} \tag{4.98}
$$

Die folgende Transformation ist erforderlich, um einen Übergang von einem kartesischen in ein mitgeführtes Koordinatensystem für einen Vektor zu realisieren:

$$
\mathbf{r}_{(e)} = \underline{\mathbf{T}}\mathbf{r}_{(j)}. \tag{4.99}
$$

Es sei darauf hingewiesen, dass zwischen den Transformationsformeln für Basisvektoren gemäß (4.95) und für Vektoren im Raum gemäß (4.99) zu differenzieren ist. Analog wird eine Transformation für den Übergang von Basisvektoren $\mathbf{e}_{i0}$ zu den Basisvektoren $\mathbf{e}_i$ ($i = 1,2,3$) sowie von einem Vektor $\mathbf{r}_{(e0)}$ mit Komponenten auf die Richtungen $\{e_{i0}\}$ zu dem Vektor $\mathbf{r}_{(e)}$ in Richtungen $\{e_i\}$ wie folgt aufgeschrieben:

$$
\mathbf{e}_{i0} = \underline{\mathbf{T}}_e\mathbf{e}_i, \quad \mathbf{r}_{(e)} = \underline{\mathbf{T}}_e\mathbf{r}_{(e0)}. \tag{4.100}
$$

Die Matrix $\underline{\mathbf{T}}_e$ wird unter Anwendung der Winkel θ_{e1}, θ_{e2} und θ_{e3} analog zu (4.96) gebildet:

$$
\underline{\mathbf{T}}_e = \begin{pmatrix} t_{e11} & t_{e12} & t_{e13} \\ t_{e21} & t_{e22} & t_{e23} \\ t_{e31} & t_{e32} & t_{e33} \end{pmatrix}
$$

$$
= \begin{pmatrix} \cos\theta_{e2}\cos\theta_{e3} & \cos\theta_{e2}\sin\theta_{e3} & -\sin\theta_{e2} \\ \begin{matrix}\sin\theta_{e1}\sin\theta_{e2}\cos\theta_{e3} \\ -\cos\theta_{e1}\sin\theta_{e3}\end{matrix} & \begin{matrix}\sin\theta_{e1}\sin\theta_{e2}\sin\theta_{e3} \\ +\cos\theta_{e1}\cos\theta_{e3} \quad cr\end{matrix} & \sin\theta_{e1}\cos\theta_{e2} \\ \begin{matrix}\cos\theta_{e1}\sin\theta_{e2}\cos\theta_{e3} \\ +\sin\theta_{e1}\sin\theta_{e3}\end{matrix} & \begin{matrix}\cos\theta_{e1}\sin\theta_{e2}\sin\theta_{e3} \\ -\sin\theta_{e1}\cos\theta_{e3}\end{matrix} & \cos\theta_{e1}\cos\theta_{e2} \end{pmatrix}. \tag{4.101}
$$

Im Folgenden wird eine Transformation für den Übergang zwischen Basisvektoren $\mathbf{e_{i0}}$ und den Basisvektoren $\mathbf{j_i}$ mit $i = 1,2,3$ sowie von einem Vektor $\mathbf{r_{(e0)}}$ mit Komponenten auf die Richtungen $\{\mathbf{e_{i0}}\}$ zu dem Vektor $\mathbf{r_{(j)}}$ mit Richtungen $\{\mathbf{j_i}\}$ wie folgt aufgeschrieben:

$$\mathbf{j_i} = \underline{\mathbf{T}}_0 \mathbf{e_{i0}},$$

$$\mathbf{r}_{(e0)} = \underline{\mathbf{T}}_0 \mathbf{r}_{(j)}. \tag{4.102}$$

Die Matrix $\underline{\mathbf{T}}_0$ wird unter Anwendung der Winkel θ_{10}, θ_{20} und θ_{30} analog zu (4.96) aufgeschrieben:

$$\underline{\mathbf{T}}_0 = \begin{pmatrix} t_{11,0} & t_{12,0} & t_{13,0} \\ t_{21,0} & t_{22,0} & t_{23,0} \\ t_{31,0} & t_{32,0} & t_{33,0} \end{pmatrix}$$

$$= \begin{pmatrix} \cos\theta_{20}\cos\theta_{30} & \cos\theta_{20}\sin\theta_{30} & -\sin\theta_{20} \\ \begin{matrix}\sin\theta_{10}\sin\theta_{20}\cos\theta_{30} \\ -\cos\theta_{10}\sin\theta_{30} \end{matrix} & \begin{matrix}\sin\theta_{10}\sin\theta_{20}\sin\theta_{30} \\ +\cos\theta_{10}\cos\theta_{30}\end{matrix} & \sin\theta_{10}\cos\theta_{20} \\ \begin{matrix}\cos\theta_{10}\sin\theta_{20}\cos\theta_{30} \\ +\sin\theta_{10}\sin\theta_{30}\end{matrix} & \begin{matrix}\cos\theta_{10}\sin\theta_{20}\sin\theta_{30} \\ -\sin\theta_{10}\cos\theta_{30}\end{matrix} & \cos\theta_{10}\cos\theta_{20} \end{pmatrix}. \tag{4.103}$$

4.5 Darstellung der Balkenform in kartesischen und mitgeführten Koordinatensystemen

Mithilfe der Transformationsmatrizen soll die Form des verformten Balkens zunächst im kartesischen Koordinatensystem dargestellt werden. Dadurch lässt sich die Lage des Balkens im Raum bestimmen und darstellen. Der Vektor κ, welcher die Form des Balkens widerspiegelt, wird über die Basisvektoren nach (4.18) aufgeschrieben und dann über die Transformation nach (4.95) im kartesischen Koordinatensystem dargestellt.

$$\kappa_{ik} = \frac{d\mathbf{e_i}}{ds}\mathbf{e_k} = \left(\frac{d\underline{\mathbf{T}}^T}{ds}\mathbf{j_i}\right)\left(\underline{\mathbf{T}}^T\mathbf{j_k}\right) \tag{4.104}$$

Die letzte Gleichung kann auch über die Komponenten der Drehmatrizen aufgeschrieben werden:

$$\kappa_{ik} = \sum_{n=1}^{3} \frac{dt_{in}^T}{ds}t_{kn}^T. \tag{4.105}$$

Zur Ermittlung des Vektors $\boldsymbol{\kappa}$ werden die Komponenten κ_i mit $i = 1,2,3$ ermittelt. Dazu sind drei folgende Komponenten der Matrix $\underline{\boldsymbol{\kappa}}$ erforderlich:

$$\kappa_{23} = \kappa_1 = \frac{d\theta_1}{ds} - \frac{d\theta_3}{ds}\sin\theta_2,$$

$$\kappa_{31} = \kappa_2 = \frac{d\theta_2}{ds}\cos\theta_1 + \frac{d\theta_3}{ds}\sin\theta_1\cos\theta_2, \qquad (4.106)$$

$$\kappa_{12} = \kappa_3 = -\frac{d\theta_2}{ds}\sin\theta_1 + \frac{d\theta_3}{ds}\cos\theta_1\cos\theta_2.$$

Diese drei Gleichungen können auch in Vektorform dargestellt werden:

$$\boldsymbol{\kappa} = \underline{\mathbf{T}}_{\theta}\frac{d\boldsymbol{\theta}}{ds}, \qquad (4.107)$$

mit

$$\underline{\mathbf{T}}_{\theta} = \begin{pmatrix} 1 & 0 & -\sin\theta_2 \\ 0 & \cos\theta_1 & \sin\theta_1\cos\theta_2 \\ 0 & -\sin\theta_1 & \cos\theta_1\cos\theta_2 \end{pmatrix}. \qquad (4.108)$$

Durch Umstellung der Gleichung (4.107) nach der Ableitung des Vektors $\boldsymbol{\theta}$, entsteht die folgende Gleichung:

$$\frac{d\boldsymbol{\theta}}{ds} = \underline{\mathbf{T}}_{\theta}^{-1}\boldsymbol{\kappa}. \qquad (4.109)$$

Diese Differentialgleichung verbindet die Form des verformten Balkens mit den Winkeln, welche den Bezug zum kartesischen Koordinatensystem herstellen. Eine inverse Matrix aus (4.109) gleicht nicht einer transponierten Matrix, wie es bei Drehmatrizen üblich ist, und wird wie folgt aufgeschrieben:

$$\underline{\mathbf{T}}_{\theta}^{-1} = \begin{pmatrix} 1 & \sin\theta_1\tan\theta_2 & \cos\theta_1\tan\theta_2 \\ 0 & \cos\theta_1 & -\sin\theta_1 \\ 0 & \sin\theta_1\sec\theta_2 & \cos\theta_1\sec\theta_2 \end{pmatrix}. \qquad (4.110)$$

Analog wird ein Zusammenhang zwischen κ_i und θ_{ei} für das mitgeführte Koordinatensystem aufgestellt. Als eine Ausgangsgleichung wird die Gleichung (4.18) verwendet. Der erste Faktor des Produkts darin wird zunächst unter Beachtung von (4.100) durch Basisvektoren $\mathbf{e}_{\mathbf{i0}}$ dargestellt:

$$\frac{d\mathbf{e_i}}{ds} = \frac{d\underline{\mathbf{T}}_e^T \mathbf{e_{i0}}}{ds} = \frac{d}{ds}\sum_{k=1}^{3} t_{ik}\mathbf{e_{k0}} = \sum_{k=1}^{3}\frac{dt_{ik}}{ds}\mathbf{e_{k0}} + \sum_{k=1}^{3} t_{ik}\frac{d\mathbf{e_{k0}}}{ds}. \tag{4.111}$$

Die Ableitung des Basisvektors $\mathbf{e_{k0}}$ durch den Vektor $\boldsymbol{\kappa_0}$ wird analog zu (4.28) wie folgt aufgeführt:

$$\frac{d\mathbf{e_i}}{ds} = \sum_{k=1}^{3}\frac{dt_{ik}}{ds}\mathbf{e_{k0}} + \sum_{k=1}^{3} t_{ik}(\boldsymbol{\kappa_0} \times \mathbf{e_{k0}}) = \sum_{k=1}^{3}\frac{dt_{ik}}{ds}\mathbf{e_{k0}} + \boldsymbol{\kappa_0} \times \sum_{k=1}^{3} t_{ik}\mathbf{e_{k0}}. \tag{4.112}$$

In Matrixform wird der letzte Ausdruck wie folgt aussehen:

$$\frac{d\mathbf{e_i}}{ds} = \frac{d\underline{\mathbf{T}}_e^T}{ds}\mathbf{e_{i0}} + \boldsymbol{\kappa_0} \times (\underline{\mathbf{T}}_e^T\mathbf{e_{i0}}). \tag{4.113}$$

Im Anschluss wird die Ableitung des Basisvektors (4.113) in der Basis $\{\mathbf{e_i}\}$ entsprechend der zweiten Gleichung aus (4.100) aufgestellt:

$$\frac{d\mathbf{e_i}}{ds} = \underline{\mathbf{T}}_e\left(\frac{d\underline{\mathbf{T}}_e^T}{ds}\mathbf{e_i} + \boldsymbol{\kappa_0} \times (\underline{\mathbf{T}}_e^T\mathbf{e_i})\right). \tag{4.114}$$

Die Komponenten der Matrix $\underline{\boldsymbol{\kappa}}$ können nun gemäß der Gleichung (4.18) unter Berücksichtigung von (4.114) aufgeschrieben werden:

$$\kappa_{ik} = \underline{\mathbf{T}}_e\left(\frac{d\underline{\mathbf{T}}_e^T}{ds}\mathbf{e_i} + \boldsymbol{\kappa_0} \times (\underline{\mathbf{T}}_e^T\mathbf{e_i})\right)\mathbf{e_k}. \tag{4.115}$$

Dabei sollen die Bezeichnungen für die Komponenten der Matrix $\underline{\boldsymbol{\kappa}}_0$ entsprechend (4.24) wie folgt beachtet werden:

$$\underline{\boldsymbol{\kappa}}_0 = \begin{pmatrix} 0 & \kappa_{12\,0} & -\kappa_{31\,0} \\ -\kappa_{12\,0} & 0 & \kappa_{23\,0} \\ \kappa_{31\,0} & -\kappa_{23\,0} & 0 \end{pmatrix} = \begin{pmatrix} 0 & \kappa_{30} & -\kappa_{20} \\ -\kappa_{30} & 0 & \kappa_{10} \\ \kappa_{20} & -\kappa_{10} & 0 \end{pmatrix}. \tag{4.116}$$

Dem Ausdruck (4.115) sollen nur die Elemente κ_{23}, κ_{31} und κ_{12} der Matrix $\underline{\boldsymbol{\kappa}}$ für die Elemente κ_1, κ_2 und κ_3 des Vektors $\boldsymbol{\kappa}$ entnommen werden:

$$\kappa_1 = \frac{d\theta_{e1}}{ds} - \frac{d\theta_{e3}}{ds}\sin\theta_{e2}$$

$$+ \kappa_{10}\cos\theta_{e1}\cos\theta_{e3} + \kappa_{20}\cos\theta_{e2}\sin\theta_{e3} - \kappa_{30}\sin\theta_{e2},$$

$$\kappa_2 = \frac{d\theta_{e2}}{ds}\cos\theta_{e1} + \frac{d\theta_{e3}}{ds}\sin\theta_{e1}\cos\theta_{e2}$$

$$- \kappa_{10}(\cos\theta_{e1}\sin\theta_{e3} - \sin\theta_{e1}\sin\theta_{e2}\cos\theta_{e3})$$

$$+ \kappa_{20}(\cos\theta_{e1}\cos\theta_{e3} + \sin\theta_{e1}\sin\theta_{e2}\sin\theta_{e3}) \qquad (4.117)$$

$$+ \kappa_{30}\sin\theta_{e1}\cos\theta_{e2},$$

$$\kappa_3 = -\frac{d\theta_{e2}}{ds}\sin\theta_{e1} + \frac{d\theta_{e3}}{ds}\cos\theta_{e1}\cos\theta_{e2}$$

$$+ \kappa_{10}(\sin\theta_{e1}\sin\theta_{e3} + \cos\theta_{e1}\sin\theta_{e2}\cos\theta_{e3})$$

$$- \kappa_{20}(\sin\theta_{e1}\cos\theta_{e3} - \cos\theta_{e1}\sin\theta_{e2}\sin\theta_{e3})$$

$$+ \kappa_{30}\cos\theta_{e1}\cos\theta_{e2}.$$

Im Anschluss an die zuvor erfolgte Darstellung der Zusammenhänge für κ_1, κ_2 und κ_3 wird eine Gleichung in Vektorform gebildet, welche wie folgt lautet:

$$\boldsymbol{\kappa} = \underline{\mathbf{T}}_{e\theta}\frac{d\boldsymbol{\theta}_e}{ds} + \underline{\mathbf{T}}_e\boldsymbol{\kappa}_0, \qquad (4.118)$$

wobei die Matrix $\underline{\mathbf{T}}_{e\theta}$ analog zu (4.108) folgende Form besitzt:

$$\underline{\mathbf{T}}_{e\theta} = \begin{pmatrix} 1 & 0 & -\sin\theta_{e2} \\ 0 & \cos\theta_{e1} & \sin\theta_{e1}\cos\theta_{e2} \\ 0 & -\sin\theta_{e1} & \cos\theta_{e1}\cos\theta_{e2} \end{pmatrix}. \qquad (4.119)$$

Ein Umformen der Gleichung (4.118) nach der Ableitung des Vektors $\boldsymbol{\theta}_e$ ergibt:

$$\frac{d\boldsymbol{\theta}_e}{ds} = \underline{\mathbf{T}}_{e\theta}^{-1}(\boldsymbol{\kappa} - \underline{\mathbf{T}}_e\boldsymbol{\kappa}_0). \qquad (4.120)$$

Der Vektor $\boldsymbol{\kappa}_0$ setzt sich aus den folgenden Komponenten zusammen, die durch eine bekannte ursprüngliche Form des Balkens definiert sind:

$$\boldsymbol{\kappa}_0 = \begin{pmatrix} \kappa_{10} \\ \kappa_{20} \\ \kappa_{30} \end{pmatrix} = \begin{pmatrix} \kappa_{n10} + \frac{d\theta_{(10)}}{ds} \\ \kappa_{n30}\sin\theta_{(10)} \\ \kappa_{n30}\cos\theta_{(10)} \end{pmatrix} = \begin{pmatrix} \frac{d\left(\theta_{n10}+\theta_{(10)}\right)}{ds} \\ \frac{1}{\rho_0}\sin\theta_{(10)} \\ \frac{1}{\rho_0}\cos\theta_{(10)} \end{pmatrix}. \qquad (4.121)$$

Für die Verbindung der Balkenform mit dem kartesischen Koordinatensystem werden entweder die Gleichung (4.107) oder die Gleichung (4.109) verwendet. Im Falle eines mitgeführten Koordinatensystems stehen die Gleichungen (4.118) oder (4.120) zur Verfügung. Diese Gleichungen gehen in das gesamte Gleichungssystem zur Beschreibung großer Verformungen gekrümmter Balkensysteme ein (Abschnitt 4.7).

4.6 Verschiebungen des Balkens

Im Folgenden sollen die Verschiebungen der neutralen Faser erfasst werden. Der Verschiebungsvektor $\mathbf{u}$ eines beliebigen Punkts der neutralen Faser kann als Differenz der Radiusvektoren für eine bereits verformte und eine ursprüngliche Lage dargestellt werden (Abb. 4.14):

$$\mathbf{u} = \mathbf{r} - \mathbf{r}_0. \tag{4.122}$$

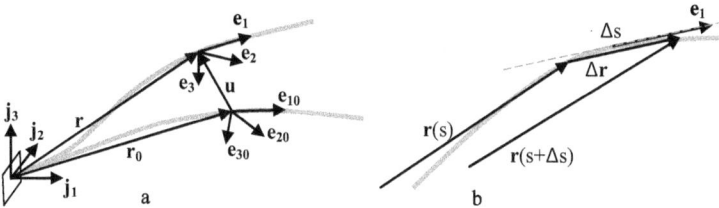

Abb. 4.14: Verschiebungen der neutralen Faser: a – Darstellung des Verschiebungsvektors $\mathbf{u}$; b – Darstellung der Ableitung des Radiusvektors $\mathbf{r}$.

Die Ableitung dieser Vektorgleichung nach dem Parameter s ergibt eine Differenzialgleichung:

$$\frac{d\mathbf{u}}{ds} = \frac{d\mathbf{r}}{ds} - \frac{d\mathbf{r}_0}{ds}. \tag{4.123}$$

Die Ableitung eines Radiusvektors kann gemäß der mathematischen Definition für eine Ableitung wie folgt notiert werden:

$$\frac{d\mathbf{r}}{ds} = \lim_{\Delta s \to 0} \frac{\Delta \mathbf{r}}{\Delta s} = \lim_{\Delta s \to 0} \frac{\mathbf{r}(s + \Delta s) - \mathbf{r}(s)}{\Delta s} = \lim_{\Delta s \to 0} \frac{\Delta s}{\Delta s} \mathbf{e}_1 = \mathbf{e}_1. \tag{4.124}$$

In Abb. 4.14 b ist eine erläuternde Darstellung zur (4.124) gegeben. Analog dazu gilt für die Ableitung des Radiusvektors $\mathbf{r}_0$:

$$\frac{d\mathbf{r}_0}{ds} = \mathbf{e}_{10}. \tag{4.125}$$

Daher lässt sich die Gleichung (4.123) für die Verschiebung einer Stelle s des Balkens wie folgt formulieren:

$$\frac{d\mathbf{u}}{ds} = \mathbf{e}_1 - \mathbf{e}_{10}. \tag{4.126}$$

Die Gleichung (4.126) kann anhand der Transformationsmatrizen im Koordinatensystem mit Basisvektoren $\{\mathbf{e}_{i0}\}$ aufgeschrieben werden. Die Lage des Dreibeins $\{\mathbf{e}_{i0}\}$ ist bekannt, da es mit der ursprünglichen Form des Balkens verbunden ist. Es ist daher sinnvoll die Verschiebungen im Bezugssystem $\{\mathbf{e}_{i0}\}$ anzugeben. Der Vektor $\mathbf{u}$ wird in diesem Zusammenhang in seine einzelnen Richtungen zerlegt:

$$\mathbf{u} = u_1\mathbf{e}_{10} + u_2\mathbf{e}_{20} + u_3\mathbf{e}_{30}. \tag{4.127}$$

Analog zu (4.44) gilt für die Ableitung von $\mathbf{u}$:

$$\frac{d\mathbf{u}}{ds} = \frac{d'\mathbf{u}}{ds} + \boldsymbol{\kappa}_0 \times \mathbf{u}. \tag{4.128}$$

Unter Berücksichtigung des letzten Ausdrucks und der Transformation gemäß (4.100) lässt sich die Gleichung (4.126) wie folgt formulieren:

$$\frac{d'\mathbf{u}}{ds} = -\boldsymbol{\kappa}_0 \times \mathbf{u} + \left(\underline{\mathbf{T}}_e^{\mathrm{T}} - \underline{\mathbf{E}}\right)\mathbf{e}_{10}. \tag{4.129}$$

$\underline{\mathbf{E}}$ ist dabei eine Einheitsmatrix, deren Elemente auf der Hauptdiagonale den Wert „1" aufweisen, alle übrigen Elemente sind „0". Die Gleichung (4.126) kann unter Nutzung der transponierten Transformationsmatrizen $\underline{\mathbf{T}}$ und $\underline{\mathbf{T}}_0$ auch im kartesischen Koordinatensystem dargestellt werden:

$$\frac{d\mathbf{u}}{ds} = \left(\underline{\mathbf{T}}^{\mathrm{T}} - \underline{\mathbf{T}}_0^{\mathrm{T}}\right)\mathbf{j}_1. \tag{4.130}$$

Der Verschiebungsvektor $\mathbf{u}$ wird ebenfalls im kartesischen Koordinatensystem aufgeschrieben:

$$\mathbf{u} = u_x\mathbf{j}_1 + u_y\mathbf{j}_2 + u_z\mathbf{j}_3. \tag{4.131}$$

Die Gleichung (4.129) für ein mitgeführtes Koordinatensystem sowie die Gleichung (4.130) für ein kartesisches Koordinatensystem vervollständigen das Gleichungssystem zur Beschreibung großer Verformungen gekrümmter Balkensysteme in Vektorform. Bei der Ermittlung einer belasteten Balkenform in einem kartesischen Koordinatensystem kann die Ableitung des Radiusvektors $\mathbf{r}$ in einer der folgenden Formen dargestellt werden:

$$\frac{d\mathbf{r}}{ds} = \underline{\mathbf{T}}^{\mathrm{T}}\mathbf{j}_1,$$

$$\frac{d\mathbf{r}}{ds} = \underline{\mathbf{T}}_0^{\mathrm{T}}\underline{\mathbf{T}}_e^{\mathrm{T}}\mathbf{j}_1. \tag{4.132}$$

4.7 Zusammenfassende Darstellung der Verformungsgleichungen

Nachfolgend werden die Modellgleichungen als nichtlineare gewöhnliche Differentialgleichungen für große Verformungen gekrümmter räumlicher elastischer Balkensysteme zusammengefasst. Die betrachteten Balkensysteme können im Allgemeinen einen Hohlraum aufweisen, der mit einem unter Druck stehenden Fluid gefüllt ist. Außerdem sind derartige Balken mit längenbeständigen und biegeschlaffen eingebetteten Elementen ausgestattet, wobei es sich in der Regel um einen Faden oder einen Streifen handelt. Die erhaltenen mathematischen Modellgleichungen erlauben somit die Beschreibung sowohl nachgiebiger Mechanismen als auch fluidmechanischer Aktuatoren. Die Durchführung der mathematischen Modellbildung und insbesondere die Betrachtung der Endergebnisse zeigt, dass das Modell das reale System so gut beschreibt, wie es die Modellannahmen und Voraussetzungen sowie gewählte Randbedingungen erlauben. Bei großen Verformungen ist insbesondere auf die zulässigen Spannungen bzw. Dehnungen zu achten.

Die Ergebnisse der berechneten Verformungen legen insgesamt dar, dass im Fall der ebenen balkenförmigen Mechanismen ein Unterschied zu den mittels Finite-Elemente-Methode erzielten Resultaten unter 2,5 % liegt [21]. Die Verformungen wurden unter Anwendung von Ansys® und dreidimensionalen Elementen (Solid 186) ermittelt. Die analytischen Ergebnisse wurden unter Anwendung der Gleichungen aus 4.7.6 gewonnen. Eine Erläuterung zur experimentellen Validierung der Ergebnisse nach Gleichungen aus Abschnitt 4.7.3 für fluidmechanische Aktuatoren findet sich in Abschnitt 7.2.4.

Die Zusammenfassung der Modellgleichungen erfolgt in Abhängigkeit von der Art der Problemstellung, wobei die Aufgaben in zweidimensionale und dreidimensionale Probleme aufgeteilt werden. Außerdem werden die Gleichungen zum einen im kartesischen Koordinatensystem und zum anderen im mitgeführten Koordinatensystem aufgeschrieben. Zudem werden die Gleichungen in Vektorform und in der skalaren Form für jedes der beiden Koordinatensysteme für zwei- und dreidimensionale Problemstellungen zusammengestellt. Somit ergeben sich sechs Modellgleichungssysteme, die in den weiteren Abschnitten 4.7.1–4.7.6 dargelegt sind. In den nachfolgenden Abschnitten erfolgt eine Diskussion spezifischer Problematiken, darunter Verzweigungen und transversalsymmetrische Gelenke sowie die Möglichkeit, zusätzliche Effekte in den Modellgleichungen zu berücksichtigen.

4.7.1 Vektorform der Verformungsgleichungen für ein mitgeführtes Koordinatensystem in einem Raum

Im Folgenden werden die Verformungsgleichungen als Differentialgleichungen im mitgeführten Koordinatensystem in Vektorform zusammengefasst. In diesem Zusammenhang sind neben der Gleichung (4.129) aus dem letzten Abschnitt beide Gleichgewichtsgleichungen (4.46) und (4.49), und die Gleichung (4.82), welche Materialeigenschaften berücksichtigt, zu nennen. Außerdem wird entweder die Gleichung (4.120) oder (4.118) für den Zusammenhang zwischen den Winkeln θ_i und der Form des verformten Balkens benötigt. Die verformte Balkenform wird mithilfe des Parameters κ_i beschrieben.

$$\frac{d'\mathbf{Q}}{ds} + \boldsymbol{\kappa} \times (\mathbf{Q} - \mathbf{F_P}) - pA'_P \mathbf{e_1} + \mathbf{q} = 0,$$

$$\frac{d'\mathbf{M}}{ds} + \boldsymbol{\kappa} \times \mathbf{M} + (\mathbf{e_1} \times \mathbf{Q}) + (\mathbf{h_T} \times \mathbf{q})$$

$$- pA'_P(\mathbf{h} \times \mathbf{e_1}) - F_P(\mathbf{h} \times (\boldsymbol{\kappa} \times \mathbf{e_1})) + \mathbf{m} = 0, \tag{4.133}$$

$$\frac{d\boldsymbol{\theta_e}}{ds} - \underline{\mathbf{T}}_{e\theta}^{-1}(\boldsymbol{\kappa} - \underline{\mathbf{T}}_e \boldsymbol{\kappa_0}) = 0,$$

$$\frac{d'\mathbf{u}}{ds} + \boldsymbol{\kappa_0} \times \mathbf{u} - (\underline{\mathbf{T}}_e^T - \underline{\mathbf{E}})\mathbf{e_{10}} = 0,$$

$$\mathbf{M} = \underline{\mathbf{S}}(\boldsymbol{\kappa} - \boldsymbol{\kappa_{(0)}}) \tag{4.134}$$

Die letzte algebraische Gleichung stellt den Zusammenhang her zwischen den Belastungen, repräsentiert durch $\mathbf{M}$, und der daraus folgenden Verformung, die durch $\boldsymbol{\kappa}$ beschrieben wird. Für die Lösung der ersten vier Differentialgleichungen sind Randbedingungen aufzustellen. Wenn ein Ende des Balkens so eingespannt ist, dass die gewählten Basisvektoren $\mathbf{e_1}$ und $\mathbf{j_1}$ parallel sind, und eine äußere Kraft $\mathbf{F_l}$ und ein Moment $\mathbf{M_l}$ am anderen Ende wirken, dann sollen folgende Randbedingungen berücksichtigt werden:

$$\mathbf{Q}(l) = \mathbf{F_l},$$

$$\mathbf{M}(l) = \mathbf{M_l},$$

$$\boldsymbol{\theta}(0) = 0,$$

$$\mathbf{u}(0) = 0. \tag{4.135}$$

Unter der Voraussetzung, dass die Randbedingungen und die Gleichungen dies zulassen, besteht die Möglichkeit, zwei erste und zwei darauffolgende Differentialgleichungen voneinander unabhängig aufzustellen. In diesem Fall kann das Gleichungssystem als zwei Anfangswertprobleme gelöst werden. Andernfalls wird ein Randwertproblem betrachtet, wobei sich die vier Differentialgleichungen in Vektorform nur gemeinsam lösen lassen. Mithilfe der genannten Gleichungen können Verschiebungen im mitgeführten Koordinatensystem ermittelt werden. Im Falle einer unter Belastung entstandenen Form, deren Darstellung in einem kartesischen Koordinatensystem erfolgen muss, wird der Radiusvektor für das kartesische Koordinatensystem unter Verwendung von Transformationsmatrizen gemäß Gleichung (4.132) ermittelt:

$$\frac{d\mathbf{r}}{ds} - \underline{\mathbf{T}}_0^T \underline{\mathbf{T}}_e^T \mathbf{j}_1 = 0. \tag{4.136}$$

Für einen Balken, deren Stelle $s = 0$ fest mit dem Koordinatenursprung verbunden ist, lautet die Randbedingung für die Gleichung (4.136) wie folgt:

$$\mathbf{r}(0) = \mathbf{0}. \tag{4.137}$$

Der Radiusvektor hat dabei seine Komponenten im kartesischen Koordinatensystem:

$$\mathbf{r} = x\mathbf{j}_1 + y\mathbf{j}_2 + z\mathbf{j}_3. \tag{4.138}$$

Die Komponenten der Matrix $\underline{\mathbf{T}}_0^T$ der Gleichung (4.136) beinhalten die Winkel θ_{i0}. Sie können analog zu der Gleichung (4.109) unter Verwendung des Parameters $\boldsymbol{\kappa}_0$, welcher eine ursprüngliche Form des Balkens beschreibt und daher bekannt ist, ermittelt werden:

$$\frac{d\boldsymbol{\theta}_0}{ds} = \underline{\mathbf{T}}_{\theta 0}^{-1} \boldsymbol{\kappa}_0. \tag{4.139}$$

Die dafür verwendete inverse Matrix hat die gleiche Form wie die Matrix aus (4.110):

$$\underline{\mathbf{T}}_{\theta 0}^{-1} = \begin{pmatrix} 1 & \sin\theta_{10}\tan\theta_{20} & -\cos\theta_{10}\tan\theta_2 \\ 0 & \cos\theta_{10} & \sin\theta_{10} \\ 0 & -\sin\theta_{10}\sec\theta_{20} & \cos\theta_{10}\sec\theta_{20} \end{pmatrix}. \tag{4.140}$$

4.7.2 Skalare Verformungsgleichungen für ein mitgeführtes Koordinatensystem in einem Raum

Um die skalaren Gleichungen für ein mitgeführtes Koordinatensystem in einem Raum zu erhalten, werden die ersten drei Differentialgleichungen sowie die Gleichung (4.134) auf die Richtungen der Basisvektoren $\mathbf{e}_1$, $\mathbf{e}_2$ und $\mathbf{e}_3$ sowie die Gleichung für $\mathbf{u}$ auf die Richtungen $\mathbf{e}_{10}$, $\mathbf{e}_{20}$ und $\mathbf{e}_{30}$ projiziert. Die Vektorprodukte sind gemäß den Regeln der Vektorrechnung zu ermitteln, wie anhand des folgenden Terms demonstriert wird.

$$\boldsymbol{\kappa} \times (\mathbf{Q} - \mathbf{F}_P) = \boldsymbol{\kappa} \times (\mathbf{Q} - F_P\mathbf{e}_1) = \begin{pmatrix} \mathbf{e}_1 & \mathbf{e}_2 & \mathbf{e}_3 \\ \kappa_1 & \kappa_2 & \kappa_3 \\ Q_1 - F_P & Q_2 & Q_3 \end{pmatrix}$$

$$= (\kappa_2 Q_3 - \kappa_3 Q_2)\mathbf{e}_1 - (\kappa_1 Q_3 - \kappa_3(Q_1 - F_P))\mathbf{e}_2 + (\kappa_1 Q_2 - \kappa_2(Q_1 - F_P))\mathbf{e}_3 \tag{4.141}$$

Es wird darüber hinaus vorausgesetzt, dass die Vektoren $\mathbf{h}$ und $\mathbf{h}_T$ jeweils nur eine Komponente beinhalten und wie folgt zerlegt werden können:

$$\mathbf{h} = -h\mathbf{e}_2, \quad \mathbf{h_T} = -h_T\mathbf{e}_2, \qquad h \geq 0, \; h_T \geq 0. \tag{4.142}$$

Unter der genannten Vereinfachung lassen sich die Differentialgleichungen zur Beschreibung der Verformung eines elastischen Balkens mit einem Hohlraum und einem eingebetteten Faden für ein mitgeführtes Koordinatensystem in einem dreidimensionalen Raum wie folgt formulieren:

$$\frac{dQ_1}{ds} + \kappa_2 Q_3 - \kappa_3 Q_2 - pA'_P + q_1 = 0,$$

$$\frac{dQ_2}{ds} - \kappa_1 Q_3 + \kappa_3 (Q_1 - F_P) + q_2 = 0,$$

$$\frac{dQ_3}{ds} + \kappa_1 Q_2 - \kappa_2 (Q_1 - F_P) + q_3 = 0,$$

$$\frac{dM_1}{ds} + \kappa_2 M_3 - \kappa_3 M_2 - h_T q_3 - hF_P \kappa_2 + m_1 = 0, \tag{4.143}$$

$$\frac{dM_2}{ds} - \kappa_1 M_3 + \kappa_3 M_1 - Q_3 + m_2 = 0,$$

$$\frac{dM_3}{ds} + \kappa_1 M_2 - \kappa_2 M_1 + Q_2 + h_T q_1 - hpA'_P + m_3 = 0,$$

$$\frac{d\theta_{e1}}{ds} - \kappa_1 - (\kappa_3 \cos\theta_{e1} + \kappa_2 \sin\theta_{e1})\tan\theta_{e2}$$
$$+ (\kappa_{10} \cos\theta_{e3} + \kappa_{20} \sin\theta_{e3})\sec\theta_{e2} = 0,$$

$$\frac{d\theta_{e2}}{ds} - \kappa_2 \cos\theta_{e1} + \kappa_3 \sin\theta_{e1} - \kappa_{10} \sin\theta_{e3} + \kappa_{20} \cos\theta_{e3} = 0, \tag{4.144}$$

$$\frac{d\theta_{e3}}{ds} - (\kappa_2 \sin\theta_{e1} + \kappa_3 \cos\theta_{e1})\sec\theta_{e2}$$
$$+ (\kappa_{10} \cos\theta_{e3} + \kappa_{20} \sin\theta_{e3})\tan\theta_{e2} + \kappa_{30} = 0,$$

$$\frac{du_1}{ds} + \kappa_{20} u_3 - \kappa_{30} u_2 - t_{e11} + 1 = 0,$$

$$\frac{du_2}{ds} - \kappa_{10} u_3 + \kappa_{30} u_1 - t_{e12} = 0, \tag{4.145}$$

$$\frac{du_3}{ds} + \kappa_{10} u_2 - \kappa_{20} u_1 - t_{e13} = 0,$$

$$M_1 = GI_1(\kappa_1 - \kappa_{(10)}),$$

$$M_2 = EI_2(\kappa_2 - \kappa_{(20)}), \tag{4.146}$$

$$M_3 = EI_3(\kappa_3 - \kappa_{(30)}).$$

Alternativ zu den Gleichungen (4.144) können auch die Gleichungen (4.117) verwendet werden. Die Parameter der Gleichungen (4.145) t_{eik} mit $i,k = 1,2,3$ sind als Elemente der Transformationsmatrix $\underline{\mathbf{T}}_{\mathbf{e}}$, der Matrix (4.101), zu entnehmen. Die Differentialgleichungen (4.143) werden im Falle eines an einem Ende eingespannten Balkens, welcher am anderen Ende durch Kräfte und Momente beansprucht wird, im Zusammenhang mit folgenden Randbedingungen gelöst:

$$Q_1(l) = F_{l1}, \quad M_1(l) = M_{l1},$$
$$Q_2(l) = F_{l2}, \quad M_2(l) = M_{l2}, \tag{4.147}$$
$$Q_3(l) = F_{l3}, \quad M_3(l) = M_{l3}.$$

Unter der Voraussetzung eines eingespannten Balkens sowie der Parallelität der gewählten Basisvektoren $\mathbf{e_1}$ und $\mathbf{j_1}$ an der Stelle $s = 0$ werden für die Gleichungen (4.144) und (4.145) folgende Randbedingungen berücksichtigt:

$$\theta_{e1}(0) = 0, \quad u_1(0) = 0,$$
$$\theta_{e2}(0) = 0, \quad u_2(0) = 0, \tag{4.148}$$
$$\theta_{e3}(0) = 0, \quad u_3(0) = 0.$$

Die algebraischen Gleichungen (4.146) repräsentieren die Verbindung zwischen M_i und κ_i und können in die drei Gleichungen für die Momente aus dem Differentialgleichungssystem (4.143) eingesetzt werden.

Für eine Darstellung der belasteten Form eines Balkens im kartesischen Koordinatensystem ist die Gleichung (4.136) zu nutzen.

$$\frac{dx}{ds} = t_{11,0}t_{e11} + t_{21,0}t_{e12} + t_{31,0}t_{e13},$$

$$\frac{dy}{ds} = t_{12,0}t_{e11} + t_{22,0}t_{e12} + t_{32,0}t_{e13}, \tag{4.149}$$

$$\frac{dz}{ds} = t_{13,0}t_{e11} + t_{23,0}t_{e12} + t_{33,0}t_{e13}$$

Für einen Balken, dessen Stelle $s = 0$ fest mit dem Koordinatenursprung verbunden ist, werden für die letzten Gleichungen die drei folgenden Randbedingungen verwendet:

$$x(0) = 0,$$
$$y(0) = 0, \tag{4.150}$$
$$z(0) = 0.$$

4.7.3 Skalare Verformungsgleichungen für ein mitgeführtes Koordinatensystem in einer Ebene

Für ein zweidimensionales Problem nimmt eine Reihe von Parametern den Wert Null an:

$$Q_3 = M_1 = M_2 = 0,$$

$$q_3 = m_1 = m_2 = 0,$$

$$\kappa_1 = \kappa_2 = 0, \tag{4.151}$$

$$\theta_1 = \theta_2 = 0,$$

$$u_3 = 0.$$

Das führt zu einer erheblichen Vereinfachung der Gleichungen (4.143)–(4.146):

$$\frac{dQ_1}{ds} - \kappa_3 Q_2 - pA'_P + q_1 = 0,$$

$$\frac{dQ_2}{ds} + \kappa_3 (Q_1 - F_P) + q_2 = 0,$$

$$\frac{dM_3}{ds} + Q_2 + h_T q_1 - hpA'_P + m_3 = 0,$$

$$\frac{d\theta_{e3}}{ds} - \kappa_3 + \kappa_{30} = 0, \tag{4.152}$$

$$\frac{du_1}{ds} - \kappa_{30} u_2 - \cos\theta_{e3} + 1 = 0,$$

$$\frac{du_2}{ds} + \kappa_{30} u_1 - \sin\theta_{e3} = 0.$$

Neben den zuvor genannten Differentialgleichungen ist zudem eine Gleichung zur Beschreibung der Materialeigenschaften aus (4.146) zu berücksichtigen. Diese kann in die Gleichung für das Moment M_3 aus dem Gleichungssystem (4.152) eingesetzt werden:

$$M_3 = EI_3(\kappa_3 - \kappa_{30}). \tag{4.153}$$

Unter der Annahme eines ebenen Problems gleicht der Parameter $\kappa_{(30)}$ der Krümmung des Balkens im unbelasteten Zustand. Es gilt daher: $\kappa_{(30)} = \kappa_{30} = \kappa_{n30}$. Die folgenden Randbedingungen für die Differentialgleichungen (4.152) werden für einen Balken betrachtet, der an einem Ende eingespannt ist. Das andere Ende ist frei und wird durch Kräfte und ein Moment belastet.

$$Q_1(l) = F_{l1}, \qquad \theta_{e3}(0) = 0,$$
$$Q_2(l) = F_{l2}, \qquad u_1(0) = 0, \qquad\qquad (4.154)$$
$$M_3(l) = M_{l3}, \qquad u_2(0) = 0$$

Unter Zuhilfenahme der Gleichung (4.153) kann das Moment $M_3(l)$ aus (4.154) ersetzt werden:

$$\kappa_3(l) = \frac{M_3(l)}{EI_3} + \kappa_{30}(l). \qquad\qquad (4.155)$$

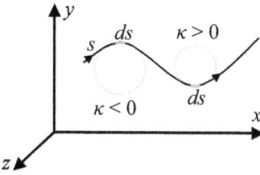

Abb. 4.15: Darstellung zur Erläuterung des Vorzeichens der Krümmung einer Kurve in der Ebene.

Bei ebenen Betrachtungen einer Kurve wird ihrer Krümmung ein *Vorzeichen* zugewiesen [1]. Die Krümmung einer Kurve wird als positiv bezeichnet, wenn die Rotation eines Punktes auf dem Kreisbogen, der durch das Bogenelement ds gekennzeichnet ist, mit zunehmendem Parameter s entlang des Bogenelements im gewählten Koordinatensystem eine positive Richtung aufweist (Abb. 4.15). In einem entgegengesetzten Fall ist die Krümmung als negativ zu bezeichnen.

Um eine verformte Form des Balkens im kartesischen Koordinatensystem darzustellen, können Gleichungen für x und y ausgehend von (4.149) benutzt werden:

$$\frac{dx}{ds} - \cos(\theta_{e3} + \theta_{30}) = 0,$$
$$\frac{dy}{ds} - \sin(\theta_{e3} + \theta_{30}) = 0. \qquad\qquad (4.156)$$

Dabei sind die Randbedingungen zu berücksichtigen, die im Folgenden für einen an der Stelle $s = 0$ fest mit dem Koordinatenursprung verbundenen Balken aufgestellt sind:

$$x(0) = 0,$$
$$y(0) = 0. \qquad\qquad (4.157)$$

Der Winkel θ_{30} kann nach Gleichung (4.158) ermittelt werden. Im Falle einer Einspannung des Balkens unter einem Winkel θ_0, lassen sich die Gleichung und die Randbedingung wie folgt notieren:

$$\frac{d\theta_{30}}{ds} - \kappa_{30} = 0, \qquad \theta_{30}(0) = \theta_0. \qquad\qquad (4.158)$$

4.7.4 Vektorform der Verformungsgleichungen für ein kartesisches Koordinatensystem

Die Gleichgewichtsbedingungen (4.9) und (4.11) sind Grundgleichungen für die Kräfte- und Momentengleichgewicht. Im kartesischen Koordinatensystem werden die Kräfte und Momente auf die Richtungen $\mathbf{j}_i$, $i = 1,2,3$ zerlegt:

$$\mathbf{Q} = Q_x \mathbf{j}_1 + Q_y \mathbf{j}_2 + Q_z \mathbf{j}_3,$$
$$\mathbf{M} = M_x \mathbf{j}_1 + M_y \mathbf{j}_2 + M_z \mathbf{j}_3. \tag{4.159}$$

Bei der Berücksichtigung des Innendrucks im balkenförmigen System erweist es sich als vorteilhaft, Gleichungen für das mitgeführte Koordinatensystem zu verwenden. Anderenfalls wird das kartesische Koordinatensystem bevorzugt. Im kartesischen Koordinatensystem werden daher die Belastung F_P und die Parameter h, h_T nicht berücksichtigt: $F_P = 0$, $h = h_T = 0$. Dies führt dazu, dass die Basisvektoren $\mathbf{e}_2$ und $\mathbf{e}_3$ mit den Hauptträgheitsachsen der Querschnittsflächen zusammenfallen, wodurch die biaxialen Flächenträgheitsmomente in (4.74) und (4.77) verschwinden. In der Gleichung für die Momente (4.11) werden $\mathbf{e}_1$ und $\mathbf{e}_2$ entsprechend (4.95) in ein kartesisches Koordinatensystem transformiert. Das Gleichungssystem zur Beschreibung von Verformungen im kartesischen Koordinatensystem umfasst außerdem die Gleichungen (4.109) und (4.130). Die Gleichung (4.82), welche die Materialeigenschaften eines Balkens beschreibt, verbindet das Schnittmoment $\mathbf{M}$ mit dem Parameter κ. Die genannte Gleichung wurde für die Komponenten des Moments im mitgeführten Koordinatensystem hergeleitet (Abschnitt 4.3) und soll im kartesischen Koordinatensystem aufgestellt werden. Die Transformation wird anhand der Gleichung (4.99) durchgeführt. In diesem Zusammenhang werden die Verformungsdifferentialgleichungen sowie die Gleichung für das Moment in Vektorform wie folgt aufgeschrieben:

$$\frac{d\mathbf{Q}}{ds} + \mathbf{q} = \mathbf{0},$$
$$\frac{d\mathbf{M}}{ds} + (\underline{\mathbf{T}}^T \mathbf{j}_1 \times \mathbf{Q}) + \mathbf{m} = \mathbf{0},$$
$$\frac{d\boldsymbol{\theta}}{ds} - \underline{\mathbf{T}}_\theta^{-1} \boldsymbol{\kappa} = \mathbf{0}, \tag{4.160}$$
$$\frac{d\mathbf{u}}{ds} - (\underline{\mathbf{T}}^T - \underline{\mathbf{T}}_0^T) \mathbf{j}_1 = \mathbf{0},$$

$$\mathbf{M} = \underline{\mathbf{T}}^T \underline{\mathbf{S}} (\boldsymbol{\kappa} - \boldsymbol{\kappa}_{(0)}). \tag{4.161}$$

Für die Differentialgleichungen des Gleichungssystems (4.160) sind vier Randbedingungen aufzustellen. Für einen einseitig eingespannten Balken und unter der Voraussetzung, dass die die Kraft $\mathbf{F}_1$ und das Moment $\mathbf{M}_1$ am freien Ende angreifen, lassen sich die Randbedingungen wie folgt formulieren:

$$\mathbf{Q}(l) = \mathbf{F}_1,$$

$$\mathbf{M}(l) = \mathbf{M}_1,$$

$$\mathbf{\theta}(0) = \mathbf{0},$$

$$\mathbf{u}(0) = \mathbf{0}.$$

(4.162)

Sofern die Lage des verformten Balkens im kartesischen Koordinatensystem zu bestimmen ist, kann hierfür Gleichung (4.132) in Kombination mit einer entsprechenden Randbedingung herangezogen werden:

$$\frac{d\mathbf{r}}{ds} - \underline{\mathbf{T}}^{\mathrm{T}}\mathbf{j}_1 = \mathbf{0},$$

$$\mathbf{r}(0) = \mathbf{0}.$$

(4.163)

Vektor $\mathbf{r}$ ist hierfür gemäß der Gleichung (4.138) im kartesischen Koordinatensystem darzustellen.

4.7.5 Skalare Verformungsgleichungen für ein kartesisches Koordinatensystem in einem Raum

Die Differentialgleichungen (4.160) werden in die Richtungen $\mathbf{j}_i$, $i = 1,2,3$ zerlegt und in skalarer Form aufgeschrieben:

$$\frac{dQ_x}{ds} + q_x = 0,$$

$$\frac{dQ_y}{ds} + q_y = 0,$$

$$\frac{dQ_z}{ds} + q_z = 0,$$

(4.164)

$$\frac{dM_x}{ds} + Q_z t_{12} - Q_y t_{13} + m_x = 0,$$

$$\frac{dM_y}{ds} - Q_z t_{11} + Q_x t_{13} + m_y = 0,$$

$$\frac{dM_z}{ds} + Q_y t_{11} - Q_x t_{12} + m_z = 0,$$

(4.165)

$$\frac{d\theta_1}{ds} - \kappa_1 - \kappa_2 \sin\theta_1 \tan\theta_2 - \kappa_3 \cos\theta_1 \tan\theta_2 = 0,$$

$$\frac{d\theta_2}{ds} - \kappa_2 \cos\theta_1 + \kappa_3 \sin\theta_1 = 0, \qquad (4.166)$$

$$\frac{d\theta_3}{ds} - \kappa_2 \sec\theta_2 \sin\theta_1 - \kappa_3 \cos\theta_1 \sec\theta_2 = 0,$$

$$\frac{du_x}{ds} - t_{11} + t_{11,0} = 0,$$

$$\frac{du_y}{ds} - t_{12} + t_{12,0} = 0, \qquad (4.167)$$

$$\frac{du_z}{ds} - t_{13} + t_{13,0} = 0.$$

Die Gleichung (4.161) kann entweder bezüglich der Komponenten κ_i

$$\kappa_1 = \frac{1}{GI_1}\left(M_x t_{11} + M_y t_{12} + M_z t_{13}\right) + \kappa_{(10)},$$

$$\kappa_2 = \frac{1}{EI_2}\left(M_x t_{21} + M_y t_{22} + M_z t_{23}\right) + \kappa_{(20)}, \qquad (4.168)$$

$$\kappa_3 = \frac{1}{EI_3}\left(M_x t_{31} + M_y t_{32} + M_z t_{33}\right) + \kappa_{(30)}$$

oder bezüglich der Komponenten des Schnittmoments aufgeschrieben werden:

$$M_x = t_{11} GI_1(\kappa_1 - \kappa_{(10)}) + t_{21} EI_2(\kappa_2 - \kappa_{(20)}) + t_{31} EI_3(\kappa_3 - \kappa_{(30)}),$$

$$M_y = t_{12} GI_1(\kappa_1 - \kappa_{(10)}) + t_{22} EI_2(\kappa_2 - \kappa_{(20)}) + t_{32} EI_3(\kappa_3 - \kappa_{(30)}), \qquad (4.169)$$

$$M_z = t_{13} GI_1(\kappa_1 - \kappa_{(10)}) + t_{23} EI_2(\kappa_2 - \kappa_{(20)}) + t_{33} EI_3(\kappa_3 - \kappa_{(30)}).$$

Alternativ zu den Gleichungen (4.166) können auch die Gleichungen (4.106) verwendet werden. Die Gleichungen (4.169) und (4.167) enthalten Elemente der Matrix $\underline{\mathbf{T}}$ aus (4.96) und der Matrix $\underline{\mathbf{T}}_0$ aus (4.103). Die folgenden Randbedingungen sind für die Differentialgleichungen (4.164)–(4.167) zu berücksichtigen. Diese gelten für den Fall eines an einem Ende eingespannten Balkens der Länge l. Dieser wird durch einwirkende Kräfte und Momente an seinem freien Ende belastet.

$$Q_x(l) = F_{lx}, \qquad \theta_1(0) = 0,$$
$$Q_y(l) = F_{ly}, \qquad \theta_2(0) = 0,$$
$$Q_z(l) = F_{lz}, \qquad \theta_3(0) = 0,$$
$$M_x(l) = M_{lx}, \qquad u_x(0) = 0, \tag{4.170}$$
$$M_y(l) = M_{ly}, \qquad u_y(0) = 0,$$
$$M_z(l) = M_{lz}, \qquad u_z(0) = 0$$

Neben den Gleichungen für u_x, u_y und u_z können ausgehend von der Vektorgleichung (4.163) folgende Differentialgleichungen verwendet werden, um die Lage des verformten Balkens zu bestimmen:

$$\frac{dx}{ds} - t_{11} = 0,$$
$$\frac{dy}{ds} - t_{12} = 0, \tag{4.171}$$
$$\frac{dz}{ds} - t_{13} = 0.$$

Durch die Einbettung der Komponenten der Transformationsmatrix t_{1i}, $i = 1,2,3$ aus (4.96) in die drei letzten Gleichungen lässt sich die folgende Form für die Gleichungen für x, y und z ableiten:

$$\frac{dx}{ds} - \cos\theta_2 \cos\theta_3 = 0,$$
$$\frac{dy}{ds} - \cos\theta_2 \sin\theta_3 = 0, \tag{4.172}$$
$$\frac{dz}{ds} + \sin\theta_2 = 0.$$

Die entsprechenden Randbedingungen für einen Balken, dessen Ende mit der Koordinate $s = 0$ fest mit dem Ursprung des Koordinatensystems verbunden ist, lassen sich wie folgt formulieren:

$$x(0) = 0,$$
$$y(0) = 0, \tag{4.173}$$
$$z(0) = 0.$$

4.7.6 Skalare Verformungsgleichungen für ein kartesisches Koordinatensystem in einer Ebene

Im Folgenden werden die Parameter aufgeführt, die für ein zweidimensionales Problem im kartesischen Koordinatensystem nicht relevant sind:

$$Q_z = M_x = M_y = 0,$$

$$q_z = m_x = m_y = 0,$$

$$\kappa_1 = \kappa_2 = 0, \tag{4.174}$$

$$\theta_1 = \theta_2 = 0,$$

$$u_z = 0.$$

Die Differentialgleichungen (4.164)–(4.167) sowie die Gleichungen (4.169), welche lediglich eine Gleichung für das Moment M_z ergeben, werden unter Berücksichtigung der Annahmen (4.174) aufgeschrieben:

$$\frac{dQ_x}{ds} + q_x = 0,$$

$$\frac{dQ_y}{ds} + q_y = 0, \tag{4.175}$$

$$\frac{dM_z}{ds} + Q_y \cos \theta_3 - Q_x \sin \theta_3 + m_z = 0,$$

$$\frac{d\theta_3}{ds} - \kappa_3 = 0,$$

$$\frac{du_x}{ds} - \cos \theta_3 + \cos \theta_{30} = 0, \tag{4.176}$$

$$\frac{du_y}{ds} - \sin \theta_3 + \sin \theta_{30} = 0,$$

$$M_z = EI_3(\kappa_3 - \kappa_{30}). \tag{4.177}$$

Für ein ebenes Problem werden sich die Parameter $\kappa_{(30)}$ und κ_{30} zu einer Krümmung des Balkens κ_{n30} in einem unbelasteten Zustand vereinfachen:

$$\kappa_{30} = \frac{1}{\rho_0}. \tag{4.178}$$

Die sechs Differentialgleichungen (4.175)–(4.176) erhalten folgende Randbedingungen für einen an einem Ende eingespannten Balken der Länge l unter Beachtung der wirkenden Kräfte und eines Moments an seinem freien Ende:

$$Q_x(l) = F_{lx}, \qquad \theta_3(0) = 0,$$
$$Q_y(l) = F_{ly}, \qquad u_x(0) = 0, \qquad (4.179)$$
$$M_z(l) = M_{lz}, \qquad u_y(0) = 0.$$

Um eine verformte Form des Balkens darzustellen, können Gleichungen für x und y gemäß (4.163) benutzt werden:

$$\frac{dx}{ds} - \cos(\theta_{e3} + \theta_{30}) = 0,$$
$$\frac{dy}{ds} - \sin(\theta_{e3} + \theta_{30}) = 0. \qquad (4.180)$$

Sie können anstatt der zwei letzten Gleichungen aus (4.176) oder zusätzlich verwendet werden. Dabei sind die Randbedingungen zu berücksichtigen, die im Folgenden für einen an der Stelle $s = 0$ fest mit dem Koordinatenursprung verbundenen Balken aufgeschrieben sind:

$$x(0) = 0,$$
$$y(0) = 0. \qquad (4.181)$$

4.7.7 Verzweigte nachgiebige Mechanismen

Im Rahmen der Modellbildung erfolgt eine Aufteilung *verzweigter Mechanismen* in einzelne Elemente, wobei die Verzweigungsstelle als Grenze zwischen den Elementen definiert wird. Für jedes Element werden Koordinaten s_i eingeführt, zudem werden der jeweilige Anfang und das Ende festgelegt. Im Anschluss werden die Verformungsgleichungen für die einzelnen Elemente aufgestellt. Die Aufstellung der Rand- und Übergangsbedingungen dient der anschließenden Lösung der Gleichungen.

Als ein Beispiel wird ein halbkreisförmiger Balken mit dem Radius R betrachtet, der mit einem geraden, nachgiebigen Balken der Länge l fest verbunden ist. Für das in Abb. 4.16 dargestellte System werden drei Gleichungssysteme aufgestellt und 18 Rand- und Übergangsbedingungen definiert.

$$\frac{dQ_{xi}}{ds_i} = 0,$$
$$\frac{dQ_{yi}}{ds_i} = 0, \qquad (4.182)$$
$$\frac{dM_{zi}}{ds_i} + Q_{yi} \cos\theta_{3i} - Q_{xi} \sin\theta_{3i} = 0,$$

$$\frac{d\theta_{3i}}{ds_i} = \frac{M_{zi}}{EI_3} + \kappa_{0i},$$

$$\frac{dx}{ds_i} - \cos\theta_{3i} = 0, \tag{4.183}$$

$$\frac{dy}{ds_i} - \sin\theta_{3i} = 0, \quad i = 1, 2, 3.$$

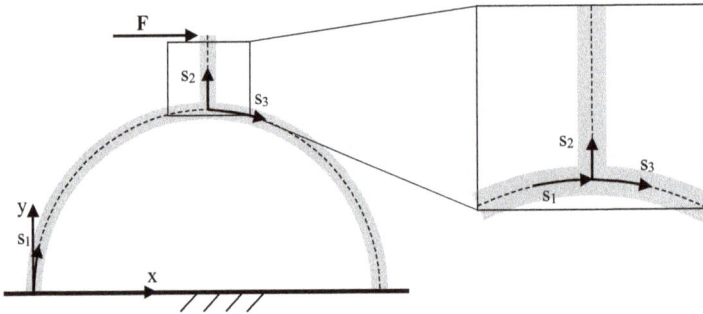

Abb. 4.16: Verzweigter nachgiebiger Mechanismus mit drei nachgiebigen Elementen.

Im Folgenden werden die Rand- und Übergangsbedingungen dargelegt. Zunächst werden die geometrischen Randbedingungen aufgeschrieben:

$$x_1(0) = 0, \qquad y_1(0) = 0,$$

$$x_3\left(\frac{\pi R}{2}\right) = 2R, \quad y_3\left(\frac{\pi R}{2}\right) = 0, \tag{4.184}$$

$$\theta_{31}(0) = \frac{\pi}{2}, \quad \theta_{33}\left(\frac{\pi R}{2}\right) = -\frac{\pi}{2}.$$

Dann werden die Randbedingungen für Kräfte und Momente aufgestellt:

$$Q_{x2}(l) = 0, \quad Q_{y2}(l) = 0,$$

$$M_{33}(l) = 0. \tag{4.185}$$

Schließlich werden die geometrischen Übergangsbedingungen aufgeführt:

$$x_1\left(\frac{\pi R}{2}\right) = x_2(0), \quad x_1\left(\frac{\pi R}{2}\right) = x_3(0),$$

$$y_1\left(\frac{\pi R}{2}\right) = y_2(0), \quad y_1\left(\frac{\pi R}{2}\right) = y_3(0),$$

$$\theta_{31}\left(\frac{\pi R}{2}\right) = \theta_{32}(0) - \frac{\pi}{2},$$

$$\theta_{31}\left(\frac{\pi R}{2}\right) = \theta_{33}(0).$$

(4.186)

Und zum Schluss werden die Übergangsbedingungen für Kräfte und Momente dargelegt:

$$M_{z1}\left(\frac{\pi R}{2}\right) = M_{z2}(0) + M_{z3}(0),$$

$$Q_{x1}\left(\frac{\pi R}{2}\right) = Q_{x2}(0) + Q_{x3}(0),$$

$$Q_{y1}\left(\frac{\pi R}{2}\right) = Q_{y2}(0) + Q_{y3}(0).$$

(4.187)

Die numerische Lösung der Gleichungen (4.182) und (4.183) unter Berücksichtigung der Rand- und Übergangsbedingungen (4.184) bis (4.187) liefert die Ergebnisse für den verformten Zustand des nachgiebigen Systems aus Abb. 4.16.

4.7.8 Transversalsymmetrische nachgiebige Gelenke

In zahlreichen Verformungskörpern der Mess- und Präzisionstechnik sind nachgiebige Gelenke mit nur einer Symmetrieachse vorhanden, welche in der transversalen Ebene zum Gelenk verläuft. Die Fertigung *transversalsymmetrischer nachgiebiger Gelenke* kann mit einer geringeren Komplexität realisiert werden als die Fertigung der zweifachsymmetrischen Gelenke. Zudem eignet sich die gerade Ebene des Gelenks in besonderem Maße für das Anbringen der Dehnmessstreifen (vgl. Abb. 4.17). Die Querschnitte der Gelenke sind dabei rechteckige Vierecke.

In einem transversalsymmetrischen nachgiebigen Gelenk ist die Balkenachse keine Gerade, sondern gekrümmt. Eine weitere Komplexität besteht in der unbekannten Lage und Form der Balkenachse. Zur Ermittlung dieser werden BERNOULLIsche Annahmen herangezogen (Abschnitt 4.1), wobei die Querschnitte orthogonal zur Balkenachse sind. Zudem wird die Definition der Balkenachse verwendet, welche besagt, dass sie durch die Schwerpunkte der Querschnittflächen verläuft. In Abb. 4.18 ist ein Gelenk dargestellt, welches durch die Kontur 1 und einer Geraden innerhalb eines Bereichs l gebildet wird. Aufgrund der Nutzung der Transversalsymmetrie des Gelenks wird lediglich eine Hälfte desselben betrachtet. In Konsequenz beschreibt die Länge l eine Hälfte des Ge-

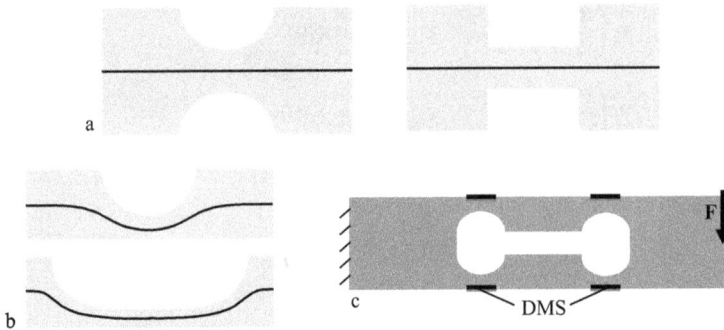

Abb. 4.17: Nachgiebige Gelenke: a – zweifachsymmetrische Gelenke mit einer geraden Balkenachse; b – transversalsymmetrische nachgiebige Gelenke mit einer gekrümmten Balkenachse; c – Verformungskörper mit transversalsymmetrischen nachgiebigen Gelenken und Dehnmessstreifen (DMS).

lenks. Das Bezugssystem zur Ermittlung der Balkenachse wird derart gewählt, dass die x-Achse entlang der unteren geraden Seite des Gelenks verläuft und die y-Achse die Mitte des gesamten Gelenks schneidet. Die Kontur 1 wird durch eine Funktion $f(x)$ beschrieben. Diese ist symmetrisch bezüglich der y-Achse: $f(-x) = f(x)$. Die Funktion $f_0(x)$ beschreibt die gesuchte Balkenachse 2 (Abb. 4.18). Die Querschnittsfläche, welche durch den in Abb. 4.18 dargestellten geraden Abschnitt 3 repräsentiert wird, ist für eine beliebig gewählte Koordinate x dargestellt. Die Projektion der Querschnittsfläche auf die xy-Ebene, bildet mit den Kurven $f(x)$, $f_0(x)$ sowie der Geraden $y = 0$ drei Schnittpunkte. Die Koordinaten dieser Schnittpunkte sind $(x_1, f(x_1))$, $(x, f_0(x))$ und $(x_2, 0)$.

Die zuvor genannten Bedingungen lassen sich wie folgt zusammenfassen, wobei die Bezeichnungen der dargestellten Geometrie zugrunde gelegt werden: (1) der gerade Abschnitt 3 ist orthogonal zur Tangente der Funktion $f_0(x)$ im Punkt x sowie (2) diese Tangente teilt den Abschnitt 3 in zwei gleiche Teile. Die erste Bedingung findet bei der Ermittlung der Koordinaten x_1 und x_2 Anwendung:

$$x_1 = x - (f(x_1) - f_0(x))f'_0(x),$$

$$x_2 = x + f_0(x)f'_0(x), \quad f'_0(x) = \frac{df_0(x)}{dx}. \tag{4.188}$$

Der Tangentenneigungswinkel α der gesuchten Funktion $f_0(x)$ aus Abb. 4.18 wird durch ihre Ableitung aufgeschrieben: $\tan\alpha = f_0'(x)$. Unter Berücksichtigung der zweiten Bedingung wird eine weitere Gleichung aufgestellt:

$$\frac{x_1 + x_2}{2} = x. \tag{4.189}$$

Die Koordinate x_1 wird ausgehend von der ersten der beiden Gleichungen (4.188) in Abhängigkeit von den anderen Parametern als $x_1 = x_1(x, f_0(x), f_0'(x))$ ermittelt und anschließend in die Gleichung (4.189) eingesetzt. Die Koordinate x_2 wird direkt aus der

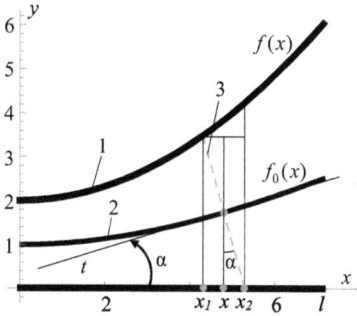

Abb. 4.18: Eine Hälfte des nachgiebigen Gelenks der Länge l, gebildet durch die Kontur 1 und die x-Achse; 2 – die gesuchte Balkenachse; 3 – eine auf die xy-Ebene projizierte Querschnittsfläche, die orthogonal zu der gesuchten Balkenachse steht.

zweiten Gleichung von (4.188) in diese Gleichung eingesetzt. Die resultierende Differentialgleichung ist in ihrer Komplexität hauptsächlich von der Kontur des Gelenks abhängig:

$$x_1(x, f_0(x), f'_0(x)) + \frac{1}{2} f_0(x) f'_0(x) = x. \tag{4.190}$$

Infolge der Symmetrie der Konturfunktion wird die Querschnittsfläche in der Mitte des Gelenks mit der y-Achse zusammenfallen. Unter Berücksichtigung der zweiten Bedingung muss die Balkenachse folglich so verlaufen, dass die nachfolgende Randbedingung erfüllt ist:

$$f_0(0) = \frac{1}{2} f(0). \tag{4.191}$$

In Abb. 4.19 wird ein Beispiel präsentiert, in welchem die Funktion der Kontur 1 wie folgt definiert ist:

$$f(x) = 0,02(2x)^2 + 2. \tag{4.192}$$

Die Länge des halben Gelenks $l = 7$, gemessen in beliebigen Längeneinheiten, resultiert demnach in einer Höhe des Gelenks $H = 5,92$ Längeneinheiten. Die Gleichung (4.190) liefert für die gegebene Kontur eine folgende Differentialgleichung, welche unter Berücksichtigung der Randbedingung (4.191) numerisch gelöst wird:

$$\frac{\sqrt{1 + 0,32 f'_0(x)\left(x + f'_0(x)(f_0(x) - 2)\right)} - 1}{f'_0(x)} = 0,16\left(x - f_0(x) f'_0(x)\right). \tag{4.193}$$

Unter den mehreren numerischen Lösungen dieser Differentialgleichung wird eine reale und positive Lösung ausgewählt, welche die Balkenachse darstellt und in Abb. 4.19 unter 2 veranschaulicht ist. Die geraden Abschnitte 3 und 5 visualisieren die Querschnitte des Gelenks und des nachgiebigen Gliedelementes, in welches dieses mündet. Die Balkenachse des Glieds stellt einen geraden Abschnitt 6 dar. Die geometrische Teilung zwischen dem Gelenk und dem Glied wird durch den vertikalen geraden Abschnitt 4 veranschaulicht, welcher die Grenze zwischen der Kontur $f(x)$ und der weiter verlaufenden Geraden $y = H$ darstellt.

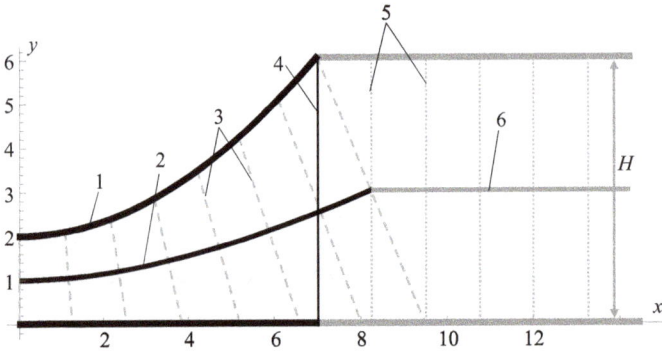

Abb. 4.19: Eine Hälfte des nachgiebigen Gelenks der Länge l, welcher durch die Kontur 1 und die x-Achse definiert ist, ist mit einem nachgiebigen geraden Gliedelement verbunden; 2 – die Balkenachse des Gelenks; 3 – Querschnittsflächen des Gelenks, die orthogonal zu der Balkenachse stehen; 4 – geometrische Teilung zwischen dem Gelenk und dem Glied; 5 – Querschnittsflächen des nachgiebigen Glieds; 6 – Balkenachse des nachgiebigen Glieds.

Die Ergebnisse für die Balkenachse des Gelenks als $f_0(x)$ und die dazugehörigen Querschnitte, wie in Abb. 4.19 dargestellt, zeigen, dass die Querschnitte des Gelenks den geometrischen Gelenkbereich überschreiten. Es wird diejenige Querschnittsfläche des Gelenks als letzte betrachtet, die aus dem Schnittpunkt der Kontur $f(x)$ und der Geraden für das nachgiebige Glied $y = H$ ausgeht. Im Rahmen der Modellbildung des Gesamtmechanismus werden Balkenachse, bestehend aus 2 und 6 in Abb. 4.19, sowie die Flächenträgheitsmomente der entsprechenden Querschnitte 3 und 5 verwendet.

Die hier vorgestellte Methode zur Suche der Balkenachse kann auch auf Gelenke übertragen werden, die in ihrem unteren Bereich keine Gerade, sondern eine andere Funktion aufweisen. Die Anwendung der Methode kann allerdings mit einem hohen Aufwand verbunden sein, insbesondere, wenn die Kontur des Gelenks durch eine komplexe Funktion beschrieben ist. Eine Vereinfachung der Problematik, bei der alle Querschnitte als vertikal angenommen werden, erlaubt eine Beschleunigung der analytischen Modellbildung und führt zu einer Verkürzung der Lösungszeit der Gleichungen. In [33, 34] sind die Ergebnisse der Modellbildung mit vertikal gewählten Querschnitten präsentiert, wobei sowohl die Parameteranalyse als auch die Modellvalidierung unter Zuhilfenahme der Finite-Elemente-Methode dargestellt sind.

4.7.9 Erweiterung der Theorie großer Verformungen

Im Rahmen der Modellierung großer Verformungen gekrümmter Balkensysteme besteht die Möglichkeit, zusätzlich auftretende Effekte zu beschreiben, um die Ergebnisse zu verbessern. Für kurze Balken kann die Berücksichtigung von *Querkraftschub* erfolgen. In [23] wurden die Modellgleichungen hergeleitet, in denen die Wirkung der Querkraft mit resultierendem Querkraftschub für ebene Systeme in die Gleichungen integriert wurde.

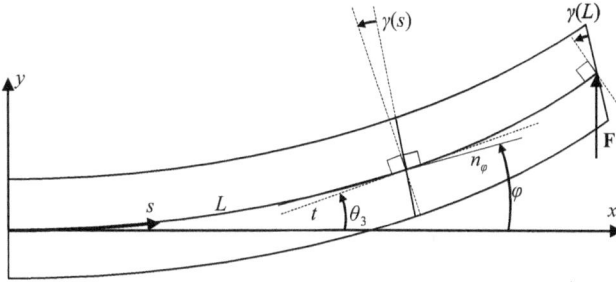

Abb. 4.20: Ein kurzer Balken mit Visualisierung des Querkraftschubs: γ ist der den Querkraftschub beschreibende Winkel, t – die Tangente zur Balkenachse an einer Stelle s, θ_3 – der Neigungswinkel der Tangente, n_φ – die Normale auf die Querschnittsfläche, die durch den Querschub entstanden ist.

Die Querschnittsflächen sind aufgrund der Querkraftwirkung nicht mehr orthogonal zur Balkenachse orientiert, sondern weisen eine Kippung um den Winkel γ auf (Abb. 4.20). Dennoch bleiben sie eben. Die Normale auf die Querschnittsfläche weicht ebenfalls um den Winkel γ von der Tangente ab und bildet mit der x-Achse den Winkel φ, so dass sich der Winkel θ_3 aus diesen beiden Winkeln zusammensetzt.

$$\theta_3 = \varphi + \gamma, \quad \gamma = \frac{Q_y \cos\varphi - Q_x \sin\varphi}{\lambda\,AG} \tag{4.194}$$

Der Winkel γ wird gemäß dem HOOKEschen Gesetz unter Berücksichtigung des Korrekturfaktors λ für die ursprüngliche Querschnittsfläche des Balkens ermittelt. Der Korrekturfaktor wird unter Berücksichtigung der Verformungsenergie gefunden [9]. Die ursprüngliche Querschnittsfläche wird mit A bezeichnet. Die nachfolgenden Gleichungen beschreiben ein Balkensystem unter Berücksichtigung des Querschubs:

$$\frac{dQ_x}{ds} + q_x = 0,$$

$$\frac{dQ_y}{ds} + q_y = 0, \tag{4.195}$$

$$\frac{dM_z}{ds} + Q_y \cos(\varphi + \gamma) - Q_x \sin(\varphi + \gamma) + m_z = 0,$$

$$\frac{d\varphi}{ds} - \kappa_3 = 0,$$

$$\frac{dx}{ds} - \cos(\varphi + \gamma) = 0, \tag{4.196}$$

$$\frac{dy}{ds} - \sin(\varphi + \gamma) = 0,$$

$$M_z = EI_3(\kappa_3 - \kappa_{30}),$$

$$\gamma = \frac{Q_y \cos \varphi - Q_x \sin \varphi}{\lambda AG}. \tag{4.197}$$

Für einen eingespannten Balken, der an seinem Ende einer Kraft ausgesetzt ist, lassen sich folgende Randbedingungen definieren:

$$Q_x(L) = 0, \quad Q_y(L) = F, \quad M_z(L) = 0,$$

$$\varphi(0) = 0, \quad x(0) = 0, \quad y(0) = 0. \tag{4.198}$$

Die Berücksichtigung der *Querkontraktion* für plattenförmige Balken oder Balkenelemente ist insbesondere dann sinnvoll, wenn die Breite des Balkens mit dessen Länge vergleichbar ist. In diesem Fall ändert sich lediglich der algebraische Zusammenhang zwischen dem Moment und der Krümmung (s. [23]), da die Querkontraktionszahl in die Berechnung mit einbezogen werden muss:

$$M_z = \frac{EI_3}{1 - v^2}(\kappa_3 - \kappa_{30}). \tag{4.199}$$

Schließlich kann auch die *Dehnung oder Stauchung der Biegelinie* in den Modellgleichungen beschrieben werden. Die Berücksichtigung der Dehnung ist durch Erweiterung der Gleichungen lediglich für die Koordinaten x und y möglich. Dies führt zu einer signifikanten Verbesserung der Ergebnisse, insbesondere dort, wo die Dehnungen nicht vernachlässigbar sind. Dies ist der Fall bei den in Abb. 4.17 gezeigten Beispielen.

$$\frac{dx}{ds} = (1 + \delta) \cos \theta_3,$$

$$\frac{dy}{ds} = (1 + \delta) \sin \theta_3 \qquad (4.200)$$

Der Quotient δ aus der Axialkraft und dem Produkt aus dem Elastizitätsmodul und der Querschnittsfläche erlaubt die Charakterisierung von Dehnung oder Stauchung:

$$\delta = \frac{Q_x \cos \varphi + Q_y \sin \varphi}{EA}. \qquad (4.201)$$

Die vorgestellten Erweiterungen der Theorie großer Verformungen gekrümmter Balkensysteme können, in Abhängigkeit von den jeweiligen Belastungen sowie der geometrischen Beschaffenheit, sowohl für ganze als auch für einzelne Teile eines nachgiebigen Mechanismus angewendet werden.

5 Beispiele zur Analyse großer Verformungen gekrümmter Balkensysteme

Im Kapitel 4 wurden Differentialgleichungen zur Modellbildung großer Verformungen gekrümmter Balkensysteme hergeleitet und im Abschnitt 4.7 für verschiedene Anwendungsfälle zusammengefasst. Im Folgenden werden mehrere nachgiebige Systeme als Beispiele auf Basis dieser Verformungsgleichungen modelliert und modellbasiert untersucht. Je nach Art der Belastung (richtungstreue oder mitgeführte Belastung) und je nachdem, ob es sich um ein ebenes oder räumliches Problem handelt, werden die entsprechenden Gleichungen ausgewählt. Es handelt sich um ein ebenes Problem nur dann, wenn sowohl die ursprüngliche Form eines Balkens als auch seine belastete Form eben sind.

Wenn auf eine Balkenstruktur mitgeführte Kräfte und Momente einwirken, müssen die Gleichungen in einem mitgeführten Koordinatensystem aufgeschrieben werden. Im Gegensatz dazu wird für die Lösung von Problemen mit richtungstreuen Kräften und Momenten ein Gleichungssystem im kartesischen Koordinatensystem empfohlen. Dies ermöglicht eine einfachere Darstellung der Randbedingungen und somit eine einfachere Lösung der Gleichungen.

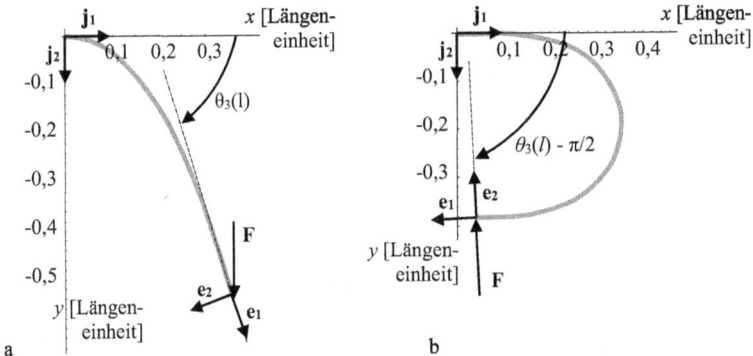

Abb. 5.1: Zu Randbedingungen für die richtungstreue und mitgeführte Belastungen: a – Verformung eines Balkens unter Belastung durch eine richtungstreue Kraft; b – Verformung eines Balkens unter der Wirkung einer mitgeführten Kraft; die Kräfte sind in den Fällen a und b vom Betrag gleich (vgl. Abb. 4.1).

Anhand eines Beispiels in Abb. 5.1 lässt sich der Unterschied bei der Aufstellung der Randbedingungen für eine mitgeführte und eine richtungstreue Kraft bei der Verformung eines Balkens der Länge l vergleichen. Die richtungstreue Kraft wird in die Randbedingungen für die Kraftkomponenten des kartesischen Koordinatensystems wie folgt einbezogen (siehe Abb. 5.1 a):

https://doi.org/10.1515/9783110759884-005

$$Q_x(l) = 0,$$
$$Q_y(l) = F. \tag{5.1}$$

In einem mitgeführten Koordinatensystem werden die Randbedingungen viel aufwändiger aufgeschrieben:

$$Q_1(l) = F \sin \theta_3(l),$$
$$Q_2(l) = F \cos \theta_3(l). \tag{5.2}$$

Der Winkel $\theta_3(l)$ ist bislang unbekannt und soll anhand der Verformungsdifferentialgleichungen ermittelt werden. Dies führt zu einer komplizierteren Lösung der Differentialgleichungen im Vergleich zum Fall mit den Randbedingungen (5.1).

Im Gegensatz dazu werden die Randbedingungen für eine mitgeführte Kraft (siehe Abb. 5.1 b) im mitgeführten Koordinatensystem wie folgt dargestellt:

$$Q_1(l) = 0,$$
$$Q_2(l) = F. \tag{5.3}$$

Im kartesischen Koordinatensystem wird die Kraft auf komplexere Art in die Randbedingungen einbezogen:

$$Q_x(l) = -F \sin \theta_3(l),$$
$$Q_y(l) = F \cos \theta_3(l). \tag{5.4}$$

Deshalb sollten Systeme, die unter mitgeführten Belastungen stehen, in einem mitgeführten Koordinatensystem beschrieben werden. Für die nachgiebigen Systeme unter richtungstreuen Belastungen sollten die Gleichungen in einem kartesischen Koordinatensystem verwendet werden. Auf diese Weise können die Randbedingungen in einfacher Form wie (5.1) oder (5.3) genutzt werden, was die Lösung der Differentialgleichungen vereinfacht und beschleunigt. Wenn ein System verschiedenen Belastungen ausgesetzt ist, darunter sowohl mitgeführte als auch richtungstreue Belastungen, sollten ausgewählte Randbedingungen in Form von (5.2) oder (5.4) hingenommen werden.

5.1 Ebene Probleme im mitgeführten Koordinatensystem

Im Fokus dieses Abschnitts stehen nachgiebige balkenförmige Systeme, die unter mitgeführten Belastungen verformt werden. Hierzu zählen insbesondere fluidmechanische Aktuatoren, die einen Hohlraum besitzen und unter einem inneren Druck verformt werden. Es ist zu beachten, dass die radiale Verformung von hohlen, balkenförmigen Strukturen gemäß der Theorie großer Verformungen gekrümmter Balkensysteme nicht berücksichtigt werden kann. Folglich sind die tatsächlichen Biegeverformungen geringer als die nach dieser Theorie berechneten Verformungen. Je stärker solche Strukturen radial verstärkt sind, desto genauer bildet das Modell die realen Verformungen ab.

Wenn die äußeren Kräfte nicht am Ende des Balkens, sondern an einer anderen Stelle des Balkens innerhalb einer Länge l wirken, kann diese Belastung direkt in Differentialgleichungen eingefügt werden. Eine Kraft F_0, welche stets in die Richtung von $\mathbf{j}_1$ an der Stelle s_0 wirkt, wird durch eine folgende Gleichung berücksichtigt:

$$\frac{dQ_x}{ds} + q_x + \delta_D(s - s_0)F_0 = 0. \tag{5.5}$$

Dabei gilt für *DIRACsche Deltafunktion* $\delta_D(s - s_0)$:

$$\delta_D(s - s_0) = \begin{cases} \infty, & s = s_0, \\ 0, & s \neq s_0. \end{cases} \tag{5.6}$$

Nach der Integration der DIRACschen Deltafunktion wird die *HEAVISIDEsche Funktion* mit folgenden Eigenschaften erhalten (s. auch [52]):

$$\int_{-\infty}^{\infty} \delta_D(s - s_0)ds = H(s - s_0) = \begin{cases} 1, & s \geq s_0, \\ 0, & s < s_0. \end{cases} \tag{5.7}$$

Wenn nur eine Kraft F_0 an der Stelle s_0 wirkt, kann die Lösung der Gleichung (5.5) unter Berücksichtigung einer Bedingung und einer Randbedingung

$$q_x = 0, \quad Q_x(l) = 0 \tag{5.8}$$

mithilfe der HEAVISIDEschen Funktion aufgeschrieben werden:

$$Q_x = F_0(1 - H(s - s_0)). \tag{5.9}$$

Eine Streckenlast q_0, die auf einen Teil des Balkens zwischen den Stellen s_1 und s_2 wirkt, kann mithilfe der HEAVISIDEschen Funktion dargestellt werden:

$$\frac{dQ_x}{ds} + q_0(H(s - s_1) - H(s - s_2)) + \delta_D(s - s_0)F_0 = 0. \tag{5.10}$$

Beim Integrieren ist zu beachten, dass die HEAVISIDEsche Funktion folgende Eigenschaft hat:

$$\int_{-\infty}^{s} H(s - s_1)ds = (s - s_1)H(s - s_1). \tag{5.11}$$

Die folgenden drei Beispiele demonstrieren fluidmechanische Aktuatoren und ihre Verformung als ebene Systeme unter Belastung durch mitgeführte Kräfte. Die Beispiele umfassen einen Greifer, einen Schlauch mit ausströmender Flüssigkeit und fluidmechanische Aktuatoren, die als medizintechnische Sonden verwendet werden können.

5.1.1 Ein pneumatisch angetriebener Greiferfinger

Ein Greiferfinger mit der Länge l hat einen halbkreisförmigen Innenraumquerschnitt und wird durch einen längenbeständigen und biegeschlaffen Streifen an der ebenen Seite des halbkreisförmigen Querschnitts verstärkt (Abb. 5.2 a–c). Der *Greifer* ist mit mindestens zwei Fingern ausgestattet, die an einem Ende des Greiferkörpers befestigt sind und mit einem Drucklufteingang versehen werden. Das andere Ende ist hermetisch abgeschlossen. Die Länge l wird von der Befestigungsstelle bis zur inneren Wand seiner Stirnfläche gemessen. Die dünnen Rippen, die um den Umfang verlaufen, begrenzen die Verformungen in radialer Richtung. Ein Finger wird auf einer Seite als eingespannt modelliert. Das mitgeführte Dreibein $\{e_1, e_2, e_3\}$ wird mit der neutralen Faser des Fingers verbunden, die durch die Mitte des eingebetteten Streifens verläuft. Zunächst werden die Randbedingungen für den Finger diskutiert. Der innere Druck bewirkt eine Dehnung auf einer Seite des Fingers, während die Seite mit dem eingebetteten Streifen längenkonstant bleibt. Durch diese Biegung des Fingers kann ein Objekt gegriffen werden. Es wird angenommen, dass der Schwerpunkt des Innenraums mit dem Schwerpunkt des Balkenquerschnitts zusammenfällt.

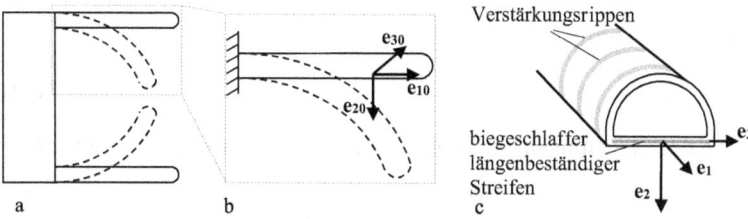

Abb. 5.2: Ein Greifer mit nachgiebigen Fingern mit hohlen Räumen, als fluidmechanische Aktuatoren: a – eine ursprüngliche und eine belastete Lage der Finger; b – ein Dreibein $\{e_{10}, e_{20}, e_{30}\}$, verbunden mit einer neutralen Faser des Fingers in einem unbelasteten Zustand; c – ein halbkreisförmiger Innenraumquerschnitt mit einem biegeschlaffen und längenbeständigen Streifen.

Der Druck p auf die Stirnfläche eines Fingers kann als eine resultierende Kraft **F** betrachtet werden, die im Schwerpunkt des Innenquerschnitts mit der Fläche A_P wirkt (Abb. 5.3 a). Aufgrund des Abstands h zwischen dem Schwerpunkt des Innenraums und der Achse wirkt ein Moment um die Achse e_3 am Ende des Fingers (Abb. 5.3 b).

$$M = hpA_P, \quad F = pA_P \tag{5.12}$$

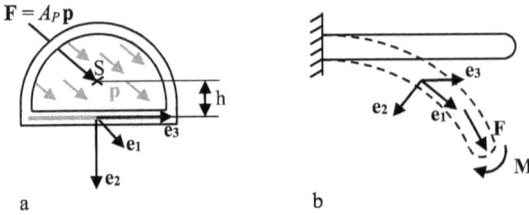

Abb. 5.3: Äußere Belastungen auf den Finger: a – eine resultierende Kraft **F**, erzeugt durch den Druck p auf die innere Stirnfläche A_P des Fingers, der Angriffspunkt ist der Schwerpunkt S der Querschnittsfläche des Innenraums; b – das Moment **M**, erzeugt durch die Kraft **F**, und die Kraft **F**, die auf die innere Stirnfläche wirkt, als einwirkende Belastungen am Ende des Balkens.

Die Gleichungen für die Kräfte, die den Gleichungen aus (4.152) entsprechen, lauten für konstante Innenquerschnitte wie folgt:

$$\frac{dQ_1}{ds} - \kappa_3 Q_2 = 0,$$
$$\frac{dQ_2}{ds} + \kappa_3(Q_1 - pA_P) = 0. \tag{5.13}$$

Für die Randbedingungen gilt:

$$Q_1(l) = F, \quad Q_2(l) = 0. \tag{5.14}$$

Zur Vereinfachung der Gleichungen wird hier eine folgende Substitution verwendet:

$$Q_{1P} = Q_1 - pA_P. \tag{5.15}$$

So können die Gleichungen für die Kräfte in einer kompakten Form aufgeschrieben werden:

$$\frac{dQ_{1P}}{ds} - \kappa_3 Q_2 = 0,$$
$$\frac{dQ_2}{ds} + \kappa_3 Q_{1P} = 0. \tag{5.16}$$

Die Randbedingungen für diese Gleichungen sind:

$$Q_{1P}(l) = 0, \quad Q_2(l) = 0. \tag{5.17}$$

Wird die Krümmung aus den Gleichungen (5.16) eliminiert, ergibt sich eine Gleichung, die nur Kräfte enthält:

$$Q_{1P}\frac{dQ_{1P}}{ds} + Q_2\frac{dQ_2}{ds} = 0. \tag{5.18}$$

Nach Integration dieser Gleichung und Berücksichtigung der Randbedingungen (5.17) ergibt sich die folgende Gleichung:

$$Q_{1P}^2 + Q_2^2 = 0. \tag{5.19}$$

Daraus folgt, dass beide Schnittkräfte den Wert Null annehmen sollen: $Q_{1P} = Q_2 = 0$. Nun wird die Gleichung für das Moment M_3 aus (4.152) vorgenommen, die unter Berücksichtigung der Ergebnisse für die Kräfte eine einfache Form annimmt.

$$\frac{dM_3}{ds} = 0 \tag{5.20}$$

Unter Anwendung der Randbedingung aus (5.12) wird die Lösung für das Moment M_3 ermittelt:

$$M_3(s) = hpA_P. \tag{5.21}$$

Die Gleichung (4.153) erlaubt die Bestimmung der Krümmung des verformten Fingers, welche wie das Moment M_3 konstant bleibt. Dabei wurde berücksichtigt, dass für die ursprüngliche Krümmung des Fingers gilt: $\kappa_{30} = 0$, d. h. die neutrale Faser des Fingers bildet einen Kreisbogen.

$$\kappa_3(s) = \frac{hpA_P}{EI_3} \tag{5.22}$$

Die Krümmung kann durch den Krümmungsradius R des verformten Fingers ausgedrückt werden:

$$\frac{1}{R} = \frac{hpA_P}{EI_3}. \tag{5.23}$$

Dieser Zusammenhang lässt darauf schließen, dass ein größerer Krümmungsradius des verformten Fingers einem größeren Flächenträgheitsmoment I_3 des Querschnitts entspricht. Zudem ermöglicht Gleichung (5.23) die Lösung verschiedener Aufgabenstellungen sowie die Dimensionierung. Es ist beispielsweise möglich, einen Innendruck p zu finden, um einen bestimmten Krümmungsradius zu erreichen oder einen Krümmungsradius R für einen gegebenen Druck p zu ermitteln. Ebenso kann das Flächenträgheitsmoment I_3 anhand des gegebenen Drucks und des gewünschten Krümmungsradius des verformten Fingers bestimmt werden. Es ist zu beachten, dass das Flächenträgheitsmoment I_3 bezüglich der Achse e_3 des mitgeführten Dreibeins $\{e_1, e_2, e_3\}$ angegeben werden muss.

Wenn die Querschnittsfläche des Fingers samt dem Hohlraum nicht konstant ist, sondern von der Koordinate s abhängt, können die folgenden Gleichungen verwendet werden, um die Krümmung des verformten Fingers zu berechnen:

$$\frac{dQ_1}{ds} - \kappa_3 Q_2 - pA'_{P1} = 0,$$

$$\frac{dQ_2}{ds} + \kappa_3 (Q_1 - F_P) = 0, \tag{5.24}$$

$$\frac{dM_3}{ds} + Q_2 hpA'_P = 0.$$

Für die ersten beiden Gleichungen muss die Verbindung zwischen der Krümmung und dem Schnittmoment berücksichtigt werden:

$$M_3(s) = EI_3(s)\kappa_3. \tag{5.25}$$

Folgende Randbedingungen sollen für die Gleichungen (5.24) angewendet werden:

$$Q_1(l) = pA_P(l), \quad Q_2(l) = 0,$$
$$M_3(l) = hpA_P(l). \tag{5.26}$$

Diese Aufgabe kann numerisch gelöst werden (s. Abschnitt 5.1.3).

5.1.2 Ein Schlauch mit ausströmender Flüssigkeit

Eine Flüssigkeit strömt durch einen Schlauch der Länge l und fließt orthogonal zur Balkenachse des Schlauchs aus. Dadurch entsteht eine mitgeführte Kraft $\mathbf{F}_2$, die auf den Schlauch wirkt (Abb. 5.4). Der Schlauch wird als ein einseitig eingespannter Balken modelliert, auf den eine Kraft orthogonal zur Balkenachse wirkt. Die Kraft hängt von der Geschwindigkeit und den geometrischen Abmessungen des Innenraums im Bereich des Ausflusses der Flüssigkeit ab.

In diesem Beispiel werden die Differentialgleichungen (4.152) für *dimensionslose Parameter* aufgeschrieben, die durch das Zeichen Tilde dargestellt werden:

$$\tilde{s} = \frac{s}{l}, \quad \tilde{l} = \frac{l}{l} = 1, \quad \tilde{\kappa}_3 = \kappa_3 l, \quad \widetilde{M}_3 = \frac{M_3 l}{EI_3},$$

$$\tilde{F}_2 = \frac{F_2 l^2}{EI_3}, \quad \widetilde{EI}_3 = \frac{EI_3}{EI_3} = 1, \quad \tilde{Q}_i = \frac{Q_i l^2}{EI_3}, \quad \tilde{u}_i = \frac{u_i}{l}, \quad i = 1, 2. \tag{5.27}$$

Die Lösung der Aufgabe unter Verwendung dimensionsloser Parameter ermöglicht es, Untersuchungen unabhängig von Materialparametern und der Größe des Systems durchzuführen. In die Momentengleichung aus (4.152) wird der Zusammenhang zwischen dem Moment und der Krümmung aus der Gleichung (4.153) eingesetzt. Es ent-

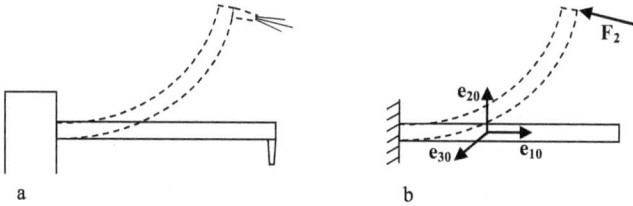

Abb. 5.4: Ein Schlauch mit ausströmender Flüssigkeit: a – ein ursprünglicher und ein belasteter Zustand des Schlauchs; b – ein Modellbalken mit einer einwirkenden Kraft, die durch die ausströmende Flüssigkeit entsteht.

stehen sechs Gleichungen, die zur Ermittlung der Verformungen des Schlauchs verwendet werden:

$$\frac{d\widetilde{Q}_1}{d\widetilde{s}} - \widetilde{\kappa}_3 \widetilde{Q}_2 = 0,$$

$$\frac{d\widetilde{Q}_2}{d\widetilde{s}} + \widetilde{\kappa}_3 \widetilde{Q}_1 = 0,$$

$$\frac{d\widetilde{\kappa}_3}{d\widetilde{s}} + \widetilde{Q}_2 = 0,$$

$$\frac{d\theta_{e3}}{d\widetilde{s}} - \widetilde{\kappa}_3 = 0,$$

$$\frac{d\widetilde{u}_1}{d\widetilde{s}} - \cos\theta_{e3} + 1 = 0,$$

$$\frac{d\widetilde{u}_2}{d\widetilde{s}} - \sin\theta_{e3} = 0.$$

$$(5.28)$$

Die dritte Gleichung des Gleichungssystems (5.28) wird nach der dimensionslosen Querkraft Q_2 umgestellt:

$$\widetilde{Q}_2 = -\frac{d\widetilde{\kappa}_3}{d\widetilde{s}}. \tag{5.29}$$

Anschließend wird diese Gleichung abgeleitet und in die zweite Gleichung des Gleichungssystems (5.28) eingesetzt. Danach wird die Gleichung nach der dimensionslosen Kraft Q_1 umgestellt.

$$\widetilde{Q}_1 = \frac{1}{\widetilde{\kappa}_3} \frac{d^2\widetilde{\kappa}_3}{d\widetilde{s}^2} \tag{5.30}$$

Die zwei letzten Gleichungen (5.29) und (5.30) werden in die erste Gleichung des Gleichungssystems (5.28) eingesetzt, wonach diese einmal integriert wird. Schließlich ergibt sich für die Krümmung eine nichtlineare Differentialgleichung zweiter Ordnung mit einer Integrationskonstante C_1.

$$\frac{d^2\widetilde{\kappa}_3}{d\widetilde{s}^2} + \frac{\widetilde{\kappa}_3^3}{2} = C_1 \tag{5.31}$$

Zur Ermittlung der Konstante C_1 werden Randbedingungen benötigt. Eine erste Bedingung wird für die Krümmung am Ende des Schlauchs aufgestellt. Eine weitere Bedingung ergibt sich aus der Gleichung (5.30), unter der Annahme, dass am Ende des Balkens keine axiale Kraft wirkt.

$$\widetilde{\kappa}_3(1) = 0,$$
$$\frac{d^2\widetilde{\kappa}_3(1)}{d\widetilde{s}^2} = 0 \tag{5.32}$$

Unter Berücksichtigung dieser Bedingungen nimmt die Integrationskonstante C_1 den Wert Null an. Die Gleichung (5.31) wird mit der ersten Ableitung der Krümmung multipliziert und kann erneut integriert werden, wodurch eine zweite Integrationskonstante C_2 entsteht.

$$\left(\frac{d\widetilde{\kappa}_3}{d\widetilde{s}}\right)^2 + \frac{\widetilde{\kappa}_3^4}{4} = C_2 \tag{5.33}$$

Zur Ermittlung der Randbedingung am Ende des Schlauchs für die Ableitung der Krümmung wird die Gleichung (5.29) verwendet.

$$\frac{d\widetilde{\kappa}_3(1)}{d\widetilde{s}} = -\widetilde{F}_2 \tag{5.34}$$

Unter Verwendung dieser Bedingung und der Randbedingung für die Krümmung am Ende des Schlauchs wird C_2 berechnet und anschließend in Gleichung (5.33) eingesetzt. Dadurch ergibt sich folgende Gleichung:

$$\left(\frac{d\widetilde{\kappa}_3}{d\widetilde{s}}\right)^2 + \left(\frac{\widetilde{\kappa}_3^2}{2}\right)^2 = \widetilde{F}_2^{\,2}. \tag{5.35}$$

Die Gleichung lässt sich auch folgendermaßen darstellen:

$$\frac{d\widetilde{\kappa}_3}{d\widetilde{s}} = \pm\sqrt{\widetilde{F}_2^{\,2} - \left(\frac{\widetilde{\kappa}_3^2}{2}\right)^2}. \tag{5.36}$$

Der Radikand der vorherigen Gleichung muss größer als Null sein. Daraus ergibt sich eine Bedingung für die Krümmung:

$$|\widetilde{\kappa}_3| \le \sqrt{2\widetilde{F}_2}. \tag{5.37}$$

Somit ist die Größe der Krümmung des verformten Schlauchs durch die einwirkende Kraft begrenzt. Die Gleichung (5.36) beschreibt *Niveaulinien* für den Zusammenhang zwischen der Ableitung der Krümmung und der Krümmung selbst sowie für verschiedene Werte der Kraft. Es entstehen ellipsenförmige geschlossene Kurven (Abb. 5.5 a), welche die Koordinatenachsen in folgenden Punkten schneiden:

$$\left(\pm \sqrt{2\widetilde{F}_2},\ 0 \right), \quad \left(0,\ \pm\widetilde{F}_2 \right). \tag{5.38}$$

Aus der ersten Bedingung in (5.32) und der Bedingung (5.34) für die gegebene positive Kraft ergeben sich Punkte auf den Niveaulinien, die dem rechten Ende des Schlauchs entsprechen. Die Punkte auf den Niveaulinien für die Einspannstelle (linkes Ende) des Schlauchs können anhand dieser Darstellung nicht identifiziert werden, da die Randbedingungen für die Krümmung sowie deren Ableitung unbekannt sind. Es lassen sich jedoch folgende Merkmale identifizieren. Wird eine Niveaulinie betrachtet, die einer bestimmten äußeren Kraft entspricht, so entspricht einem längeren Schlauch ein längerer Weg auf der Niveaulinie. Dabei überschreitet die maximale Krümmung des Schlauchs niemals einen bestimmten Wert gemäß Bedingung (5.37).

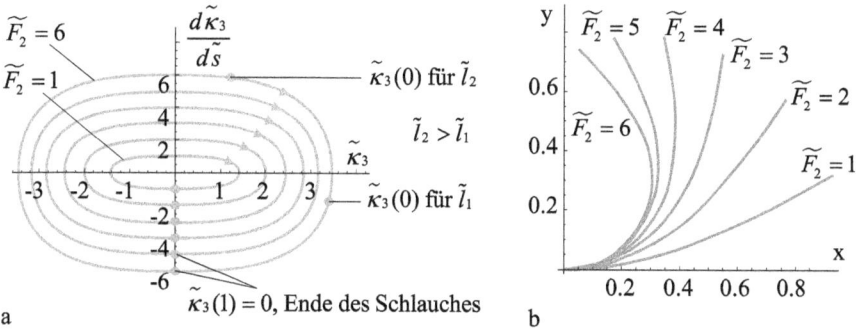

Abb. 5.5: Ergebnisse für verschiedene Werte der dimensionslosen Kraft von 1 bis 6 mit einem Schritt von 1: a – Niveaulinien stellen einen Zusammenhang zwischen der Krümmung und deren Ableitung dar; längerer Schlauch entspricht einem längeren Weg auf einer Niveaulinie, die grauen Punkte auf Niveaulinien stehen für eine Einspannstelle bzw. für ein Ende des Modellbalkens; b – sechs Formen des belasteten Schlauchs für unterschiedlich große Kräfte.

Um die belasteten Formen des Schlauchs unter Wirkung verschiedener Kräfte zu ermitteln, können anstelle der letzten beiden Gleichungen des Gleichungssystems (5.28) zwei Gleichungen für ein kartesisches Koordinatensystem verwendet werden:

$$\frac{d\widetilde{x}}{d\widetilde{s}} - \cos\theta_{e3} = 0,$$

$$\frac{d\widetilde{y}}{d\widetilde{s}} - \sin\theta_{e3} = 0. \tag{5.39}$$

Die Winkel θ_i und θ_{ei} sind nur dann identisch, wenn die unbelastete Form eines Balkens gerade ist. In Abb. 5.5 b sind verschiedene Schlauchformen für unterschiedliche dimensionslose Kräfte von 1 bis 6 gezeigt.

Zusätzlich zur Kraft, die durch das Ausfließen der Flüssigkeit entsteht, wird weiterhin auch die Kraft F_1 auf die Stirnfläche des Schlauchs berücksichtigt. Diese entsteht durch den inneren Druck. Des Weiteren wird die Wirkung der strömenden Flüssigkeit auf die gesamte Länge des Schlauchs betrachtet (Abb. 5.6). Ein Flüssigkeitselement dm, das eine konstante Geschwindigkeit $\mathbf{v}$ besitzt, wirkt mit einer Kraft $d\mathbf{F_n}$ stets orthogonal zu der Balkenachse auf den Schlauch:

$$dF_n \mathbf{e_2} = -dm\,R\omega^2 \mathbf{e_2} = -dm\frac{v^2}{R}\mathbf{e_2}. \tag{5.40}$$

Die Kraft, die als d'ALEMBERTsche Kraft, Trägheitskraft oder Zentrifugalkraft bezeichnet wird, hängt vom Krümmungsradius R des verformten Schlauchs ab. Wenn eine *Streckenlast* auf den Schlauch ausgeübt wird, ergibt sich daraus folgender Zusammenhang:

$$q_2 = \frac{dF_n}{dL} = -\rho\pi r^2 \frac{v^2}{R} = -\rho\pi\kappa_3 r^2 v^2. \tag{5.41}$$

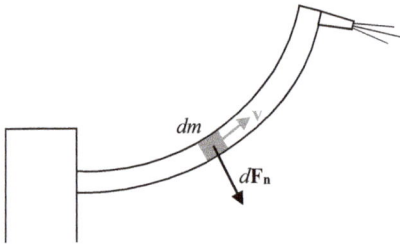

Abb. 5.6: Auswirkung der strömenden Flüssigkeit auf den verformten Schlauch: Ein Flüssigkeitselement mit konstanter Geschwindigkeit $\mathbf{v}$ wirkt mit einer Kraft $d\mathbf{F_n}$ orthogonal zu seiner Balkenachse auf den Schlauch ein.

Die Streckenlast q_2 aus Gleichung (5.41) wird in der zweiten Gleichung aus (5.28) berücksichtigt. Zur dimensionslosen Darstellung der Streckenlast wird die folgende dimensionslose Größe eingeführt:

$$\tilde{q}_2 = \frac{q_2 l^3}{EI_3}. \tag{5.42}$$

Es ergeben sich die folgenden Gleichungen:

$$\frac{d\widetilde{Q}_1}{d\widetilde{s}} - \widetilde{\kappa}_3 \widetilde{Q}_2 = 0,$$

$$\frac{d\widetilde{Q}_2}{d\widetilde{s}} + \widetilde{\kappa}_3 \widetilde{Q}_1 + \widetilde{q}_2 = 0, \qquad (5.43)$$

$$\frac{d\widetilde{\kappa}_3}{d\widetilde{s}} + \widetilde{Q}_2 = 0$$

mit den Randbedingungen:

$$\widetilde{Q}_1(1) = \widetilde{F}_1,$$

$$\widetilde{Q}_2(1) = \widetilde{F}_2, \qquad (5.44)$$

$$\widetilde{\kappa}_3(1) = 0.$$

Diese Gleichungen bilden ein Anfangswertproblem und können numerisch gelöst werden. Die Belastungen, nämlich die Kraft von der ausfließenden Flüssigkeit und die Streckenlast, die durch die im Schlauch strömende Flüssigkeit verursacht wird, sind proportional zum Quadrat der Geschwindigkeit. Mit steigender Geschwindigkeit nimmt der Betrag der Kraft $\mathbf{F}_2$ zu. Daraufhin wird die Krümmung des verformten Schlauchs größer. Eine größere Krümmung führt nach Gleichung (5.41) zu einem höheren Betrag der Streckenlast.

5.1.3 Zwei hohle Balken mit nicht konstanten Querschnittsflächen

Gegeben sind zwei Balken mit nicht konstanten Querschnitten entlang der Balkenachse (Abb. 5.7). Der erste Balken hat einen konstanten Außenradius r_0 und einen konisch geformten Hohlraum. Der zweite Balken weist einen konischen Außenradius und einen zylindrischen Innenraum auf. Beide Systeme sind mit einem eingebetteten Faden versehen, der parallel und mit gleichem Abstand zur Balkenachse verläuft. Wenn der Innendruck in einem der Balken erhöht wird, kommt es zu dessen Biegung. Das System fungiert als *fluidmechanischer nachgiebiger Aktuator* und findet Anwendung in technischen sowie medizintechnischen Sonden. Außerdem kann derartige Aktuierungsart bei Cochlea-Implantaten [57] verwendet werden, wofür in Abschnitt 7.2 Beispiele aufgezeigt werden.

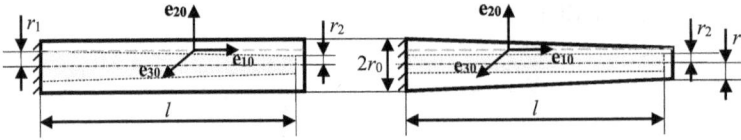

Abb. 5.7: Zwei Stäbe mit jeweils einem Hohlraum und einem eingebetteten Faden: a – der erste Balken: ein zylinderförmiger Balken mit einem konischen Hohlraum; b – der zweite Balken: ein konisch geformter Balken mit einem zylindrischen Hohlraum.

Für den ersten Balken mit dem Innenradius r_i gelten folgende geometrische Parameter:

$$r_i(s) = r_1 - \frac{r_1 - r_2}{l}s,$$

$$A_P(s) = \pi r_i^2(s),$$

$$A'_P(s) = \frac{dA_P}{ds},$$

$$I_3(s) = \pi \frac{r_0^4 - r_i^4(s)}{4} + r_1^2 \pi (r_0^2 - r_i^2(s)).$$

(5.45)

Das Flächenträgheitsmoment $I_3(s)$ wird bezüglich der Achse $\mathbf{e}_3$ bzw. $\mathbf{e}_{30}$ aufgestellt. Der zweite Balken mit dem Außenradius $r_a(s)$ wird durch folgende Parameter beschrieben:

$$r_a(s) = r_0 - \frac{r_0 - r_1}{l}s,$$

$$A_P(s) = \pi r_2^2,$$

$$A'_P(s) = 0,$$

$$I_3(s) = \pi \frac{r_a^4(s) - r_2^4}{4} + r_1^2 \pi (r_a^2(s) - r_2^2).$$

(5.46)

Zur Beschreibung der Verformungen dieser Stäbe unter Innendruck werden Differentialgleichungen (4.152) verwendet. Die beiden letzten Gleichungen werden durch die Gleichungen (4.156) ersetzt, um die verformten Formen der Biegelinien darzustellen.

$$\frac{dQ_1}{ds} - \kappa_3 Q_2 - pA'_P = 0,$$

$$\frac{dQ_2}{ds} + \kappa_3(Q_1 - pA_P) = 0,$$

$$\frac{dM_3}{ds} + Q_2 - hpA'_P = 0,$$

$$\frac{d\theta_{e3}}{ds} - \kappa_3 = 0,$$
(5.47)

$$\frac{dx}{ds} - \cos\theta_{e3} = 0,$$

$$\frac{dy}{ds} - \sin\theta_{e3} = 0$$

Weiterhin werden dimensionslose Parameter eingeführt. Diese erlauben es, die Untersuchungen unabhängig von Materialparametern und Balkengrößen durchzuführen:

$$\tilde{s} = \frac{s}{l}, \quad \tilde{l} = \frac{l}{l} = 1, \quad \tilde{\kappa}_3 = \kappa_3 l, \quad \tilde{h} = \frac{h}{l}, \quad \tilde{x} = \frac{x}{l},$$

$$\tilde{y} = \frac{y}{l}, \quad \tilde{r}_j = \frac{r_j}{l}, j = 0,1,2, \quad \tilde{A}_p = \frac{A_P}{l^2}, \quad \widetilde{EI}_3 = \frac{EI_3}{EI_3(s_0)},$$
(5.48)

$$\tilde{M}_3 = \frac{M_3 l}{EI_3(s_0)}, \quad \tilde{Q}_j = \frac{Q_j l^2}{EI_3(s_0)}, j = 1,2, \quad \tilde{p} = \frac{pl^3}{EI_3(s_0)}.$$

Für den ersten Balken wird $s_0 = l$ und für den zweiten $s_0 = 0$ gesetzt. Die Form der Gleichungen (5.47) bleibt auch mit dimensionslosen Größen erhalten. Die Randbedingungen für beide Systeme sind:

$$\tilde{Q}_1(l) = \tilde{p}\tilde{A}_p(l), \quad \tilde{Q}_2(l) = 0, \quad \tilde{M}_3(l) = \tilde{h}\tilde{p}\tilde{A}_p(l),$$

$$\tilde{\theta}_3(0) = 0, \quad \tilde{x}(0) = 0, \quad \tilde{y}(0) = 0.$$
(5.49)

Für die Berechnungen werden folgende dimensionslose Parameter verwendet:

$$\tilde{r}_0 = 0,1, \quad \tilde{r}_1 = \tilde{h} = 0,08, \quad \tilde{r}_2 = 0,06, \quad \tilde{p} = \{200, 400, 800\}.$$
(5.50)

Die Ergebnisse sind in (Abb. 5.8) für drei verschiedene Drücke dargestellt. Der erste Balken weist immer größere Verschiebungen auf als der zweite Balken. Der zweite Balken weist eine größere Krümmung in der zweiten Hälfte der Länge auf, während der erste Balken eine größere Krümmung in der ersten Hälfte der Länge aufweist.

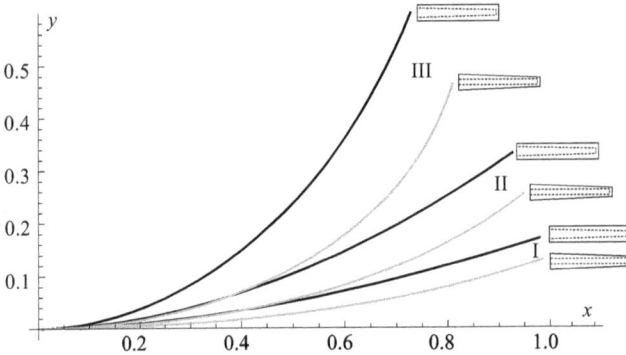

Abb. 5.8: Verformung von zwei Stäben im Vergleich; die schwarze Kurve zeigt den ersten Balken, einen zylinderförmigen Balken mit einem konischen Hohlraum, die graue Kurve zeigt den zweiten Balken, einen konisch geformten Balken mit einem zylindrischen Hohlraum; I – beide Stäbe wurden unter einem dimensionslosen Innendruck von 200, II – von 400 und III – von 800 untersucht.

5.1.4 Ein beschichtetes Hohlraumsystem

Ein hohler Balken mit quadratischem Querschnitt und einer Länge von $2l$ ist auf seiner oberen Seite im Bereich der ersten Längenhälfte beschichtet. Die untere Seite ist entlang der restlichen Länge beschichtet (vgl. Abb. 5.9 a). Die Beschichtung wird als biegeschlaff, längenbeständig und mit vernachlässigbarer Schichtdicke angenommen. Wenn der Druck im Hohlraum mit einer Querschnittsfläche A erhöht wird, verformt sich der Balken. Die neutrale Faser verläuft in der Fläche der Beschichtung somit zunächst oberhalb und dann unterhalb des Balkens. Es werden zwei gleich lange Bereiche betrachtet. Im Bereich I wirken ein Moment $\mathbf{M_I}$ und eine Kraft $\mathbf{F_P}$. Die Wirkung des Moments $\mathbf{M_{II}}$ und der Kraft $\mathbf{F_P}$ am Ende des Balkens gilt nur für den Bereich II (Abb. 5.9 b). Die Kraft $\mathbf{F_P}$ und die Momente $\mathbf{M_I}$ und $\mathbf{M_{II}}$, die aufgrund des asymmetrisch angeordneten Hohlraums unterschiedlich vom Betrag sind, lassen sich wie folgt darstellen:

$$F_P = pA,$$
$$M_I = F_P h_I,$$
$$M_{II} = -F_P h_{II}.$$

(5.51)

Für beide Bereiche des Balkens werden zunächst die Gleichgewichtsgleichungen für Kräfte aufgestellt. Diese haben in jedem Bereich identische Form und werden wie folgt notiert:

$$\frac{dQ_1}{ds} - \kappa_3 Q_2 = 0,$$

$$\frac{dQ_2}{ds} + \kappa_3(Q_1 - F_P) = 0. \tag{5.52}$$

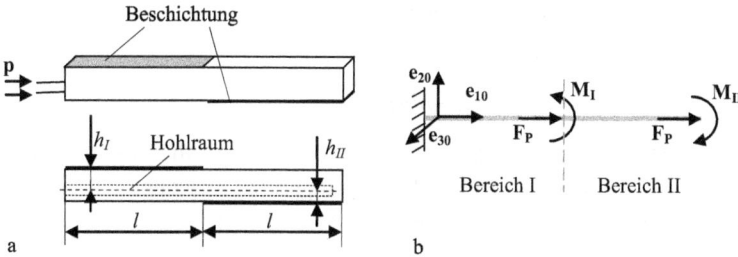

Abb. 5.9: Ein beschichteter Hohlraumbalken unter äußeren Belastungen: a – ein hohler Balken mit einem quadratisch geformten Querschnitt mit Beschichtung (biegeschlaff und längenbeständig); b – Modellbalken unter Einwirkung von zwei Momenten und zwei Kräften, die durch die Erhöhung des Innendrucks hervorgerufen werden.

Nach dem Einfügen eines neuen Parameters

$$Q_{1P} = Q_1 - F_P \tag{5.53}$$

wird für jeden Bereich eine Gleichung gemäß Gleichungen (5.52) erstellt:

$$Q_{1P}^2 + Q_2^2 = 0. \tag{5.54}$$

Unter Berücksichtigung der Randbedingungen beider Bereiche

$$Q_{1P}(l) = Q_2(l) = 0,$$

$$Q_{1P}(2l) = Q_2(2l) = 0 \tag{5.55}$$

wird eine Lösung für die Schnittkräfte erarbeitet:

$$Q_{1P} = Q_2 = 0. \tag{5.56}$$

Diese Lösung soll in der nächsten Gleichung berücksichtigt werden, nämlich in der Gleichgewichtsbedingung für Moment im Balken. Außerdem wird das Moment in der Mitte des Balkens mithilfe der DIRACschen Deltafunktion in die Momentengleichung eingeführt, um eine Gesamtgleichung für beide Bereiche zu erhalten:

$$\frac{dM_3}{ds} + M_I \delta_D(s - l) = 0, \quad 0 \leq s \leq 2l. \tag{5.57}$$

Eine Randbedingung für diese Gleichung ist:

$$M_3(2l) = -M_{II}, \quad l < s \leq 2l. \tag{5.58}$$

Nach Integration der Gleichung (5.57) unter Berücksichtigung der Randbedingung (5.58) und der Tatsache, dass der linke Bereich des Balkens, Bereich I, nur durch das Moment M_I belastet wird und der zweite Bereich nur durch das Moment M_{II}, ergibt sich die Lösung für das Schnittmoment:

$$M_3 = M_I - (M_I - M_{II})H(s - l). \tag{5.59}$$

Nach einer Einführung der Krümmung in die letzte Gleichung anhand des Zusammenhangs (4.153) wird diese in die Gleichung für θ_{e3} eingesetzt. Anschließend werden die Gleichungen für jeden der beiden Bereiche separat betrachtet.

$$\frac{d\theta_{e3}}{ds} = \begin{cases} \frac{M_I}{EI_{3I}}, & 0 \leq s \leq l, \\ \frac{M_{II}}{EI_{3II}}, & l < s \leq 2l \end{cases} \tag{5.60}$$

Die Flächenträgheitsmomente I_{3I} und I_{3II} sind in jedem Bereich jeweils konstant. Demzufolge ist die Krümmung κ_3 in jedem Bereich konstant, wodurch die Bereiche des Balkens jeweils die Form eines Kreisbogens aufweisen. Bei der weiteren Integration der Gleichung (5.60) müssen eine Randbedingung und eine Übergangsbedingung berücksichtigt werden. Die Übergangsbedingung wird für $s = l$ sowohl von links (indiziert durch „–") als auch von rechts (indiziert durch „+") aufgestellt.

$$\theta_{e3}(0) = 0, \quad \theta_{e3}(l_-) = \theta_{e3}(l_+) \tag{5.61}$$

Für den Winkel θ_{e3} gilt daher:

$$\theta_{e3} = \begin{cases} \frac{M_I}{EI_{3I}} s, & 0 \leq s \leq l, \\ \frac{M_{II}}{EI_{3II}} s + \frac{M_I l}{EI_{3I}} - \frac{M_{II} l}{EI_{3II}}, & l < s \leq 2l. \end{cases} \tag{5.62}$$

Die Winkel θ_{e3} und θ_3 sind bei einer ursprünglich geraden Form des Balkens gleich groß. Daher können die Gleichungen (4.180) für x und y verwendet werden, um eine verformte Form des Balkens im kartesischen Koordinatensystem darzustellen. Bei der Ermittlung der Integrationskonstanten sind zwei Randbedingungen sowie zwei Übergangsbedingungen zu berücksichtigen:

$$x(0) = 0, \quad y(0) = 0,$$
$$x(l_-) = x(l_+), \quad y(l_-) = y(l_+). \tag{5.63}$$

Die Darstellung der Form des belasteten Balkens wird wie folgt beschrieben:

$$
x = \begin{cases} \frac{EI_{3I}}{M_I} \sin\left(\frac{M_I}{EI_{3I}} s\right), & 0 \leq s \leq l, \\[2mm] \frac{EI_{3II}}{M_{II}} \sin\left(\frac{M_I l}{EI_{3I}} + \frac{M_{II}}{EI_{3II}}(s-l)\right) \\[2mm] \quad + \left(\frac{EI_{3I}}{M_I} - \frac{EI_{3II}}{M_{II}}\right)\sin\frac{M_I l}{EI_{3I}}, & l < s \leq 2l, \end{cases} \tag{5.64}
$$

$$
y = \begin{cases} \frac{EI_{3I}}{M_I}\left(1 - \cos\left(\frac{M_I}{EI_{3I}} s\right)\right), & 0 \leq s \leq l, \\[2mm] -\frac{EI_{3II}}{M_{II}}\cos\left(\frac{M_I l}{EI_{3I}} + \frac{M_{II}}{EI_{3II}}(s-l)\right) \\[2mm] \quad -\left(\frac{EI_{3I}}{M_I} - \frac{EI_{3II}}{M_{II}}\right)\cos\frac{M_I l}{EI_{3I}} + \frac{EI_{3I}}{M_I}, & l < s \leq 2l. \end{cases} \tag{5.65}
$$

Ein Balken mit den folgenden Parametern im verformten Zustand ist in Abb. 5.10 a dargestellt:

$$
l = 1 \text{ Längeneinheit}, \quad \frac{M_I l}{EI_{3I}} = 1, \quad \frac{M_{II} l}{EI_{3II}} = -2. \tag{5.66}
$$

Es besteht ein Zusammenhang zwischen den Momenten M_I und M_{II}, die zu einer Sonderposition des Balkens führen, bei der das Ende des Balkens auf der x-Achse liegt. Basierend auf Bedingung $y(2l) = 0$ und Gleichung (5.65) ergibt sich folgender Zusammenhang:

$$
\frac{EI_{3II}}{M_{II} l}\cos\left(\frac{M_I l}{EI_{3I}} + \frac{M_{II} l}{EI_{3II}}\right) + \left(\frac{EI_{3I}}{M_I l} - \frac{EI_{3II}}{M_{II} l}\right)\cos\frac{M_I l}{EI_3} - \frac{EI_{3I}}{M_I l} = 0. \tag{5.67}
$$

Diese Gleichung kann numerisch gelöst werden, indem ein gegebenes Moment, z. B. M_I eingesetzt und das Moment M_{II} bestimmt wird. Hierfür können zusammengesetzte Parameter wie in (5.66) verwendet werden. Die Gleichung kann dann entweder eine, keine oder mehrere Lösungen haben. Es ist wichtig, ihre Zweckmäßigkeit zu überprüfen.

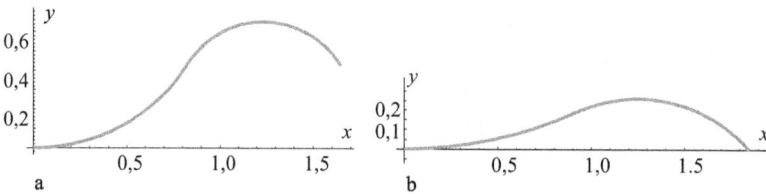

Abb. 5.10: Verformung des beschichteten hohlen Balkens: a – ein verformter Balken mit Parametern aus (5.66); b – ein verformter Balken mit Parametern aus (5.68), das Ende des Balkens liegt auf der x-Achse.

In Abb. 5.10 b ist ein verformter Balken dargestellt, dessen Ende sich auf der x-Achse befindet. Es ist zu beachten, dass bei dieser Betrachtung nur die Balkenachse und nicht die Höhe des Balkens berücksichtigt wird. Es werden folgende Parameter verwendet, wobei der letzte Ausdruck aus Gleichung (5.67) errechnet wird:

$$l = 1 \text{ Längeneinheit}, \quad \frac{M_I l}{EI_3} = 0,3, \quad \frac{M_{II} l}{EI_3} \approx -0,91. \tag{5.68}$$

5.2 Räumliche Probleme im mitgeführten Koordinatensystem

Räumliche Aufgaben umfassen Verformungen von räumlich geformten Balkenstrukturen unter Einwirkung äußerer Belastungen. Darüber hinaus sollen mit Hilfe der Verformungsgleichungen für räumliche Probleme auch Aufgaben gelöst werden, bei denen es um die Verformung von ebenen Strukturen geht, die durch diese Verformung eine räumliche Form annehmen. Die folgenden Beispiele demonstrieren Untersuchungen zur Verformung von ebenen und nicht ebenen, balkenförmigen Strukturen unter der Wirkung von richtungstreuen Belastungen im dreidimensionalen Raum. Eine der Strukturen ist ein fluidmechanischer Aktuator, der als ein Greiferfinger oder als eine Sonde verwendet werden kann. Eine weitere Struktur stellt einen Bohrer unter der Wirkung äußerer Momente dar.

5.2.1 Ein schraubenlinienförmiger Balken unter Innendruck

Ein Balken mit einer ursprünglichen Form als Schraubenlinie verfügt über einen Hohlraum. Er wird unter Innendruck belastet und ist radial verstärkt. In die Wand des Balkens an der Innenseite der Schraubenlinie und entlang der Balkenachse ist ein längenbeständiger biegeschlaffer Faden eingebettet, der als eine neutrale Faser angenommen wird. Unter Innendruck im Hohlraum kommt es zu einer Verformung des schraubenlinienförmigen Balkens. Das kartesische Koordinatensystem hat seinen Ursprung in der Mitte des Kreises, der die Schraubenlinie bildet. An der Stelle von $s = 0$ gilt $z = 0$. Mit zunehmendem z wächst auch die Koordinate s (Abb. 5.11 a–b). Das Dreibein des mitgeführten Koordinatensystems $\{e_{i0}\}$, $i = 1,2,3$, entspricht einem natürlichen Koordinatensystem des Balkens. Der Koordinatenursprung des mitgeführten Koordinatensystems fällt mit dem eingebetteten Faden zusammen. Dieser liegt in einem Abstand h von der Querschnittsmitte.

Die Form der Schraubenlinie wird durch die Steigung und den Radius R charakterisiert. Die Steigung wird durch den Winkel ψ zwischen der xy-Ebene und der Tangente zur neutralen Faser beschrieben. Der Parameter r_i steht für den Radius des Innenraums und r_a für den Außenradius des Balkens (siehe Abb. 5.11 b).

Es handelt sich hier um eine verteilte Nachgiebigkeit im System. Auch kleine Dehnungen können zu großen Verformungen führen. Wenn der Balken aus einem hochelastischen Material mit nichtlinearen Materialeigenschaften gefertigt wird, können nur im Falle kleiner Dehnungen im Balken linear elastische Materialeigenschaften angenommen werden. Die Spannung ist nahezu gleichmäßig über die Länge des Balkens verteilt.

Bei der Ermittlung der Flächenträgheitsmomente bezüglich der Achsen des mitgeführten Koordinatensystems sollte der STEINERsatz verwendet werden:

$$I_1 = \frac{\pi(r_a^4 - r_i^4)}{2} + \pi(r_a^2 - r_i^2)h^2,$$

$$I_2 = \frac{\pi(r_a^4 - r_i^4)}{4}, \tag{5.69}$$

$$I_3 = I_2 + \pi(r_a^2 - r_i^2)h^2.$$

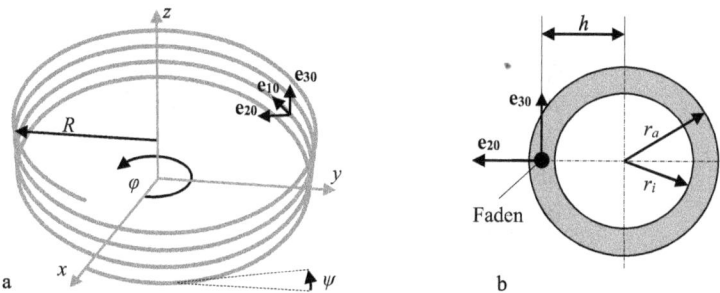

Abb. 5.11: Ein schraubenlinienförmiger Balken mit einem Hohlraum unter Innendruck und einem eingebetteten Faden, als eine neutrale Faser: a – der Winkel ψ und der Radius R zur Charakterisierung der Form der Schraubenlinie; b – der Querschnitt des Balkens mit Basisvektoren $\mathbf{e}_{30}$ sowie $\mathbf{e}_{20}$, deren Ursprung auf dem eingebetteten Faden liegt; r_i und r_a sind der Innen- und Außenradius des Querschnitts.

Um die Schraubenlinie im kartesischen Koordinatensystem darzustellen, wird neben den gegebenen Größen R und ψ der laufende Winkel φ benötigt. Dieser Winkel wird in der xy-Ebene von der x-Achse aus gemessen.

$$x = R \cos\varphi,$$

$$y = R \sin\varphi, \tag{5.70}$$

$$z = R\varphi \tan\psi$$

In diesem Fall fallen das mitgeführte Koordinatensystem und das natürliche Koordinatensystem für die ursprüngliche Form des Systems zusammen. Die Krümmung und die Drillung werden in [52] im natürlichen Koordinatensystem dargestellt. Für die gegebene Schraubenlinie sind sowohl die Krümmung als auch die Drillung konstante Größen:

$$\kappa_{n1} = \kappa_{(10)} = \frac{1}{2R} \sin 2\psi,$$

$$\kappa_{n2} = \kappa_{(20)} = 0, \tag{5.71}$$

$$\kappa_{n3} = \kappa_{(30)} = \frac{1}{R} \cos^2 \psi.$$

Die ersten drei Gleichungen für Schnittkräfte aus (4.143) lassen sich durch eine Substitution wie folgt

$$Q_{1P} = Q_1 - F_P,$$

$$F_P = p\pi r_i^2 \tag{5.72}$$

kompakt darstellen:

$$\frac{dQ_{1P}}{ds} + \kappa_2 Q_3 - \kappa_3 Q_2 = 0,$$

$$\frac{dQ_2}{ds} - \kappa_1 Q_3 + \kappa_3 Q_{1P} = 0, \tag{5.73}$$

$$\frac{dQ_3}{ds} + \kappa_1 Q_2 - \kappa_2 Q_{1P} = 0.$$

Gemäß den Erläuterungen für das Beispiel in (5.1.4) ergibt sich aus Gleichungen (5.73) folgende Gleichung:

$$Q_{1P}\frac{dQ_{1P}}{ds} + Q_2\frac{dQ_2}{ds} + Q_3\frac{dQ_3}{ds} = 0. \tag{5.74}$$

Nach der Integration und Berücksichtigung der Randbedingungen

$$Q_{1P}(0) = 0,$$

$$Q_2(0) = 0, \tag{5.75}$$

$$Q_3(0) = 0$$

werden die Schnittkräfte ermittelt:

$$Q_{1P} = 0,$$

$$Q_2 = 0, \tag{5.76}$$

$$Q_3 = 0.$$

Für weitere Untersuchungen werden dimensionslose Parameter verwendet (5.77). Die geometrischen Größen beziehen sich hier auf den Krümmungsradius.

$$\tilde{s} = \frac{s}{R}, \quad \tilde{L} = \frac{L}{R}, \quad \tilde{R} = \frac{R}{R} = 1, \quad \tilde{h} = \frac{h}{R}, \quad \tilde{r}_i = \frac{r_i}{R},$$

$$\tilde{r}_a = \frac{r_a}{R}, \quad \tilde{F}_P = \frac{F_P R^2}{EI_3}, \quad \tilde{G} = \frac{G}{E}, \quad \tilde{E} = \frac{E}{E} = 1, \tag{5.77}$$

$$\tilde{p} = \frac{pR^4}{EI_3}, \quad \tilde{I}_i = \frac{I_i}{I_3}, \quad \tilde{u}_i = \frac{u_i}{R}, \quad \tilde{\kappa}_i = \kappa_i R, \quad i = 1, 2, 3$$

Die Zusammenhänge (4.146) zwischen den Momenten und κ_i werden zunächst in die Gleichungen für Momente aus (4.143) eingesetzt. Anschließend können die folgenden dimensionslosen Gleichungen unabhängig von den weiteren Gleichungen gelöst werden.

$$\tilde{G}\tilde{I}_1 \frac{d\tilde{\kappa}_1}{d\tilde{s}} + \tilde{\kappa}_2\tilde{\kappa}_3(1 - \tilde{I}_2) - \tilde{\kappa}_2\tilde{\kappa}_{(30)} - \tilde{h}\tilde{F}_P\tilde{\kappa}_2 = 0,$$

$$\tilde{I}_2 \frac{d\tilde{\kappa}_2}{d\tilde{s}} - \tilde{\kappa}_1\tilde{\kappa}_3(1 - \tilde{G}\tilde{I}_1) + \tilde{\kappa}_1\tilde{\kappa}_{(30)} - \tilde{G}\tilde{I}_1\tilde{\kappa}_{(10)}\tilde{\kappa}_3 = 0, \tag{5.78}$$

$$\frac{d\tilde{\kappa}_3}{d\tilde{s}} + \tilde{\kappa}_1\tilde{\kappa}_2(\tilde{I}_2 - \tilde{G}\tilde{I}_1) + \tilde{G}\tilde{I}_1\tilde{\kappa}_{(10)}\tilde{\kappa}_2 = 0$$

Die Randbedingungen für das Gleichungssystem (5.78) werden mithilfe der Gleichungen (4.146) ermittelt:

$$\tilde{\kappa}_1(L) = \tilde{\kappa}_{(10)},$$

$$\tilde{\kappa}_2(L) = \tilde{\kappa}_{(20)}, \tag{5.79}$$

$$\tilde{\kappa}_3(L) = \tilde{F}_P\tilde{h} + \tilde{\kappa}_{(30)}.$$

Die letzte Bedingung ergibt sich aus der Randbedingung für das Moment:

$$\tilde{M}_3(L) = \tilde{F}_P\tilde{h}. \tag{5.80}$$

Für die Lösung des Gleichungssystems (5.78) werden die folgenden Material- und geometrischen Parameter verwendet:

$$\tilde{r}_i = 0,05, \quad \tilde{r}_a = 0,07, \quad \tilde{h} = 0,06,$$

$$\tilde{L} = 8\pi, \quad \psi = 0,02, \quad \tilde{G} = \frac{1}{3}, \quad \tilde{p} = 400. \tag{5.81}$$

Weiterhin werden drei Gleichungen für θ_{ei}, $i = 1, 2, 3$, entsprechend den Gleichungen (4.144) aufgestellt:

$$\frac{d\theta_{e1}}{d\tilde{s}} - \tilde{\kappa}_1 - (\tilde{\kappa}_3 \cos\theta_{e1} - \tilde{\kappa}_2 \sin\theta_{e1})\tan\theta_{e2}$$

$$+ (\tilde{\kappa}_{10} \cos\theta_{e3} - \tilde{\kappa}_{20} \sin\theta_{e3})\sec\theta_{e2} = 0,$$

$$\frac{d\theta_{e2}}{d\tilde{s}} - \tilde{\kappa}_2 \cos\theta_{e1} + \tilde{\kappa}_3 \sin\theta_{e1} - \tilde{\kappa}_{10} \sin\theta_{e3} + \tilde{\kappa}_{20} \cos\theta_{e3} = 0, \tag{5.82}$$

$$\frac{d\theta_{e3}}{d\tilde{s}} - (\tilde{\kappa}_2 \sin\theta_{e1} - \tilde{\kappa}_3 \cos\theta_{e1})\sec\theta_{e2}$$

$$+ (\tilde{\kappa}_{20} \sin\theta_{e3} - \tilde{\kappa}_{10} \cos\theta_{e3})\tan\theta_{e2} + \tilde{\kappa}_{30} = 0.$$

Für die Lösung dieser Gleichungen werden die folgenden Randbedingungen verwendet:

$$\theta_{e1}(0) = 0,$$

$$\theta_{e2}(0) = 0, \tag{5.83}$$

$$\theta_{e3}(0) = 0.$$

Die Verformung des hohlen Balkens wird im kartesischen Koordinatensystem dargestellt. Gemäß Gleichungen (4.149) ergibt sich:

$$\frac{d\tilde{x}}{d\tilde{s}} = t_{11,0}t_{e11} + t_{21,0}t_{e12} + t_{31,0}t_{e13},$$

$$\frac{d\tilde{y}}{d\tilde{s}} = t_{12,0}t_{e11} + t_{22,0}t_{e12} + t_{32,0}t_{e13}, \tag{5.84}$$

$$\frac{d\tilde{z}}{d\tilde{s}} = t_{13,0}t_{e11} + t_{23,0}t_{e12} + t_{33,0}t_{e13}.$$

Das Gleichungssystem (5.84) kann numerisch unter Berücksichtigung der folgenden Randbedingungen gelöst werden:

$$\tilde{x}(0) = \tilde{R},$$

$$\tilde{y}(0) = 0, \tag{5.85}$$

$$\tilde{z}(0) = 0.$$

Die Elemente der Transformationsmatrizen t_{eik} und $t_{ik,0}$ sind den Matrizen aus (4.101) und (4.103) zu entnehmen. Hierfür ist die Matrix $\underline{\mathbf{T}}_0$ notwendig, deren Elemente die Winkel θ_{10}, θ_{20} und θ_{30} beinhalten. Diese können gemäß Gleichungen (4.106) für die ursprüngliche Form ermittelt werden:

$$\widetilde{\kappa}_{10} = \frac{d\theta_{10}}{d\widetilde{s}} - \frac{d\theta_{30}}{d\widetilde{s}}\sin\theta_{20},$$

$$\widetilde{\kappa}_{20} = \frac{d\theta_{20}}{d\widetilde{s}}\cos\theta_{10} + \frac{d\theta_{30}}{d\widetilde{s}}\sin\theta_{10}\cos\theta_{20}, \tag{5.86}$$

$$\widetilde{\kappa}_{30} = -\frac{d\theta_{20}}{d\widetilde{s}}\sin\theta_{10} + \frac{d\theta_{30}}{d\widetilde{s}}\cos\theta_{10}\cos\theta_{20}.$$

Die drei Randbedingungen für das letzte Gleichungssystem sind:

$$\theta_{10}(0) = 0,$$

$$\theta_{20}(0) = 0, \tag{5.87}$$

$$\theta_{30}(0) = 0.$$

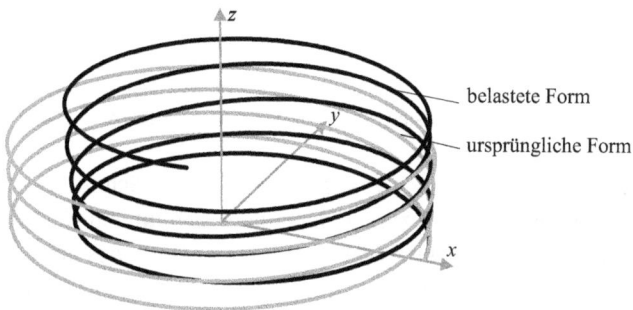

Abb. 5.12: Darstellung der ursprünglichen und der belasteten Form des schraubenlinienförmigen Balkens.

Die Koordinaten der ursprünglichen Balkenform lassen sich durch das folgende Gleichungssystem beschreiben, ähnlich zu den Gleichungen (4.172):

$$\frac{d\widetilde{x}}{d\widetilde{s}} - \cos\theta_{20}\cos\theta_{30} = 0,$$

$$\frac{d\widetilde{y}}{d\widetilde{s}} - \cos\theta_{20}\sin\theta_{30} = 0, \tag{5.88}$$

$$\frac{d\widetilde{z}}{d\widetilde{s}} + \sin\theta_{20} = 0.$$

Die Randbedingungen für die letzten Differentialgleichungen können gemäß (5.85) angewendet werden.

In Abb. 5.12 sind eine unbelastete und eine belastete Form des schraubenlinienförmigen Balkens dargestellt. Der Krümmungsradius nimmt unter Innendruck ab, währen die Höhe der Schraubenlinie zunimmt.

5.2.2 Ein Bohrer unter Belastung durch Momente

Ein Bohrer mit der Länge L wird in seinem ursprünglichen Zustand als ein Balken mit einer Drillung $\kappa_{(10)}$ beschrieben. Während des Bohrens steht er unter der Wirkung eines Moments. Das Moment besteht aus drei Komponenten und wirkt am Ende des Bohrers.

$$\mathbf{M_L} = M_{L1}\mathbf{e_1} + M_{L2}\mathbf{e_2} + M_{L3}\mathbf{e_3} \qquad (5.89)$$

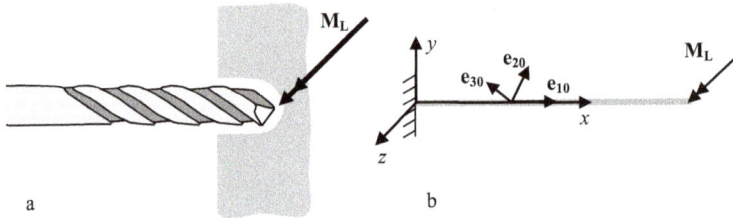

Abb. 5.13: Ein Bohrer unter Einwirkung eines Moments: a – ein Bohrer mit einem einwirkenden Moment am Ende; b – ein Modell des Bohrers, der Balken besitzt eine Drillung in seinem ursprünglichen Zustand.

Auf den Balken (Bohrer) wirken keine äußeren Kräfte, daher sind die Schnittkräfte gleich Null. Obwohl der Balken eine gerade Form hat, handelt es sich um ein räumliches Problem, da der Balken unter der Wirkung von drei Komponenten des einwirkenden Moments eine räumliche Form annehmen wird. Die ursprüngliche Form des Balkens wird wie folgt beschrieben:

$$\kappa_{(10)} = \text{konst}, \quad \kappa_{(20)} = 0, \quad \kappa_{(30)} = 0. \qquad (5.90)$$

Für die Berechnung der Momente werden Gleichungen aus (4.143) unter Verwendung der Zusammenhänge (4.146) zwischen den Momenten und κ_i angewendet:

$$\frac{d\kappa_1}{ds} = 0,$$

$$\frac{d\kappa_2}{ds} - \kappa_1\kappa_3(1-\lambda) - \lambda\kappa_{(10)}\kappa_3 = 0, \qquad (5.91)$$

$$\frac{d\kappa_3}{ds} + \kappa_1\kappa_2(1-\lambda) + \lambda\kappa_{(10)}\kappa_2 = 0.$$

Der Parameter λ ist der Quotient zwischen Torsions- und Biegesteifigkeiten des Balkens, wobei beide Biegesteifigkeiten gleich groß angenommen werden, um eine bessere Übersichtlichkeit der Ergebnisse zu erzielen.

$$\frac{GI_1}{EI_2} = \frac{GI_1}{EI_3} = \lambda \qquad (5.92)$$

Die Randbedingungen für das Gleichungssystem (5.91) ergeben sich aus den Gleichungen (4.146):

$$\kappa_1(L) = \kappa_{(10)} + \frac{M_{L1}}{GI_1},$$

$$\kappa_2(L) = \frac{M_{L2}}{EI_2}, \tag{5.93}$$

$$\kappa_3(L) = \frac{M_{L3}}{EI_3}.$$

Der Parameter κ_1 kann aus der ersten Gleichung des Gleichungssystems (5.91) ermittelt werden.

$$\kappa_1 = \kappa_{(10)} + \frac{M_{L1}}{GI_1} \tag{5.94}$$

Die Drillung κ_1 bleibt über die gesamte Balkenlänge konstant. Es müssen nun zwei Gleichungen für κ_2 und κ_3 gelöst werden:

$$\frac{d\kappa_2}{ds} - \kappa_3 \left(\kappa_{(10)} + \frac{M_{L1}}{GI_1}(1-\lambda) \right) = 0,$$

$$\frac{d\kappa_3}{ds} + \kappa_2 \left(\kappa_{(10)} + \frac{M_{L1}}{GI_1}(1-\lambda) \right) = 0. \tag{5.95}$$

Dieses Gleichungssystem kann entweder in Vektorform oder durch direkte Umstellung der Gleichungen gelöst werden. Bei letzterer Methode ergibt sich eine Gleichung zweiter Ordnung für κ_2:

$$\frac{d^2\kappa_2}{ds^2} + \kappa_2 K^2 = 0. \tag{5.96}$$

Die Konstante K wurde für den folgenden Ausdruck eingeführt:

$$K = \left(\kappa_{(10)} + \frac{M_{L1}}{GI_1}(1-\lambda) \right). \tag{5.97}$$

Die Gleichung (5.96) erfordert zwei Randbedingungen für κ_2. Eine Randbedingung wurde bereits in (5.93) festgelegt. Eine weitere Randbedingung ergibt sich aus der ersten Gleichung des Gleichungssystems (5.95):

$$\frac{d\kappa_2(L)}{ds} = K\kappa_3(L) = K\frac{M_{L3}}{EI_3}. \tag{5.98}$$

Die Lösung für Gleichung (5.96) ist wie folgt:

$$\kappa_2 = \left(\frac{M_{L2}}{EI_2} \sin KL + \frac{M_{L3}}{EI_3} \cos KL \right) \sin Ks$$

$$+ \left(\frac{M_{L2}}{EI_2} \cos KL - \frac{M_{L3}}{EI_3} \sin KL \right) \cos Ks. \tag{5.99}$$

Mithilfe dieser Lösung kann auch κ_3 aus einer der Gleichungen des Gleichungssystems (5.95) ermittelt werden:

$$\kappa_3 = \left(\frac{M_{L2}}{EI_2} \sin KL + \frac{M_{L3}}{EI_3} \cos KL \right) \cos Ks$$

$$- \left(\frac{M_{L2}}{EI_2} \cos KL - \frac{M_{L3}}{EI_3} \sin KL \right) \sin Ks. \tag{5.100}$$

Aus den Lösungen für κ_i, $i = 1,2,3$, die durch die Gleichungen (5.94), (5.99) und (5.100) dargestellt sind, lassen sich folgende Schlüsse ziehen. Die ursprüngliche Drillung des Balkens $\kappa_{(10)}$ sowie die Komponente des Moments M_{L1} beeinflussen die Parameter κ_2 und κ_3. Die Momente M_{L2} und M_{L3} haben jedoch keinen Einfluss auf die zu entstehende Drillung des Balkens κ_1.

Die Krümmung des verformten Bohrers kann mithilfe der Parameter κ_2 und κ_3 gemäß Ausdruck (4.42) berechnet werden:

$$\kappa_{n3}^2 = \kappa_2^2 + \kappa_3^2 = \left(\frac{M_{L2}}{EI_2} \right)^2 + \left(\frac{M_{L3}}{EI_3} \right)^2. \tag{5.101}$$

Folglich beeinflussen die ursprüngliche Drillung des Balkens und das Torsionsmoment M_{L1} die Krümmung des belasteten Balkens κ_{n3} nicht. Die Krümmung des Balkens bleibt über die gesamte Länge konstant und hängt von den Biegesteifigkeiten des Balkens EI_2 und EI_3 sowie von den Biegemomenten M_{L2} und M_{L3} ab.

Wenn entlang des Bohrers von der Stelle s_0 bis zum Ende eine Reibung auftritt, kann diese mithilfe der HEAVISIDEschen Funktion in der ersten Gleichung des Gleichungssystems (5.91) durch ein verteiltes Moment m_1 berücksichtigt werden:

$$\frac{d\kappa_1}{ds} + \frac{m_1}{GI_1} H(s - s_0) = 0. \tag{5.102}$$

Nach Beachtung der ersten Randbedingung in (5.93) ergibt sich eine Lösung für κ_1:

$$\kappa_1 = \kappa_{(10)} + \frac{M_{L1}}{GI_1} + \frac{m_1}{GI_1} \left((L - s_0) - (s - s_0) H(s - s_0) \right). \tag{5.103}$$

Der Parameter κ_1 hängt nur innerhalb der Strecke $L - s_0$ von der Koordinate s ab, nämlich von der Stelle s_0 bis zum Ende des Bohrers. Die Form der Gleichung (5.96) für κ_2 behält in diesem Fall ihre Gültigkeit, jedoch mit einer Größe K_0, die nur auf der oben genannten Strecke von s abhängt:

$$K_0 = \left((M_{L1} + m_1((L - s_0) - (s - s_0)H(s - s_0))) \frac{(1 - \lambda)}{GI_1} + \kappa_{(10)} \right). \tag{5.104}$$

Daher ist die Lösung der Gleichung

$$\frac{d^2\kappa_2}{ds^2} + \kappa_2 K_0{}^2 = 0 \tag{5.105}$$

von 0 bis s_0 identisch mit der Lösung (5.99), jedoch mit einer Größe K_0 anstelle von K. Die Lösung für κ_3 ergibt sich für die letzte Gleichung analog zur Lösung (5.100). Wenn K_0 dann für $s \geq s_0$ von s abhängt, wird die Gleichung

$$\frac{d^2\kappa_2}{ds^2} + \kappa_2(K_0(s))^2 = 0 \tag{5.106}$$

numerisch gelöst oder anhand einer Substitution

$$\frac{d\kappa_2}{ds} = \kappa_2 f_0(s) \tag{5.107}$$

zur *RICCATIschen Differentialgleichung* bezüglich $f_0(s)$ überführt. Dann kann die Gleichung (5.107) analytisch gelöst ([36]) und κ_2 ermittelt werden. Abschließend wird κ_3 aus der folgenden Gleichung gefunden:

$$\frac{d\kappa_2}{ds} - \kappa_3 K_0 = 0. \tag{5.108}$$

5.3 Ebene Probleme im kartesischen Koordinatensystem

Im kartesischen Koordinatensystem werden hauptsächlich Probleme mit richtungstreuen Belastungen gelöst. Es folgen drei Beispiele, welche die Anwendung der Verformungsgleichungen (4.175)–(4.177) für ebene Aufgabenstellungen im kartesischen Koordinatensystem veranschaulichen sollen. Die Beispiele umfassen zwei nachgiebige Sensorelemente, einen Greifer mit einem nachgiebigen Körper und einen nachgiebigen Mechanismus.

5.3.1 Ein Fühler zur Messung dynamischer Drücke

Im ersten Beispiel handelt es sich um ein nachgiebiges Element, das als Bestandteil (Fühler) eines Sensorsystems zur Messung des dynamischen Drucks einer Rohrströmung verwendet wird (Abb. 5.14 a). Es wird angenommen, dass die Strömungsgeschwindigkeit über den Rohrquerschnitt gleichmäßig verteilt ist und dass die Änderung der Geschwindigkeit innerhalb der Länge des nachgiebigen Elements vernachlässigt werden kann. Daraus ergibt sich eine konstante *Streckenlast q* auf die Länge L des nachgiebigen Elements (Abb. 5.14 b).

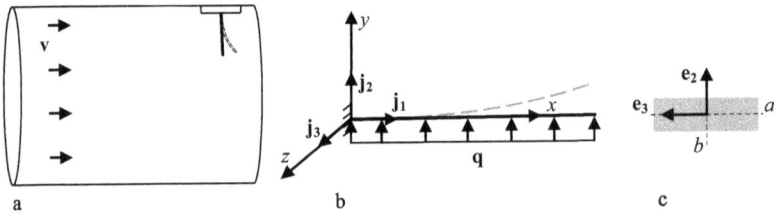

Abb. 5.14: Ein Fühler zur Messung dynamischer Drücke: a – schematische Darstellung eines nachgiebigen Elements, welches zur Messung des dynamischen Drucks einer Rohrströmung verwendet wird; b – ein Modell des nachgiebigen Elements mit einer konstanten verteilten Kraft als eine richtungstreue Belastung; c – Querschnitt des nachgiebigen Elements mit Abmessungen b und a.

Der Querschnitt des nachgiebigen Elements ist ein Rechteck mit den Abmessungen b und a. Das Element hat eine gerade Form, wodurch die Parameter θ_{30} und $\kappa_{(30)}$ gleich Null sind. Die Verformung des nachgiebigen Balkenelements wird durch die folgenden Gleichungen beschrieben, die auf dem Gleichungssystem (4.175)–(4.177) basieren:

$$\frac{dQ_x}{ds} = 0,$$

$$\frac{dQ_y}{ds} + q = 0,$$

$$\frac{dM_z}{ds} + Q_y \cos \theta_3 - Q_x \sin \theta_3 = 0,$$

$$\frac{d\theta_3}{ds} = \kappa_3, \tag{5.109}$$

$$\frac{du_x}{ds} = \cos \theta_3 - 1,$$

$$\frac{du_y}{ds} = \sin \theta_3,$$

$$M_z = EI_3 \kappa_3.$$

Für die Differenzialgleichungen dieses Gleichungssystems werden folgende Randbedingungen verwendet:

$$
\begin{aligned}
Q_x(L) &= 0, & \theta_3(0) &= 0, \\
Q_y(L) &= 0, & u_x(0) &= 0, \\
M_z(L) &= 0, & u_y(0) &= 0.
\end{aligned}
\tag{5.110}
$$

Die Streckenlast, die aus der Strömung resultiert, ist proportional zum Quadrat der Geschwindigkeit v, der Dichte des Mediums ρ_M im Rohr und der Schattenfläche des Balkenelements:

$$q = k_w L b \rho_M v^2. \tag{5.111}$$

Als ein Proportionalitätsfaktor wird hier die Konstante k_w verwendet. Das Flächenträgheitsmoment wird wie folgt berechnet:

$$I_3 = \frac{bh^3}{12}. \tag{5.112}$$

Die ersten beiden Gleichungen des Gleichungssystems (5.109) liefern die Lösungen für beide Schnittkräfte:

$$Q_x = 0,$$
$$Q_y = q(L - s). \tag{5.113}$$

Diese werden in die dritte Gleichung des Gleichungssystems (5.109) eingesetzt. Dabei wird auch der Zusammenhang zwischen dem Moment und der Krümmung (letzte Gleichung aus (5.109)) berücksichtigt. Auf diese Weise ergeben sich folgende vier Differentialgleichungen:

$$\frac{d\kappa_3}{ds} + \frac{q(L-s)}{EI_3} \cos \theta_3 = 0,$$
$$\frac{d\theta_3}{ds} = \kappa_3,$$
$$\frac{du_x}{ds} = \cos \theta_3 - 1,$$
$$\frac{du_y}{ds} = \sin \theta_3. \tag{5.114}$$

Um die Randbedingung für die erste Gleichung zu ermitteln, wird der Zusammenhang zwischen dem Moment und der Krümmung genutzt:

$$M_z(L) = EI_3 \kappa_3(L). \tag{5.115}$$

Die Randbedingungen für das Gleichungssystem (5.114) lassen sich wie folgt ausdrücken:

$$\kappa_z(L) = 0,$$
$$\theta_3(0) = 0,$$
$$u_x(0) = 0,$$
$$u_y(0) = 0. \tag{5.116}$$

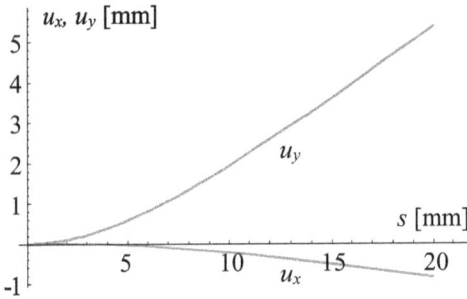

Abb. 5.15: Lösung für $u_x(s)$ und $u_y(s)$ für gegebene Werte der Parameter aus (5.117) für ein Modell eines nachgiebigen Elements aus Abb. 5.14.

In Abb. 5.15 ist eine numerische Lösung des nichtlinearen Gleichungssystems (5.114) mit den Randbedingungen (5.116) dargestellt. Die Parameter wurden dabei wie folgt gesetzt:

$$L = 20 \ mm, \quad b = 1 \ mm, \quad a = 0,1 \ mm,$$

$$q = 0,005 \ \frac{N}{mm}, \quad E = 2,1 \cdot 10^5 \ \frac{N}{mm^3}.$$

(5.117)

5.3.2 Nachgiebige Elemente zur Überwachung der Winkelgeschwindigkeit

Zwei nachgiebige stabförmige Elemente (Abb. 5.16) sind durch einen Starrkörperhebel der Länge 2R an einer drehenden Welle befestigt. Die nachgiebigen Elemente haben ursprünglich eine gerade Form mit der Länge L. Die Welle dreht sich und es kommt zur Verformung von nachgiebigen Elementen. Ein solches System kann als mechanische Überwachung der Winkelgeschwindigkeit dienen (Abb. 5.16 a). Wenn eine bestimmte Winkelgeschwindigkeit erreicht oder überschritten wird, biegen sich die nachgiebigen Elemente und kommen mit einem Kontaktkörper in Berührung. Der Luftwiderstand wird vernachlässigt, daher kann angenommen werden, dass das betrachtete nachgiebige Element in einer Ebene bleibt.

Auf eine Masse dm mit der entsprechenden Länge ds des nachgiebigen Balkenelements wirkt eine Fliehkraft dF, die mit der Winkelgeschwindigkeit und dem Abstand bis zur Drehachse zusammenhängt.

$$dF = dm\big(R + u_y(s)\big)\omega^2$$

(5.118)

Die auf das Balkenelement wirkende *Streckenlast* (Abb. 5.16 b) hängt von seiner Auslenkung (Verformung in y-Richtung) sowie von der Winkelgeschwindigkeit der Welle ab und wird wie folgt beschrieben:

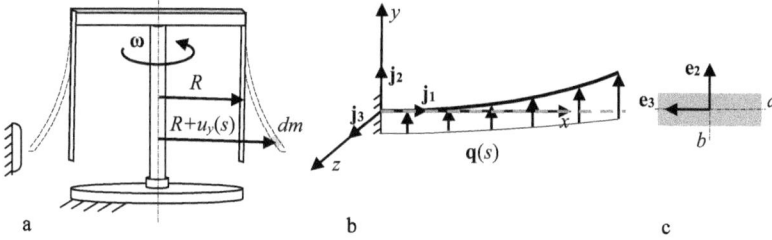

Abb. 5.16: Nachgiebige Elemente zur Überwachung der Winkelgeschwindigkeit einer Welle: a – schematische Darstellung der nachgiebigen Elemente in einem Überwachungssystem der Winkelgeschwindigkeit; b – ein Modell der nachgiebigen Elemente, von der Winkelgeschwindigkeit abhängige Streckenlast als eine richtungstreue Belastung; c – Querschnitt des nachgiebigen Elements mit Abmessungen b und a.

$$q(s) = \frac{dF}{ds} = \frac{\rho b a \, ds \left(R + u_y(s)\right) \omega^2}{ds} = \rho b a \left(R + u_y(s)\right) \omega^2. \tag{5.119}$$

Die nachgiebigen Elemente haben Dichte ρ und die Querschnittsabmessungen b und a (Abb. 5.16 c). Der Ausdruck (5.119) fließt in die Gleichung für Q_y ein, die nicht analytisch integriert werden kann. Das Gleichungssystem wird zunächst wie folgt aufgeschrieben, ausgehend von den Gleichungen (4.175)–(4.177):

$$\frac{dQ_x}{ds} = 0,$$

$$\frac{dQ_y}{ds} + \rho b a \left(R + k \, u_y(s)\right) \omega^2 = 0,$$

$$\frac{dM_z}{ds} + Q_y \cos\theta_3 - Q_x \sin\theta_3 = 0,$$

$$\frac{d\theta_3}{ds} = \kappa_3, \tag{5.120}$$

$$\frac{du_x}{ds} = \cos\theta_3 - 1,$$

$$\frac{du_y}{ds} = \sin\theta_3,$$

$$M_z = EI_3\kappa_3.$$

Anhand des Parameters k in der zweiten Gleichung kann ein Vergleich zwischen den Ergebnissen unter Berücksichtigung der Auslenkung des Elements ($k = 1$) oder unter Vernachlässigung seiner Auslenkung ($k = 0$) vorgenommen werden. Die Randbedingungen sind identisch mit den Randbedingungen (5.110) des vorherigen Beispiels. Die erste Gleichung ergibt eine Lösung: $Q_x = 0$. Unter Berücksichtigung der letzten Gleichung des Gleichungssystems (5.120) wird ein aktualisiertes Gleichungssystem aus fünf Differentialgleichungen aufgestellt:

$$\frac{dQ_y}{ds} + \rho ba(R + k\, u_y(s))\omega^2 = 0,$$

$$\frac{d\kappa_3}{ds} + \frac{Q_y}{EI_3}\cos\theta_3 = 0,$$

$$\frac{d\theta_3}{ds} = \kappa_3, \qquad\qquad\qquad (5.121)$$

$$\frac{du_x}{ds} = \cos\theta_3 - 1,$$

$$\frac{du_y}{ds} = \sin\theta_3.$$

Diese Gleichungen sollen unter Berücksichtigung der folgenden Randbedingungen gelöst werden:

$$Q_y(L) = 0,$$

$$\kappa_z(L) = 0,$$

$$\theta_3(0) = 0, \qquad\qquad\qquad (5.122)$$

$$u_x(0) = 0,$$

$$u_y(0) = 0.$$

Es handelt sich um ein Randwertproblem im Zusammenhang mit nichtlinearen Differenzialgleichungen. In Abb. 5.17 ist eine entsprechende numerische Lösung für $u_x(s)$ und $u_y(s)$ für die folgenden Parameterwerte dargestellt:

$$\omega = 8\ \frac{rad}{s}, \quad L = 40\ mm, \quad b = 5\ mm, \quad a = 0.1\ mm,$$

$$\qquad\qquad\qquad\qquad\qquad\qquad\qquad\qquad\qquad (5.123)$$

$$R = 10\ mm, \quad \rho = 7{,}85 \cdot 10^{-6}\ \frac{kg}{mm^3}, \quad E = 2{,}1 \cdot 10^5\ \frac{N}{mm^3}.$$

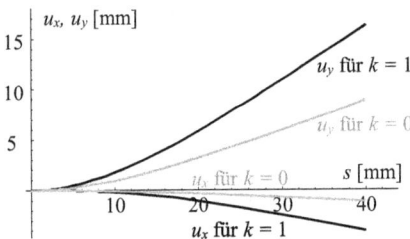

Abb. 5.17: Eine numerische Lösung für $u_x(s)$ und $u_y(s)$ basierend auf den Parametern in (5.123) für ein Modell des nachgiebigen Elements aus Abb. 5.16.

Die Lösungen für $u_x(s)$ und $u_y(s)$ ähneln optisch den entsprechenden Lösungen der vorherigen Aufgabe. Ein Vergleich der Lösungen für $k = 1$ und $k = 0$ zeigt, dass in diesem Fall die Auslenkung zur Bestimmung der Belastung berücksichtigt werden muss.

5.3.3 Ein Greifer mit einem nachgiebigen Körper

Ein Greifersystem ähnelt dem in [2] beschriebenen *Greifer*. Der Körper des Greifers besteht aus einem nachgiebigen Ring mit einem Radius R, an dem zwei Greiferfinger befestigt sind. Das Objekt wird durch die Elastizität des Greiferkörpers energielos gehalten. Die Greiferfinger gelten als starr. Wenn der Ring durch einen Aktuator auf eine der in Abb. 5.18 b und d gezeigten Weisen unter Wirkung einer Kraft von $2\,\mathbf{F}$ verformt wird, bewegen sich die Greiferfinger auseinander. Der Greifer löst den Kontakt mit dem Objekt und ist bereit für einen erneuten Greifvorgang. Aufgrund der Symmetrie wird ein Viertel des nachgiebigen Rings modelliert. Da die Tangenten an beiden Enden des Viertelrings ihre Richtung nicht ändern, kann ein Ende eingespannt werden. Ein anderes Ende wird beweglich gelagert, wie in Abb. 5.18 c und e gezeigt, und durch die Kraft $\mathbf{F}$ belastet. Es sollen die beiden Aktuierungsvarianten (Abb. 5.18 b und d) miteinander verglichen werden. Die Länge des nachgiebigen Viertelrings beträgt:

$$L = \frac{\pi R}{2}. \tag{5.124}$$

Zunächst wird der Fall aus Abb. 5.18 b mit dem Modell des Viertelrings aus Abb. 5.18 c betrachtet. Die Krümmung des Viertelrings im unbelasteten Zustand ist positiv und reziprok zum Krümmungsradius:

$$\kappa_{30} = \frac{1}{R}. \tag{5.125}$$

Die ersten zwei an die aktuelle Aufgabe angepassten Gleichungen des Gleichungssystems (4.175)

$$\frac{dQ_x}{ds} = 0,$$
$$\frac{dQ_y}{ds} = 0 \tag{5.126}$$

mit Randbedingungen

$$Q_x(L) = F,$$
$$Q_y(L) = 0 \tag{5.127}$$

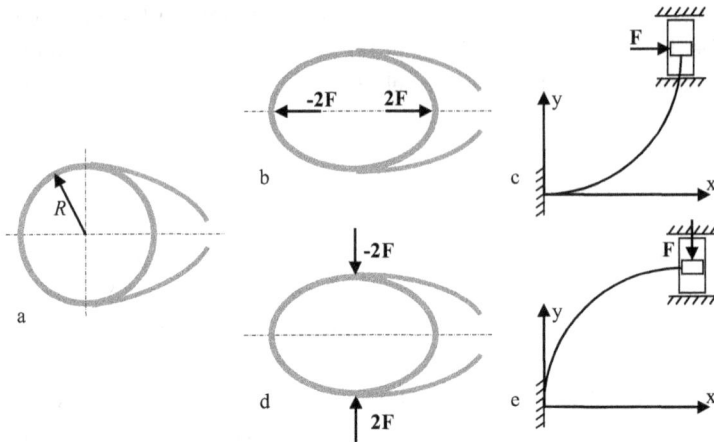

Abb. 5.18: Eine Greiferstruktur mit einem nachgiebigen Ringkörper: a – im ursprünglichen Zustand; b, d – zwei verschiedene Aktuierungsvarianten; c, e – entsprechende mechanische Modelle für beide Varianten aufgrund der Symmetrie.

besitzen folgende Lösungen:

$$Q_x = F,$$
$$Q_y = 0. \tag{5.128}$$

Unter Berücksichtigung dieser Lösungen und der Gleichung (4.177) werden die letzte Gleichung aus (4.175) und die Differentialgleichungen (4.176) wie folgt aufgeschrieben:

$$\frac{d\kappa_3}{ds} - \frac{F}{EI_3}\sin\theta_3 = 0,$$

$$\frac{d\theta_3}{ds} = \kappa_3,$$

$$\frac{du_x}{ds} - \cos\theta_3 + \cos\theta_{30} = 0,$$

$$\frac{du_y}{ds} - \sin\theta_3 + \sin\theta_{30} = 0. \tag{5.129}$$

Der Winkel θ_{30} wird mithilfe der zweiten Gleichung des Gleichungssystems (5.129) für einen unbelasteten Zustand und unter Berücksichtigung der entsprechenden Randbedingung (s. Abb. 5.18 c und e) ermittelt:

$$\frac{d\theta_{30}}{ds} = \frac{1}{R}, \quad \theta_{30}(0) = 0. \tag{5.130}$$

Nach einem Integrieren dieser Gleichung kann der Ausdruck für den Winkel θ_{30} erhalten werden:

$$\theta_{30} = \frac{s}{R}.$$ (5.131)

Die ersten beiden Gleichungen aus dem Gleichungssystem (5.129) werden zusammengeführt, wodurch eine Differentialgleichung zweiter Ordnung entsteht. So können drei Differentialgleichungen (5.132) aufgestellt werden.

$$\frac{d^2\theta_3}{ds^2} - \frac{F}{EI_3}\sin\theta_3 = 0,$$

$$\frac{du_x}{ds} - \cos\theta_3 + \cos\frac{s}{R} = 0,$$ (5.132)

$$\frac{du_y}{ds} - \sin\theta_3 + \sin\frac{s}{R} = 0$$

Es stehen folgende Randbedingungen für das verformte nachgiebige Viertelring zur Verfügung:

$$\theta_3(0) = 0,$$

$$\theta_3(L) = \frac{\pi}{2},$$ (5.133)

$$u_x(0) = 0,$$

$$u_y(0) = 0.$$

Das Gleichungssystem (5.132) ermöglicht die Ermittlung des Winkels θ_3 sowie der Verschiebung $\mathbf{u}(s)$ des Greiferkörpers. Die Randbedingungen (5.133) zeigen, dass die erste Gleichung aus (5.132) als ein Randwertproblem unabhängig von den beiden folgenden Gleichungen gelöst werden kann. Die beiden letzten Gleichungen stellen ein Anfangswertproblem dar. Alle Gleichungen sind nichtlinear und werden numerisch gelöst.

Die Problemstellung wird weiterhin detailliert beschrieben. Beim Entwurf eines solchen Greifers sollten die Finger an den Stellen am Greiferkörper befestigt werden, die den größten Öffnungswinkel der Finger ermöglichen. Es muss eine Koordinate s gefunden werden, die eine maximale Änderung des Winkels θ_3 als ein Absolutwert der Differenz $|\theta_3 - \theta_{30}|$ darstellt. Um die angestrebte Lösung zu erhalten, ist es ausreichend, lediglich die erste Gleichung aus (5.132) zu lösen. Um die verformte Form des Viertelrings im kartesischen Koordinatensystem darzustellen, werden die Gleichungen (4.180) mit den Randbedingungen (4.181) verwendet. Um allgemeine Schlussfolgerungen aus den Ergebnissen zu ziehen, die nicht quantitativ von den geometrischen und Materialparameter abhängen, werden dimensionslose Parameter eingeführt:

$$\widetilde{s} = \frac{s}{L}, \quad \widetilde{L} = \frac{L}{L} = 1, \quad \widetilde{x} = \frac{x}{L}, \quad \widetilde{y} = \frac{y}{L}, \quad \widetilde{F} = \frac{FL^2}{EI_3}. \tag{5.134}$$

Diese Parameter werden in der ersten Gleichung von (5.132) und in den Gleichungen (4.180) verwendet, wodurch drei dimensionslose Differentialgleichungen entstehen:

$$\frac{d^2\theta_3}{d\widetilde{s}^2} - \widetilde{F}\sin\theta_3 = 0,$$

$$\frac{d\widetilde{x}}{d\widetilde{s}} - \cos\theta_3 = 0, \tag{5.135}$$

$$\frac{d\widetilde{y}}{d\widetilde{s}} - \sin\theta_3 = 0.$$

Die entsprechende Randbedingungen sind:

$$\theta_3(0) = 0,$$

$$\theta_3(1) = \frac{\pi}{2},$$

$$\widetilde{x}(0) = 0, \tag{5.136}$$

$$\widetilde{y}(0) = 0.$$

In Abb. 5.19 sind Lösungen für die Änderung des Winkels θ_3, sowie die Form eines Viertels des Greiferkörpers vor und nach einer Verformung unter einer Kraft im kartesischen Koordinatensystem gezeigt. Die Ergebnisse wurden für zwei unterschiedliche dimensionslose Kräfte mit den Werten von 1 und 20 berechnet. Es wird angenommen, dass diese Werte einen Bereich abdecken, in dem alle möglichen Antriebskräfte für eine bestimmte Anwendung liegen. Es gibt jeweils ein Maximum der Winkeländerung und zwar an den Stellen 0,57 und 0,62 (gerundete Zahlen) auf dem Greiferelement, die diesen beiden Kräften entsprechen. Unter der Voraussetzung, dass diese Werte, die jeweils ein Maximum der Differenz $|\theta_3 - \theta_{30}|$ verleihen, mit dem Wachstum der Kraft von 1 bis 20 monoton steigen, kann eine folgende Aussage getroffen werden. Ein geeignetes Intervall am Viertelring des Greiferkörpers für die Befestigung der Finger ist wie folgt:

$$0{,}57 \leq \widetilde{s}_M \leq 0{,}65. \tag{5.137}$$

Maximum der Differenz $|\theta_3 - \theta_{30}|$ beträgt ca. 0,7 rad (ca. 40°) für die Stelle von 0,65 für die dimensionslose Kraft von 20. Die Finger des Greifers werden wie in Abb. 5.21 a dargestellt am Greiferkörper befestigt. Die Länge der neutralen Faser des Viertelkreises entspricht einer dimensionslosen Größe 1.

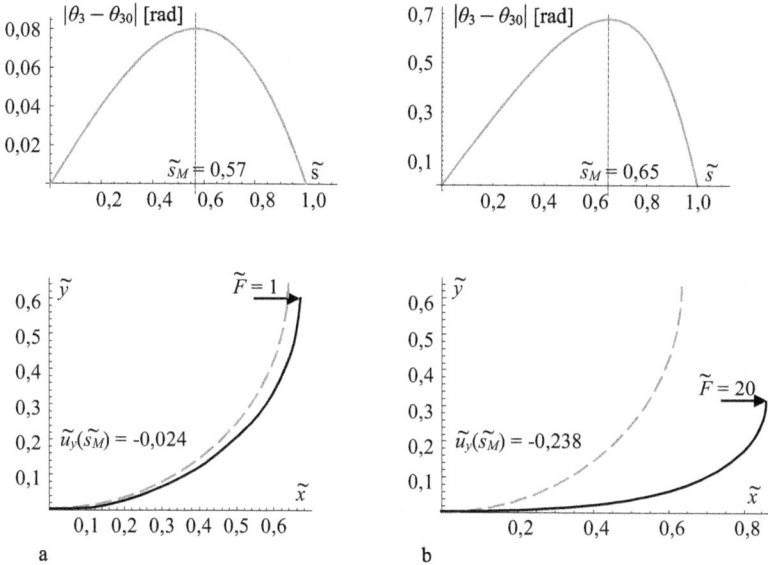

Abb. 5.19: Differenz $|\theta_3 - \theta_{30}|$ und die Form des Greiferelements vor Verformung (gestrichelte Linie) sowie eine unbelastete und eine verformte Form des Viertelkreises aus Abb. 5.18 c unter Wirkung einer Kraft im kartesischen Koordinatensystem: a – für eine dimensionslose Kraft mit einem Wert von 1; b – für eine dimensionslose Kraft mit einem Wert von 20.

Nun wird die zweite Variante für die einwirkende Kraft betrachtet, wie in Abb. 5.18 d dargestellt. Ähnlich zu den Gleichungen (5.135) mit den Randbedingungen (5.136) können für diese Variante folgende Gleichungen aufgeschrieben werden:

$$\frac{d^2\theta_3}{d\tilde{s}^2} + \tilde{F}\cos\theta_3 = 0,$$

$$\frac{d\tilde{x}}{d\tilde{s}} - \cos\theta_3 = 0, \tag{5.138}$$

$$\frac{d\tilde{y}}{d\tilde{s}} - \sin\theta_3 = 0.$$

Die Randbedingungen für diese Gleichungen lauten:

$$\theta_3(0) = \frac{\pi}{2},$$

$$\theta_3(1) = 0,$$

$$\tilde{x}(0) = 0, \tag{5.139}$$

$$\tilde{y}(0) = 0.$$

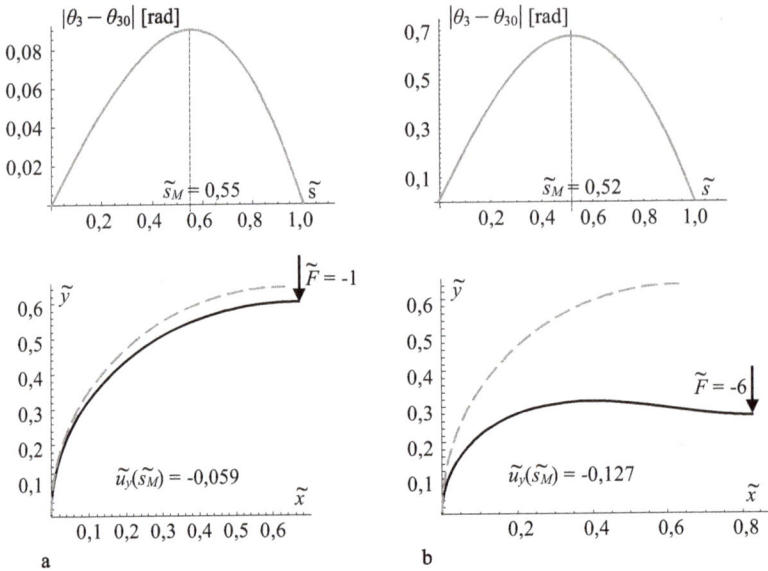

Abb. 5.20: Differenz $|\theta_3 - \theta_{30}|$ und die Form des Viertelringes vor Verformung (gestrichelte Linie) sowie eine unbelastete und eine verformte Form des Viertelkreises aus Abb. 5.18 e im kartesischen Koordinatensystem: a – für eine dimensionslose Kraft mit einem Wert von -1; b – für eine dimensionslose Kraft mit einem Wert von -6.

Zu beachten ist, dass die Kraft und die Krümmung in diesem Fall (Abb. 5.18 e) negative Werte annehmen. Für die ursprüngliche Form des Viertelkreises gilt:

$$\kappa_{30} = -\frac{1}{R}, \qquad \theta_{30} = \frac{\pi}{2} - \frac{s}{R}. \tag{5.140}$$

Der Betrag der Antriebskraft wurde schrittweise erhöht, beginnend mit dem Wert 1, bis eine maximale Winkeldifferenz $|\theta_3 - \theta_{30}|$ von ca. 0,7 rad (ca. 40°) erreicht wurde. In Abb. 5.20 sind Lösungen für die Änderung des Winkels θ_3, sowie die Form eines Viertels des Greiferkörpers vor und nach einer Verformung im kartesischen Koordinatensystem gezeigt. Ein geeignetes Intervall am Viertelring des Greiferkörpers für die Befestigung der Finger ist hier:

$$0{,}52 \leq \widetilde{s}_M \leq 0{,}55. \tag{5.141}$$

In Abb. 2.21 sind schließlich beide Varianten der einwirkenden Kraft dargestellt. Die zweite Variante erfordert eine deutlich geringere Kraft, um die maximale Winkeldifferenz von etwa 40° zu erreichen. Der Bereich für die Fingerbefestigung ist dementsprechend schmaler. Um den Fingerhub H zu ermitteln, müssen die Länge des Fingers L_F, die Verschiebung der Befestigungsstelle des Greifers $u_y(s_M)$ sowie die Neigung der Finger α zum Greiferkörper berücksichtigt werden. Die Parameter werden in der dimensionslosen Form verwendet.

$$\widetilde{H} = 2\widetilde{L}_F \sin\left(\alpha + \frac{|\theta_3 - \theta_{30}|}{2}\right) \sin\left(\frac{|\theta_3 - \theta_{30}|}{2}\right) + \widetilde{u}_y(\widetilde{s}_M) \tag{5.142}$$

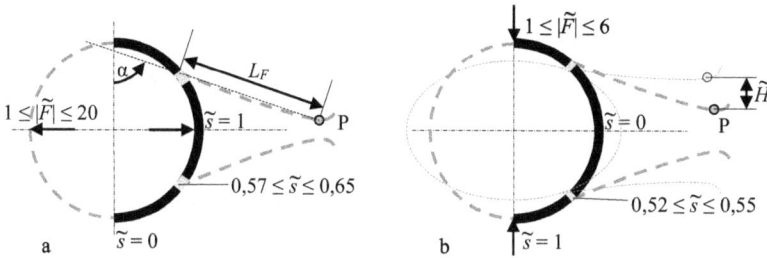

Abb. 5.21: Schematische Darstellung des Intervalls für die Befestigung der Finger am Greiferkörper und eine mögliche Form der Finger für zwei Fälle der Aktuatorkraft.

Die Verschiebung der Befestigungsstelle des Greifers u_y ist negativ, daher führen größere Werte zu einem kleineren Hub, wie in (5.142) beschrieben. Wenn eine Winkeldifferenz von $|\theta_3 - \theta_{30}| \approx 0{,}7$ rad angenommen wird, wie in Abb. 5.19 b und Abb. 5.20 b dargestellt, und gleiche Fingerlänge sowie deren Neigung für beide betrachteten Fälle vorausgesetzt werden, dann wird der Greifer in Abb. 5.18 d bzw. Abb. 5.21 b den größeren Hub aufweisen, weil der Betrag u_y kleiner ist. Außerdem kann geschlussfolgert werden, dass die zweite Antriebsvariante (Abb. 5.21 b) bei einer kleineren Kraft einen größeren Fingerhub und somit eine höhere Energieeffizienz aufweist als die Antriebsart in Abb. 5.21 a. Die Kraft beim Halten des Objektes ist bei beiden Greifern gleich, da das Halten des Objekts durch die eigene Elastizität des Greiferkörpers ohne Wirkung des Antriebs und somit antriebslos erfolgt.

5.3.4 Zwei nachgiebige Mechanismen

Zwei nachgiebige Mechanismen sind nach dem Vorbild einer Schubkurbel entwickelt und besitzen jeweils drei stoffschlüssige Gelenke (Abb. 5.22). Der erste Mechanismus verfügt über drei stoffschlüssige quaderförmige Gelenke, während der zweite Mechanismus drei Gelenke aufweist, die durch zylindersegmentförmige Aussparungen gebildet sind. Dabei sind bei beiden Mechanismen die Länge L_0 und die dünnste Stelle der Gelenke h_0 gleich gewählt. Die Abmessungen der Abschnitte zwischen den Gelenken, so genannte Glieder der Mechanismen, sind bei beiden Mechanismen gleich und haben eine Höhe von h_1. Die Größen L_i bezeichnen die Koordinaten s für die geometrisch unstetigen Stellen der Mechanismen, an denen sich entweder die Krümmung κ_{30} oder die Höhe $h(s)$ ändert. Es soll eine vergleichende Untersuchung des Verformungsverhaltens der Mechanismen unter der Einwirkung einer Kraft am rechten Ende durchgeführt werden.

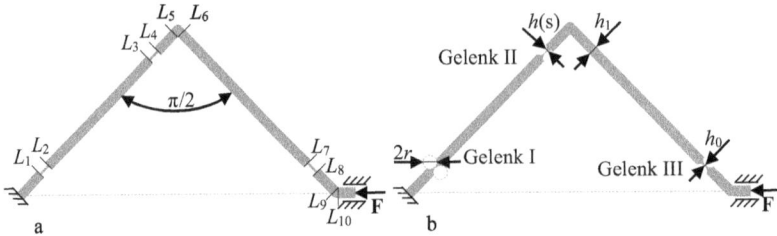

Abb. 5.22: Schematische Darstellung der Mechanismen: a – Mechanismus mit quaderförmigen stoffschlüssigen Gelenken; b – Mechanismus mit Gelenken, die durch zylindersegmentförmige Aussparungen gebildet sind.

Die vorliegenden Mechanismen sind jeweils als teilweise nachgiebige Mechanismen mit einem Schubgelenk zu beschreiben. Der Schieber, der sich von $s = L_{10}$ bis zum rechten Ende des Mechanismus erstreckt, wird als unverformbarer Teil des Mechanismus betrachtet. Er wird durch eine Kraft **F** angetrieben, wodurch es zu einer Verformung des nachgiebigen Mechanismus kommt. Diese Kraft stellt sowohl eine richtungstreue als auch eine mitgeführte Kraft für das System dar. Die Gleichungen können entweder im mitgeführten als auch im kartesischen Koordinatensystem aufgestellt werden. Im Folgenden werden die Gleichungen aus Abschnitt 4.7.6 für ein kartesisches Koordinatensystem verwendet.

$$\frac{d\widetilde{Q}_x}{d\widetilde{s}} = 0,$$

$$\frac{d\widetilde{Q}_y}{d\widetilde{s}} = 0,$$

$$\frac{d\widetilde{M}_z}{d\widetilde{s}} + \widetilde{Q}_y \cos\theta_3 - \widetilde{Q}_x \sin\theta_3 = 0,$$

$$\frac{d\theta_3}{d\widetilde{s}} = \frac{\widetilde{M}_z}{\widetilde{EI}_3} + \widetilde{\kappa}_{30},$$

$$\frac{d\widetilde{x}}{d\widetilde{s}} = \cos\theta_3,$$

$$\frac{d\widetilde{y}}{d\widetilde{s}} = \sin\theta_3$$

(5.143)

Durch die Wirkung einer unbekannten Kraft **F** werden Mechanismen jeweils um den gleichen Wert x_{10} am rechten Ende verschoben. Es wird nach der dafür erforderlichen Kraft gesucht. Die Gleichungen (5.143) werden unter Berücksichtigung folgender Randbedingungen gelöst:

$$\theta_3(0) = \frac{\pi}{4}, \quad \theta_3(\widetilde{L}_{10}) = 0,$$

$$\widetilde{x}(0) = 0, \quad \widetilde{y}(0) = 0, \tag{5.144}$$

$$\widetilde{y}(\widetilde{L}_{10}) = 0, \quad \widetilde{x}(\widetilde{L}_{10}) = x_{10}.$$

Um aus den Ergebnissen allgemeingültige Schlussfolgerungen zu ziehen, die nicht von der Abmessung der Mechanismen oder dem Materialparameter abhängen, wurden in Gleichungen (5.143) dimensionslose Größen eingeführt:

$$\widetilde{L}_0 = \frac{L_0}{L_0} = 1, \quad \widetilde{L}_i = \frac{L_i}{L_0}, \ i = 1, ..., 10, \quad \widetilde{\kappa}_{30} = \kappa_{30} L_0,$$

$$\widetilde{s} = \frac{s}{L_0}, \quad \widetilde{x} = \frac{x}{L_0}, \quad \widetilde{y} = \frac{y}{L_0},$$

$$\widetilde{h} = \frac{h}{L_0}, \quad \widetilde{h}_j = \frac{h_j}{L_0}, \ j = 0, 1, \quad \widetilde{b} = \frac{b}{L_0}, \tag{5.145}$$

$$\widetilde{F} = \frac{F L_0^2}{E I_3(0)}, \quad \widetilde{M}_z = \frac{F L_0}{E I_3(0)}, \quad \widetilde{E I}_3 = \frac{E I_3(s)}{E I_3(0)} = \frac{h^3(s)}{h_1^3}.$$

Diese Größen werden für beide Mechanismen wie folgt gewählt:

$$\widetilde{L}_i = \{1; \ 2; \ 8; \ 9; \ 10; \ 10,13; \ 18,09; \ 19,09; \ 20,09; \ 20,16\},$$

$$\widetilde{\kappa}_{30} = \begin{cases} 0 & \text{für} \quad 0 \leq \widetilde{s} \leq \widetilde{L}_5, \ \widetilde{L}_6 \leq \widetilde{s} \leq \widetilde{L}_9 \\ -12,5 & \text{für} \quad \widetilde{L}_5 \leq \widetilde{s} \leq \widetilde{L}_6 \\ 12,5 & \text{für} \quad \widetilde{L}_9 \leq \widetilde{s} \leq \widetilde{L}_{10} \end{cases} \tag{5.146}$$

$$\widetilde{h}_0 = 0,1, \quad \widetilde{h}_1 = 1, \quad \widetilde{b} = 2, \quad \widetilde{x}_{10} = \{-1; \ -2\}.$$

Alle Gelenke haben eine dimensionslose Länge von 1. Die Gliedlängen haben dimensionslose Werte von 1, 6 und 1 (von links aus in Abb. 5.22 aufgezählt) sowie 1 für den Abschnitt von L_8 zu L_9. Die weiteren Gliedlängen werden so berechnet, dass das rechte Ende des Mechanismus eine waagerechte Schubrichtung aufweist, die durch die Einspannstelle des linken Endes verläuft. Für den ersten Mechanismus (M1) mit quaderförmigen Gelenken wird die Größe h_0 als Höhe des gesamten Gelenks verwendet. Der Papameter $h(s)$ gibt Aufschluss über die Höhe der Gelenke des zweiten Mechanismus (M2), welche durch zylindersegmentförmige Aussparungen mit einem Zylinderradius r gebildet werden. Der dimensionslose Radius wird abhängig von der Querschnittshöhe aufgeschrieben:

$$\widetilde{r} = \frac{\left(\widetilde{h}_1 - \widetilde{h}_0\right)^2 + 1}{4\left(\widetilde{h}_1 - \widetilde{h}_0\right)}, \quad \widetilde{r} \le 1. \tag{5.147}$$

Die dimensionslose Querschnittshöhe lautet:

$$\widetilde{h}(s) = \begin{cases} \widetilde{h}_0 + 2\widetilde{r} - 2\sqrt{\left|\widetilde{r}^2 - \left(\widetilde{s} - \widetilde{L}_1 - \frac{1}{2}\right)^2\right|}, & \text{für Gelenk I,} \\[3mm] \widetilde{h}_0 + 2\widetilde{r} - 2\sqrt{\left|\widetilde{r}^2 - \left(\widetilde{s} - \widetilde{L}_3 - \frac{1}{2}\right)^2\right|}, & \text{für Gelenk II,} \\[3mm] \widetilde{h}_0 + 2\widetilde{r} - 2\sqrt{\left|\widetilde{r}^2 - \left(\widetilde{s} - \widetilde{L}_7 - \frac{1}{2}\right)^2\right|}, & \text{für Gelenk III.} \end{cases} \tag{5.148}$$

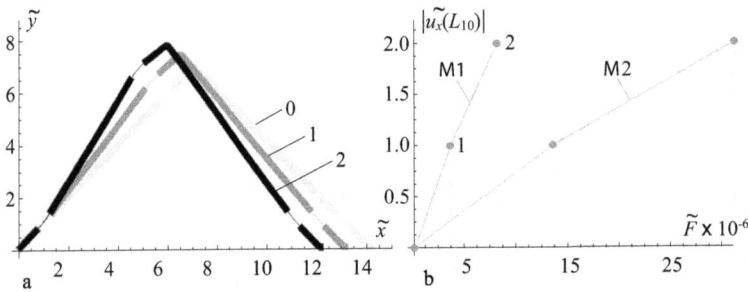

Abb. 5.23: Verformung und Verschiebung von Mechanismen: a – die unbelastete Lage (0) und die Lagen (1 und 2) des Mechanismus mit quaderförmigen Gelenken unter Einwirkung einer Kraft; b – Abhängigkeit zwischen der Verschiebung im Schubgelenk und der einwirkenden Kraft für beide Mechanismen, M1 – Mechanismus mit quaderförmigen Gelenken, M2 – Mechanismus mit Gelenken, die durch zylindersegmentförmige Aussparungen gebildet sind.

Beide Mechanismen werden um 1 und dann um 2 dimensionslose Einheiten verschoben (vgl. Abb. 5.23 a). Die dafür notwendigen Kräfte ergeben sich aus den Berechnungen der Gleichungen (5.143) unter Berücksichtigung der Randbedingungen (5.144). Diese Werte sind in Abb. 5.23 b abzulesen.

Die verformten Lagen beider Mechanismen sind sehr ähnlich und optisch kaum zu unterscheiden. Um das Verformungsverhalten beider Mechanismen miteinander näher vergleichen zu können, werden der Biegewinkel θ_3 und die Spannung aus (5.149) berechnet und grafisch in Abb. 5.24 dargestellt.

$$\widetilde{\sigma}(s) = \frac{\widetilde{M}_z}{2\widetilde{E}\widetilde{I}_3}\widetilde{h}(s) \tag{5.149}$$

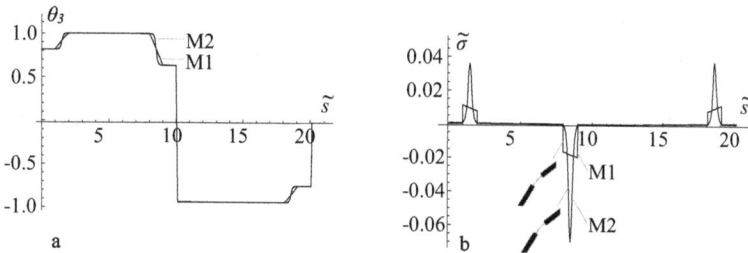

Abb. 5.24: Darstellung der Parameter für Mechanismus mit quaderförmigen Gelenken (M1) und für Mechanismus mit Gelenken, die durch zylindersegmentförmige Aussparungen gebildet sind (M2), Verschiebung des Schiebers um 2 Einheiten: a – Biegewinkel θ_3 – Spannung aus (5.149) mit Darstellung der Biegelinie des verformten mittleren Gelenks für M1 und M2.

Für eine gleiche Verschiebung benötigt der Mechanismus mit quaderförmigen Gelenken eine etwa viermal geringere Kraft (vgl. Abb. 5.23 b) und die Biegespannungen verhalten sich analog dazu (Abb. 5.24 b), d. h. sie sind ungefähr viermal kleiner als im Mechanismus M2. Die Verformung der Gelenkbereiche ist beim Mechanismus mit quaderförmigen Gelenken (M1) nahezu gleichmäßig ausgeprägt, wobei die Gelenke des zweiten Mechanismus in der Mitte die meiste Verformung erleiden (Abb. 5.24 a). Diese Tatsache wird auch durch die Spannungsverteilung innerhalb des Gelenkbereichs in Abb. 5.24 b widergespiegelt.

5.4 Räumliche Probleme im kartesischen Koordinatensystem

Für räumliche Probleme mit richtungstreuen Belastungen stehen Gleichungen zur Verfügung, die im Abschnitt 4.7.5 zusammengefasst sind. Die Gleichungen für die Kräfte (4.164) können in der Regel analytisch integriert werden, wodurch sich die Anzahl der numerisch zu lösenden Differentialgleichungen verringert. Insbesondere wenn keine Streckenlast vorliegt und die ersten drei Randbedingungen analog zu (4.170) verwendet werden können, lassen sich die Lösungen für die Kräfte durch einfache Konstanten ausdrücken. In den folgenden Beispielen werden eine nachgiebige Führungsvorrichtung und ein Greifer mit nachgiebigen Fingern unter der Wirkung richtungstreuer Belastungen modelliert und untersucht.

5.4.1 Eine nachgiebige Führungsvorrichtung mit veränderlicher Nachgiebigkeit

Ein Körper wird mithilfe von mindestens vier gleich geformten nachgiebigen Elementen so geführt, dass er eine translatorische Bewegung entlang der y-Achse ausführt (Abb. 5.25 a). Jedes nachgiebige Element ist einseitig eingespannt und an der anderen Seite mit dem Körper drehbar (um die x-Achse) verbunden. Die Form der Elemente wird durch zwei Viertelkreise mit dem Radius R gebildet, die in der xy-Ebene liegen (Abb. 5.25 b). Die Querschnitte der Elemente sind rund und mit dem Radius r versehen. Durch die Verschiebung der Einspannstellen nachgiebiger Elemente entlang der x-Achse wird die Nachgiebigkeit dieser Führungseinrichtung verändert (vgl. mit Abb. 2.5). Die nachgiebigen Elemente befinden sich zunächst im entspannten Zustand und der Körper wird entlang der z-Achse schrittweise verschoben. Anschließend werden die Einspannstellen der Elemente verrückt und der Körper wird erneut schrittweise in z-Richtung bewegt. Für verschiedene Einspannstellen wird jeweils eine Kraft-Weg-Kurve für zehn Schritte der Verschiebung in z-Richtung $z(L) = z_{Li}$, $i = 0, \dots, 10$ ermittelt.

Es wird lediglich ein einzelnes nachgiebiges Element modelliert, wie in Abb. 5.25 b dargestellt. Die Form des Elements wird durch den Krümmungsradius R beschrieben:

$$\kappa_{(30)} = \begin{cases} -\frac{1}{R}, & 0 \leq s \leq \frac{\pi R}{2} \\ \frac{1}{R}, & \frac{\pi R}{2} < s \leq \pi R \end{cases}, \tag{5.150}$$

$$\kappa_{(10)} = \kappa_{(20)} = 0.$$

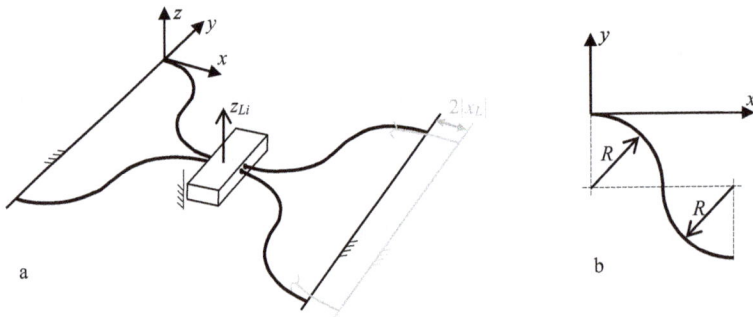

Abb. 5.25: Eine Führungseinrichtung mit veränderlicher Nachgiebigkeit: a – schematische Darstellung der Führungseinrichtung, bestehend aus vier nachgiebigen Elementen; der Körper wird parallel zu der z-Achse verschoben (Verschiebungsschritte z_{Li}, $i = 0, \dots, 10$); die Nachgiebigkeit wird durch die Verrückung der Einspannstellen nachgiebiger Elemente geändert, hier um $2x_L$; b – ein nachgiebiges Element in seiner ursprünglichen Form.

Die verformte Lage des nachgiebigen Elements wird mithilfe der Gleichungen aus dem Abschnitt 4.7.5 modelliert, die an diese Aufgabenstellung angepasst wurden:

$$\frac{dQ_x}{ds} = 0,$$

$$\frac{dQ_y}{ds} = 0, \tag{5.151}$$

$$\frac{dQ_z}{ds} = 0.$$

Die Gleichungen können nicht unabhängig von den anderen Gleichungen integriert werden, da die Randbedingungen für die Kräfte nicht bekannt sind. Ebenso werden die Gleichungen für die Momente entsprechend zu (4.165) aufgeschrieben:

$$\frac{dM_x}{ds} + Q_z t_{12} - Q_y t_{13} = 0,$$

$$\frac{dM_y}{ds} - Q_z t_{11} + Q_x t_{13} = 0, \qquad (5.152)$$

$$\frac{dM_z}{ds} + Q_y t_{11} - Q_x t_{12} = 0.$$

Die Winkel θ_i, welche sich in den Elementen t_{ik} der Transformationsmatrix befinden, werden durch die Parameter κ_i, $i = 1, \dots ,3$, $k = 1, \dots ,3$ beschrieben:

$$\frac{d\theta_1}{ds} - \kappa_1 - \kappa_2 \sin\theta_1 \tan\theta_2 + \kappa_3 \cos\theta_1 \tan\theta_2 = 0,$$

$$\frac{d\theta_2}{ds} - \kappa_2 \cos\theta_1 - \kappa_3 \sin\theta_1 = 0, \qquad (5.153)$$

$$\frac{d\theta_3}{ds} - \kappa_1 \sec\theta_2 \sin\theta_1 - \kappa_3 \cos\theta_1 \sec\theta_2 = 0.$$

Schließlich werden κ_i durch die Momente gemäß Gleichung (4.169) aufgeschrieben:

$$\kappa_1 = \frac{1}{GI_1} \left(M_x t_{11} + M_y t_{12} + M_z t_{13} \right),$$

$$\kappa_2 = \frac{1}{EI_2} \left(M_x t_{21} + M_y t_{22} + M_z t_{23} \right), \qquad (5.154)$$

$$\kappa_3 = \frac{1}{EI_3} \left(M_x t_{31} + M_y t_{32} + M_z t_{33} \right) + \kappa_{(30)}.$$

Die Koordinaten des verformten nachgiebigen Elements werden schließlich mit Hilfe der folgenden Gleichungen ermittelt:

$$\frac{dx}{ds} - t_{11} = 0,$$

$$\frac{dy}{ds} - t_{12} = 0, \qquad (5.155)$$

$$\frac{dz}{ds} - t_{13} = 0.$$

Es gelten folgende Randbedingungen:

$$\begin{aligned}
\theta_1(0) &= 0, & x(0) &= -x_L, \\
\theta_2(0) &= 0, & y(0) &= 0, \\
\theta_3(0) &= 0, & z(0) &= 0, \\
M_x(L) &= 0, & x(L) &= 2R, \\
\theta_2(L) &= 0, & y(L) &= -2R, \\
\theta_3(L) &= 0, & z(L) &= z_{Li}.
\end{aligned} \tag{5.156}$$

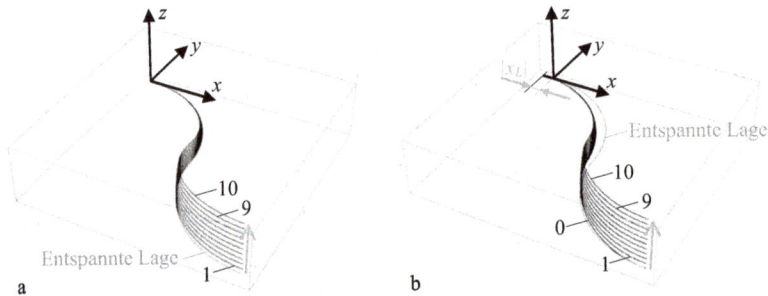

Abb. 5.26: Darstellung der Verformung eines nachgiebigen Elements der Führungseinrichtung mit veränderlicher Nachgiebigkeit: a – erster Fall: die entspannte Lage ist identisch mit der Anfangslage des nachgiebigen Elements, die Lagen 1, … ,10 entsprechen den zehn Schritten z_{Li} mit $i = 1, … ,10$; b – zweiter Fall: eine Verrückung der Einspannstelle entspricht hier der Anfangslage: Lage 0 mit z_{L0}, die Lagen 1, … ,10 entsprechen den zehn Belastungsschritten z_{Li} mit $i = 1, … ,10$.

Im ersten Fall wird für den Parameter x_L der Wert Null eingesetzt. Dabei entspricht die Anfangslage der ursprünglich entspannten Lage des nachgiebigen Elements: $z_{L0} = 0$. Aus dieser Lage werden zehn Schritte z_{Li}, $i = 1, … ,10$ ausgeführt (Abb. 5.26 a). Im zweiten Fall wird eine Verschiebung der Einspannstelle um -10 mm modelliert. Die Anfangslage des Elements entspricht einer Lage in der xy-Ebene mit $z_{L0} = 0$. Allerdings ist diese Lage unterschiedlich zur ursprünglichen entspannten Lage des nachgiebigen Elements (Abb. 5.26 b, Lage 0). Anschließend werden zehn Schritte z_{Li}, $i = 1, … ,10$, von dieser Lage aus berechnet. Im dritten Fall wird die Einspannstelle um 10 mm verrückt. Die zehn Schritte z_{Li} werden erneut durchgeführt.

Für die numerische Berechnung werden folgende Parameter verwendet:

$$R = 100 \; mm, \quad r = 2 \; mm,$$

$$E = 2{,}1 \cdot 10^5 \; \frac{N}{mm^2}, \quad G = 7{,}93 \cdot 10^4 \; \frac{N}{mm^2}, \tag{5.157}$$

$$x_L = \{-10 \; mm, \; 0 \; mm, \; 10 \; mm\}, \quad z_{Li} = 5 \, i \; mm, \quad i = 0, …, 10.$$

Bei jedem der zehn Belastungsschritte werden die Führungskräfte $Q_z(L)$ in z-Richtung am Ende des Balkenelements ermittelt. In Abb. 5.27 a sind diese Werte in Abhängigkeit von den Verschiebungen z_{Li} durch die Punkte dargestellt. Die Kennlinie 1, die die Punkte verbindet, beschreibt das Kraft-Weg-Verhalten des nachgiebigen Elements aus der entspannten Lage heraus. Die Kennlinie 2 zeigt das Verhalten des Elements bei einer geänderten Nachgiebigkeit durch die Verrückung der Einspannstelle um -10 mm. Die Kennlinie 3 zeigt das Verhalten bei einer Verschiebung um 10 mm. Beide ersten Kennlinien verlaufen progressiv. Für einen Teil der Kurven, insbesondere am Anfang der Verschiebung, können die Kennlinien durch Geraden ersetzt und die Verschiebung des Körpers kann durch eine lineare Feder modelliert werden (s. Abb. 5.27 a). Im vorliegenden Fall weist die Kennlinie 3 in einem Abschnitt eine negative Federsteifigkeit auf.

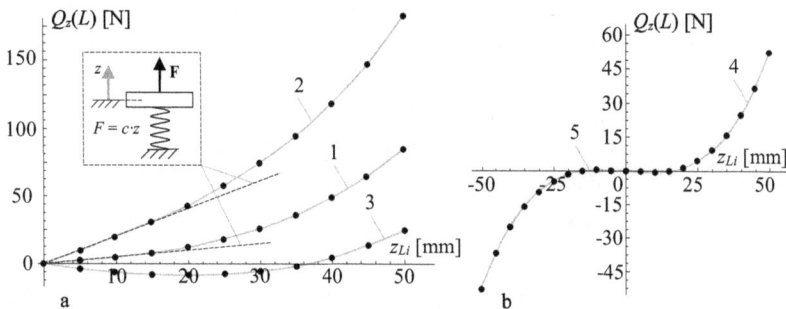

Abb. 5.27: Kraft-Weg-Linien für zehn Belastungsschritte z_{Li} mit i = 1, ... ,10 für verschiedene Nachgiebigkeiten: a – Kennlinie 1 beschreibt das Kraft-Weg-Verhalten des nachgiebigen Elements von seiner entspannten Lage aus; Kennlinie 2 und 3 zeigen das Verhalten für eine geänderte Nachgiebigkeit durch die Verrückung der Einspannstelle des Elements um -10 mm bzw. 10 mm; im Anfangsbereich können zwei Kennlinien durch Geraden ersetzt werden und die Verschiebung des Körpers kann mit einer linearen Feder modelliert werden; Kennlinie 3 weist in einem Abschnitt eine negative Federsteifigkeit auf; b – Kennlinie 4 zeigt das Verhalten für eine Einspannstelle, die um 5 mm verrückt wurde, mit einem nahezu Null-Wert-Bereich 5 der Führungskraft.

Zwischen den Kennlinien 1 und 3 befindet sich die Kennlinie 4, die einen nahezu konstanten Bereich der Führungskraft aufweist und ist in Abb. 5.27 b für beide Richtungen der Verschiebung des Körpers abgebildet. Deren Werte weichen innerhalb eines Wegbereichs z_{Li} von 16 mm nur um 0,6 N von der Nullachse der Kraft ab, das sind ungefähr 1,3 % bezogen auf die maximal erreichte Kraft innerhalb des vorgegebenen Bewegungsbereichs des Körpers von 50 mm. Wenn die Führungsbewegung in beide Richtungen der z_{Li}-Achse betrachtet wird, dann verdoppelt sich der Wegbereich. Das bedeutet, dass der Körper aus Abb. 5.25 a sich innerhalb eines Weges von 32 mm in z-Richtung nahezu ohne nennenswerten Kraftaufwand bewegen kann.

5.4.2 Ein Greifer mit nachgiebigen gekrümmten Fingern

In einem *Greifer* werden zwei nachgiebige gekrümmte Elemente als Greiferfinger verwendet. Diese sind in Form eines Viertelringes mit einem Krümmungsradius R ausgeführt und haben einen Kreisquerschnitt mit einem Radius r. Drei verschiedene Möglichkeiten, die Finger am Greiferkörper zu befestigen, sind in Abb. 5.28 a–c dargestellt. Es soll untersucht werden, wie sich die Finger abhängig von ihrer Befestigungsart am Greiferkörper verformen. Der Greiferkörper wird als starr betrachtet.

In allen drei Fällen bewegen sich die Greiferfinger solange aufeinander zu, bis eine bestimmte Greifkraft F_N erreicht ist. Es wird nur einer der beiden Greiferfinger modelliert. Dieser wird als ein nachgiebiges Element in Form eines Viertelrings betrachtet, welcher einseitig eingespannt ist und unter Belastung einer Greifkraft steht. Diese Greifkraft setzt sich aus einer Normalkraft F_N und einer Reibungskraft F_R (Haftreibung) bzw. Schwerkraft F_G des Objektes zusammen. Bei zwei Fingern ist $|F_R| = |\frac{1}{2} F_G|$ pro Finger. In den drei Fällen ist die Normalkraft unterschiedlich gerichtet, jedoch besitzt jeweils den gleichen Betrag und liegt stets in der xy-Ebene. Die auf das Objekt wirkende Reibungskraft übt einen Einfluss auf den Finger aus, der durch die Richtung und den Richtungssinn der Erdbeschleunigung g bestimmt wird. Dieser Einfluss wird durch den Koeffizienten μ_0 für Haftreibung begrenzt. Im Folgenden wird ein Fall betrachtet, der dem folgenden Ausdruck genügt:

$$F_R = \mu F_N \leq \mu_0 F_N. \tag{5.158}$$

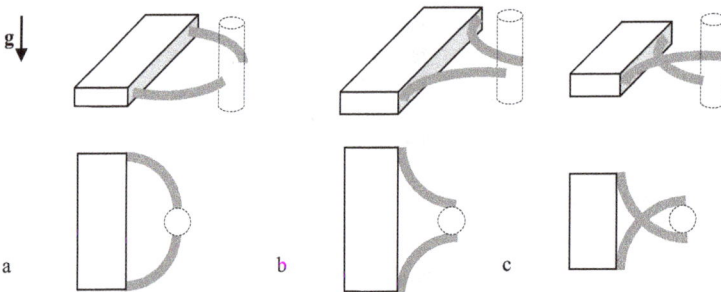

Abb. 5.28: Drei verschiedene Befestigungsarten der Greiferfinger am Greiferkörper; oben – eine räumliche Ansicht der Greifer, **g** ist die Erdbeschleunigung zur Berücksichtigung der Schwerkraft des Objekts; unten – eine Ansicht in der zur Erdbeschleunigung orthogonalen Ebene.

Für diese Untersuchung werden drei Modelle der Greiferfinger (Abb. 5.29) berechnet und die Verformungen der Finger untereinander verglichen. Dafür werden Gleichungen aus dem Abschnitt 4.7.5 verwendet. Zunächst werden drei Gleichungen (4.164) für alle drei Fälle analytisch gelöst und die Schnittkräfte ermittelt:

$$\text{Fall a:} \quad Q_x = 0, \qquad Q_y = -F_N, \quad Q_z = \mu F_N,$$

$$\text{Fall b:} \quad Q_x = -F_N, \quad Q_y = 0, \qquad Q_z = \mu F_N, \qquad (5.159)$$

$$\text{Fall c:} \quad Q_x = F_N, \qquad Q_y = 0, \qquad Q_z = \mu F_N.$$

Um allgemeingültige Ergebnisse zu erzielen, werden dimensionslose Parameter eingeführt. Hier sind ausgewählte Beispiele für die Einführung von dimensionslosen Parametern für Längen, Kräfte, Momente und Steifigkeit dargestellt:

$$\widetilde{L} = \frac{L}{L} = 1, \quad \widetilde{s} = \frac{s}{L}, \quad \widetilde{F} = \frac{FL^2}{EI_3}, \quad \widetilde{M} = \frac{ML}{EI_3},$$

$$\widetilde{EI}_3 = \frac{EI_3}{EI_3} = 1, \qquad \widetilde{EI}_2 = \frac{EI_2}{EI_3}, \qquad \widetilde{GI}_1 = \frac{GI_1}{EI_3}. \qquad (5.160)$$

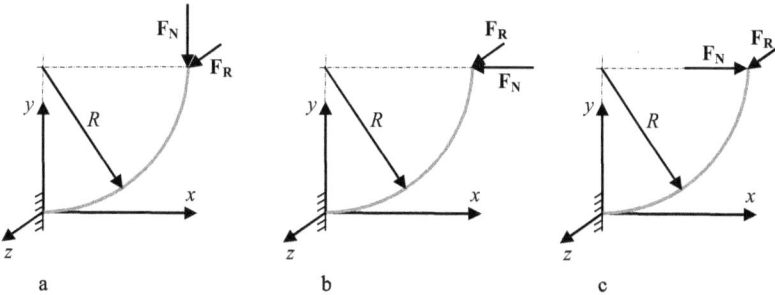

Abb. 5.29: Drei Modelle eines Greiferfingers als ein einseitig eingespannter Viertelring nach Abb. 5.28; a–c – F_R – eine Reibungskraft bzw. die Hälfte der Schwerkraft vom Objekt, F_N – eine Normalkraft.

Die Lösungen für die Schnittkräfte (5.159) werden in die Gleichungen (4.165) eingesetzt. Für den Fall a aus Abb. 5.29 werden die Gleichungen für Schnittmomente mit dimensionslosen Parametern eine folgende Form annehmen:

$$\frac{d\widetilde{M}_x}{d\widetilde{s}} + \mu \widetilde{F}_N\, t_{12} + \widetilde{F}_N t_{13} = 0,$$

$$\frac{d\widetilde{M}_y}{d\widetilde{s}} - \mu \widetilde{F}_N\, t_{11} = 0, \qquad (5.161)$$

$$\frac{d\widetilde{M}_z}{d\widetilde{s}} - \widetilde{F}_N\, t_{11} = 0.$$

Für die Momente aus (5.161) nach (4.169) gilt:

$$\widetilde{M}_x = t_{11}\widetilde{GI}_1\widetilde{\kappa}_1 + t_{21}\widetilde{\kappa}_2 + t_{31}(\widetilde{\kappa}_3 - \widetilde{\kappa}_{(30)}),$$

$$\widetilde{M}_y = t_{12}\widetilde{GI}_1\widetilde{\kappa}_1 + t_{22}\widetilde{\kappa}_2 + t_{32}(\widetilde{\kappa}_3 - \widetilde{\kappa}_{(30)}), \tag{5.162}$$

$$\widetilde{M}_z = t_{13}\widetilde{GI}_1\widetilde{\kappa}_1 + t_{23}\widetilde{\kappa}_2 + t_{33}(\widetilde{\kappa}_3 - \widetilde{\kappa}_{(30)}).$$

Dabei werden folgende Parameter zur Beschreibung der unbelasteten Form des Greiferfingers eingesetzt:

$$\widetilde{\kappa}_{(10)} = \widetilde{\kappa}_{(20)} = 0,$$

$$\widetilde{\kappa}_{(30)} = \frac{1}{\widetilde{R}}. \tag{5.163}$$

Weitere sechs Differentialgleichungen, die aus den Gleichungen (4.166) und (4.172) folgen, erlauben es, die Lage der Finger im kartesischen Koordinatensystem für dimensionslose Parameter zu ermitteln.

$$\frac{d\theta_1}{d\widetilde{s}} - \widetilde{\kappa}_1 - \widetilde{\kappa}_2 \sin\theta_1 \tan\theta_2 - \widetilde{\kappa}_3 \cos\theta_1 \tan\theta_2 = 0,$$

$$\frac{d\theta_2}{d\widetilde{s}} - \widetilde{\kappa}_2 \cos\theta_1 + \widetilde{\kappa}_3 \sin\theta_1 = 0, \tag{5.164}$$

$$\frac{d\theta_3}{d\widetilde{s}} - \widetilde{\kappa}_2 \sec\theta_2 \sin\theta_1 - \widetilde{\kappa}_3 \cos\theta_1 \sec\theta_2 = 0,$$

$$\frac{d\widetilde{x}}{d\widetilde{s}} - \cos\theta_2 \cos\theta_3 = 0,$$

$$\frac{d\widetilde{y}}{d\widetilde{s}} - \cos\theta_2 \sin\theta_3 = 0, \tag{5.165}$$

$$\frac{d\widetilde{z}}{d\widetilde{s}} + \sin\theta_2 = 0$$

Zur Lösung der neun Differentialgleichungen (5.161) mit Schnittmomenten aus (5.162) sowie Differentialgleichungen (5.164) und (5.165) stehen neun Randbedingungen zur Verfügung:

$$\widetilde{\kappa}_1(L) = 0, \quad \theta_1(0) = 0, \quad \widetilde{x}(0) = 0,$$

$$\widetilde{\kappa}_2(L) = 0, \quad \theta_2(0) = 0, \quad \widetilde{y}(0) = 0, \tag{5.166}$$

$$\widetilde{\kappa}_3(L) = \tfrac{1}{\widetilde{R}}, \quad \theta_3(0) = 0, \quad \widetilde{z}(0) = 0.$$

Die dimensionslosen Parameter, die zur Lösung dieser Aufgabe verwendet werden, sind für Greiferfinger aus Stahl und werden wie folgt angegeben:

$$\widetilde{L}=1, \quad \widetilde{r}=0,1, \quad \widetilde{R}=\frac{2}{\pi}, \quad \mu=0,25, \quad \widetilde{F}_N=1,$$

$$\widetilde{F}_R=\mu\widetilde{F}_N, \quad \widetilde{EI}_3=1, \quad \widetilde{EI}_2=1, \quad \widetilde{GI}_1=0,755. \tag{5.167}$$

Die Lösungen der aufgestellten Differentialgleichungen mit den zugehörigen Randbedingungen aus (5.166) für drei Fälle (Abb. 5.29) sind in Abb. 5.30 als verformte Viertelkreise dargestellt und in der Tab. 5.1 als Zahlenwerte zusammengefasst. Es wurden einzelne Verschiebungen, Verschiebungen in der xy-Ebene sowie die gesamte Verschiebung im Raum für drei Belastungsfälle aus Abb. 5.29 berechnet.

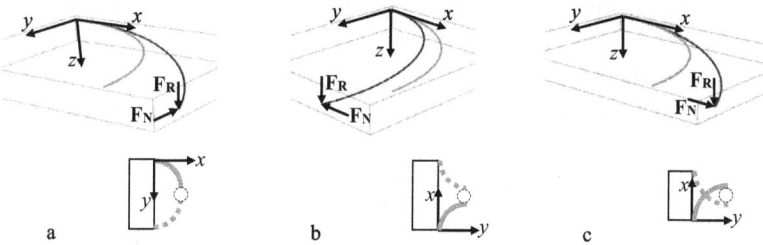

Abb. 5.30: Unbelastete Form und ein verformter Zustand der Greiferfinger aus Abb. 5.29 für drei Belastungsfälle unter Einwirkung von Normalkraft und Reibungskraft: a-c – Fälle a bis c.

Tab. 5.1: Ergebnisse für Verschiebungen eines gekrümmten Greiferfingers in dimensionsloser Form als gerundete Werte: einzelne Verschiebungen, Verschiebungen in der xy-Ebene sowie die gesamte Verschiebung im Raum für drei Belastungsfälle aus Abb. 5.29.

Berechnete Größen	Fall a	Fall b	Fall c
Verschiebung in x-Richtung $\widetilde{u}_x$	0,16	−0,24 (Richtung F_N)	0,15 (Richtung F_N)
Verschiebung in y-Richtung $\widetilde{u}_y$	−0,16 (Richtung F_N)	0,10	−0,13
Verschiebung in z-Richtung $\widetilde{u}_z$	0,12	0,09	0,06
Verschiebung in xy-Ebene $\widetilde{u}_{xy}$	0,23	0,26	0,20
Gesamtverschiebung $\widetilde{u}$	0,26	0,28	0,21

Die Verschiebung in der xy-Ebene sowie die gesamte Verschiebung der Finger können unter Anwendung der ermittelten Koordinaten der Fingerenden berechnet werden:

$$\widetilde{u}_{xy}=\sqrt{\left(\widetilde{x}(1)-\widetilde{R}\right)^2+\left(\widetilde{y}(1)-\widetilde{R}\right)^2},$$

$$\widetilde{u}=\sqrt{\left(\widetilde{x}(1)-\widetilde{R}\right)^2+\left(\widetilde{y}(1)-\widetilde{R}\right)^2+\left(\widetilde{z}(1)\right)^2}. \tag{5.168}$$

Für alle drei Fälle ist der absolute Anteil der Gesamtverschiebung der Greiferfinger unterschiedlich. Die Werte für die Verschiebungen in einzelne Richtungen unterscheiden sich ebenfalls voneinander. Im Fall b weist der Greiferfinger sowohl die größte

Verschiebung in der xy-Ebene als auch eine größte Gesamtverschiebung auf. Die kleinsten genannten Verschiebungen sind im Fall c zu finden.

Wird die Gesamtnachgiebigkeit als Quotient aus Gesamtverschiebung und -kraft betrachtet, so hat der Finger im Fall b die höchste Gesamtnachgiebigkeit, während im Fall c die niedrigste Gesamtnachgiebigkeit zu verzeichnen ist.

Die Nachgiebigkeit in Richtung der Kraft F_N ist im Fall a und c vergleichbar, während sie im Fall b anderthalb Mal höher ist. Im Fall b ist die Verschiebung der Greiferfinger orthogonal zur Kraft F_N, die vom Greiferkörper weg gerichtet ist, am geringsten von allen Fällen.

Für eine geringe Gesamtverschiebung und eine geringe Verschiebung in z-Richtung bei einem Greifvorgang empfiehlt es sich, die Greiferfinger gemäß Fall c aus Abb. 5.28 bis Abb. 5.30 zu positionieren. Wenn hingegen eine höhere Nachgiebigkeit der Finger in Bezug auf die Gesamtverschiebung bevorzugt wird, sollte Fall b gewählt werden. Hier ist auch eine höhere Nachgiebigkeit in Richtung des zu greifenden Objekts zu verzeichnen. Zudem hat der Fall b den Vorteil, dass die parasitäre Verschiebung, die vom Greiferkörper weg gerichtet ist, am niedrigsten bleibt.

6 Synthesemethoden nachgiebiger Systeme mit Beispielen

Im Folgenden werden Synthesemethoden zur Entwicklung von nachgiebigen Mechanismen und Aktuatoren auf Basis der beschriebenen Analysemethoden dargestellt. Zunächst werden die Ansätze zur Synthese nachgiebiger Mechanismen ausgehend vom Starrkörpermodell vorgestellt. Es werden Beispiele für einen Führungsmechanismus und einen fluidmechanischen Aktuator beschrieben, die unter Verwendung der Theorie großer Verformungen gekrümmter Balkensysteme entwickelt werden.

6.1 Synthesemethode auf Basis der Modellbildung nachgiebiger Mechanismen als Starrkörpersystem

Im Kapitel 3 wurden Gleichungen zur Modellbildung von nachgiebigen Mechanismen als Starrkörpersystem hergeleitet und anhand mehrerer Beispiele angewendet. Diese Herangehensweise kann, jedoch umgekehrt, zur Synthese nachgiebiger Mechanismen genutzt werden [65]. Zunächst wird ein geeigneter Starrkörpermechanismus ausgewählt. Die Eignung bezieht sich auf die Anforderungen an den zu entwickelnden nachgiebigen Mechanismus, wie beispielsweise die Angabe des Winkelbereichs eines ausgewählten Glieds oder die Verschiebung eines Punkts unter der Wirkung einer bestimmten Kraft oder eines bestimmten Moments. Oft liegt jedoch ein Starrkörpermechanismus vor, der durch einen nachgiebigen Mechanismus ersetzt werden sollte. Die Anforderungen an den nachgiebigen Mechanismus müssen dann durch die Eigenschaften des gewählten Starrkörpermechanismus abgedeckt sein. Nachdem ein Starrkörpermechanismus als Vorbild vorhanden ist, werden seine Drehgelenke durch nachgiebige Elemente ersetzt. Im nächsten Schritt wird der nachgiebige Mechanismus gemäß (3.26) und (3.27) dimensioniert. Abschließend kann der erhaltene nachgiebige Mechanismus getestet oder bei Bedarf optimiert werden. Diese Herangehensweise ist in Abb. 6.1 dargestellt.

Die Angaben zur Belastung, wie der Wert, die Art und die Angriffsstelle, spielen in der Aufgabenstellung eine entscheidende Rolle, da in Abhängigkeit davon die Lage und Abmessungen der Gelenke bestimmt werden. Die Art und Eigenschaften nachgiebiger Gelenke sind durch die Annahmen aus dem Abschnitt 3.1 abgedeckt. Die angeführte Methode eignet sich für die Entwicklung nachgiebiger Mechanismen mit verteilter Nachgiebigkeit und abschnittsweise konstanten Querschnitten. Insbesondere ist darauf zu achten, dass es sich dabei um kleine Verformungen handelt sowie keine Axialkräfte berücksichtigt werden können.

Im Folgenden wird ein viergliedriger Mechanismus, der in einem Autositz als ein mechanisches Verstellmittel Anwendung findet, betrachtet. Die Manuellen Verstellmechanismen werden noch in einigen Basismodellen und günstigen Fahrzeugen verbaut.

https://doi.org/10.1515/9783110759884-006

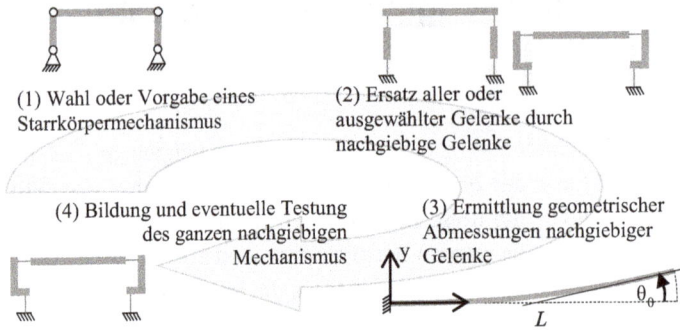

Abb. 6.1: Synthesemethode zum Design von Mechanismen für ein bestimmtes Verhalten unter einer vorgegebenen Belastung, bestehend aus vier Schritten.

Sie sind kostengünstig, leicht, sicher und energieeffizient, da kein Motor benötigt wird. Dieser Mechanismus überträgt eine Betätigungskraft **F**, initiiert durch die Hand einer Person, auf ein Zahnrad, welches mit dem Abtriebsglied des Mechanismus verbunden ist (Abb. 6.2). Die Rotation des Zahnrades wird auf einen weiteren Mechanismus übertragen, wodurch die Verstellung der Rückenlehne des Sitzes bewirkt wird. Eine Rückstellfeder bringt den Mechanismus nach seiner Betätigung wieder in die ursprüngliche Position zurück. Um die Anzahl der Bauteile, wie Glieder und die Rückstellfeder, zu reduzieren, soll ein teilweise nachgiebiger Mechanismus mit mindestens einem nachgiebigen Gelenk entwickelt werden. Es wird angestrebt, das Gelenk A des Abtriebsglieds (Abb. 6.2) durch ein nachgiebiges Gelenk zu ersetzen.

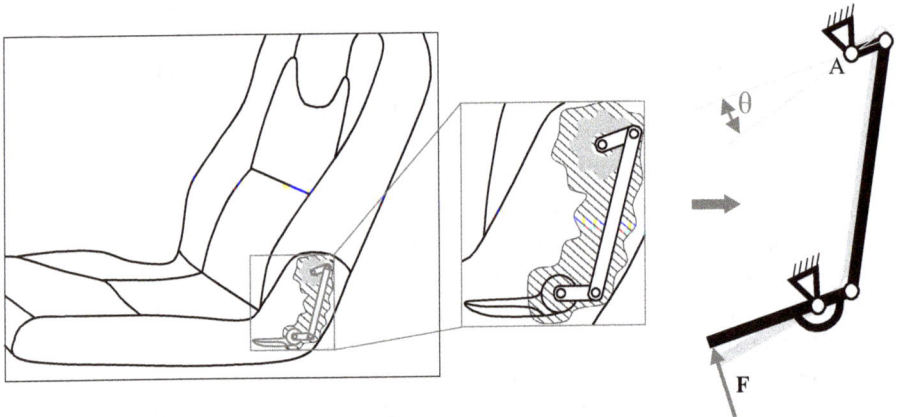

Abb. 6.2: Ein Beispiel eines Starrkörpermechanismus aus einem Autositz: ein viergliedriger Mechanismus überträgt eine Betätigungskraft **F** auf ein Zahnrad, folglich wird die Rückenlehne des Sitzes verstellt; eine Rückstellfeder, die hier nicht gezeigt ist, bringt den Mechanismus wieder in die ursprüngliche Position zurück.

In diesem Fall erübrigt sich der erste Schritt der Synthese (Abb. 6.1), da der Starrkörpermechanismus bereits gegeben ist. Im Folgenden sollen die Anforderungen an den zu erzielenden nachgiebigen Mechanismus formuliert werden. Das Abtriebselement des Mechanismus muss sich um einen Winkel θ bewegen, wenn eine Kraft $\mathbf{F}$ auf den Hebel wirkt. Der momentane Drehpunkt des neuen nachgiebigen Gelenks muss mit der Drehachse des Gelenks A zusammenfallen. Außerdem ist eine vorgegebene Dehnung ε_0 des für das nachgiebige Gelenk verwendeten Materials zu berücksichtigen. Weiterhin ist der vorgegebene Bauraum einzuhalten.

In der verwendeten Theorie werden (Abschnitt 3.3) die Axialkräfte nicht berücksichtigt. Daher ist es empfehlenswert, die Orientierung nachgiebiger Gelenke so zu wählen, dass diese hauptsächlich auf Biegung beansprucht werden. Dadurch werden die Axialkräfte nur geringe oder gar keine Wirkung ausüben. Im gegebenen Mechanismus wird nur ein Drehgelenk durch ein nachgiebiges Gelenk ersetzt, wobei andere Teile des Mechanismus unverändert bleiben. Die Orientierung des nachgiebigen Gelenks wird so gewählt, dass diese mit der Orientierung des entsprechenden Glieds zusammenfällt (Abb. 6.3). Das nachgiebige Gelenk wird als ein einseitig eingespannter Balken der Länge L modelliert, auf welchen eine Kraft F_L und ein Moment M_L wirken:

$$F_L = F\frac{c}{a}, \quad M_L = F_L(a - \delta L). \tag{6.1}$$

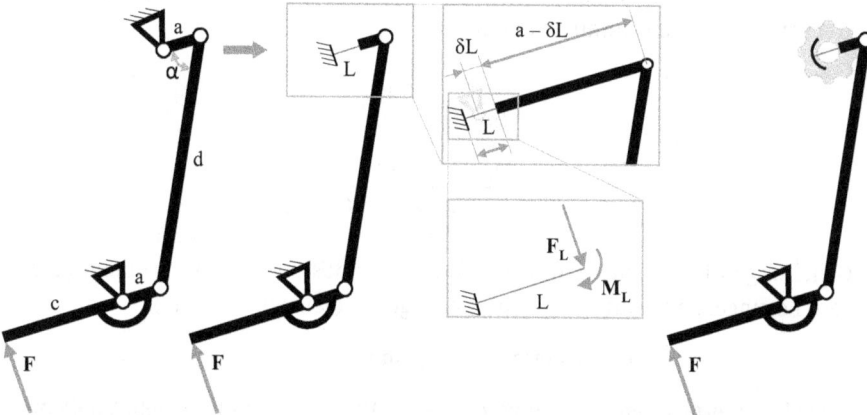

Abb. 6.3: Schematische Darstellung zur Herangehensweise beim Ersetzen eines Drehgelenks des Starrkörpermechanismus durch ein nachgiebiges Gelenk, welches dann als ein einseitig eingespannter Balken der Länge L modelliert wird.

Unter der gegebenen Kraft von $F = 3$ N soll das Abtriebsglied einen Winkel von $\theta = 8°$ zurücklegen. Für ein Modell als Starrkörpergelenk mit einer Torsionsfeder (Abb. 6.3) gilt für den Biegewinkel:

$$\theta = \frac{F_L(a - \delta L) + F_L L \delta}{c_t}.$$

$$(6.2)$$

Außerdem sollte die Dehnung begrenzt werden:

$$\varepsilon_{max} = \frac{M_L + F_L L}{2EI_z} h \le \varepsilon_{zul.}, \quad I_z = \frac{wh^3}{12}.$$

$$(6.3)$$

Für eine gewünschte maximale Dehnung $\varepsilon_0 \le \varepsilon_{zul}$ gilt dann:

$$\varepsilon_0 = \frac{M_L + F_L L}{2EI_z} h.$$

$$(6.4)$$

Die Parameter h und w sind die Abmessungen der Querschnittsfläche. Folgende geometrische und Materialparameter werden hier verwendet:

$$a = 20 \text{ mm}, \quad c = 80 \text{ mm}, \quad h = 0{,}8 \text{ mm},$$

$$\varepsilon_0 = 0{,}005, \quad E = 210000 \text{ N/mm}^2.$$

$$(6.5)$$

Gesucht sind die Länge des nachgiebigen Gelenks L, die Breite w und die Lage des Gelenks innerhalb der Länge L, beschrieben durch δ. Die Formeln (3.26) und (3.27) in Form von (6.6) sowie die Zusammenhänge (6.2), (6.4) unter Berücksichtigung von (6.1) und (6.5) mit vier unbekannten Größen L, w, δ und c_t werden zur Ermittlung der ersten drei genannten Unbekannten verwendet.

$$\delta = \frac{\frac{1}{2}(a - \delta L) + \frac{1}{3}L}{(a - \delta L) + \frac{1}{2}L},$$

$$c_t = \frac{EI_z}{L} \frac{(a - \delta L) + L\delta}{(a - \delta L) + \frac{1}{2}L}$$

$$(6.6)$$

Die Gleichungen lassen sich analytisch lösen. Für das betrachtete Problem gibt es mehrere Lösungen, eine davon ist in (6.7) angegeben (gerundete Werte).

$$L \approx 15{,}9 \text{ mm}, \quad w \approx 2{,}9 \text{ mm}, \quad \delta \approx 5{,}7$$

$$(6.7)$$

Die gewählten Werte sollen rein geometrisch eine Anbindung des nachgiebigen Elementes an das restliche System ermöglichen. Ein Nachweis nach der linearen Theorie unter der Annahme der Parameter aus (6.5) und (6.7) (nicht gerundete Werte verwenden) mit einer Kraft von 3 N ergibt genau 8°. Dies ist auch logisch, da die lineare Theorie als Grundlage für diese Synthesemethode verwendet wurde. Solange die Verformungen klein sind, so dass die lineare Theorie akzeptiert werden kann, liefert diese Methode Ergebnisse, die mit denen der linearen Theorie vergleichbar sind. Es ist zu beachten, dass die Axialkräfte bei den Berechnungen, insbesondere bei der Ermittlung der Dehnungen, vernachlässigt werden. Die Lösung erhebt keinen Anspruch auf Realisierbarkeit, sondern soll als ein akademisches Beispiel dienen.

In einem weiteren Beispiel wird eine Schubkurbel als Vorbild zur Entwicklung eines nachgiebigen balkenförmigen Mechanismus mit konstantem Querschnitt verwendet (Abb. 6.4). Die Aufgabenstellung besteht darin, dass der Mechanismus aus drei nachgiebigen Gliedern mit den Längen L_i, $i = 1,2,3$ bestehen soll, wobei der erste eingespannt ist und mit dem zweiten Glied einen Winkel von 90° bildet. Zwischen dem zweiten Glied und dem Gestell wird der Winkel α gebildet. Ziel ist die Entwicklung eines nachgiebigen Mechanismus, der sich unter der Einwirkung einer vorgegebenen Kraft so verformt, dass die Enden der nachgiebigen Glieder P_i und P_{i+1} momentan relativ zueinander um die Punkte $R_{i,i+1}$, $i = 1,2,3$ rotieren. Diese sind die Drehgelenke des Starrkörpermechanismus. Jeder Länge L_i wird jeweils ein Parameter δ_i zugewiesen. Für jedes δ_i wird die Gleichung (3.26) aufgestellt. Zur Ermittlung von Schnittreaktionen wird die Schnittmethode verwendet. Darauf basierend werden die Hilfsmomente ermittelt. Für die geometrischen Größen a, b und c werden folgende geometrische Zusammenhänge herangezogen:

$$a^2 = (\delta_1 L_1)^2 + (L_2(1 - \delta_2))^2,$$

$$b^2 = (\delta_2 L_2)^2 + ((1 - \delta_3)L_3)^2 - 2\delta_2(1 - \delta_3)L_2 L_3 \cos(\pi - \alpha), \tag{6.8}$$

$$c^2 = ((1 - \delta_1)L_1 \cos \alpha - L_2 \sin \alpha)^2 + (\delta_1 L_1 \sin \alpha + L_2 \cos \alpha + (1 - \delta_3)L_3)^2.$$

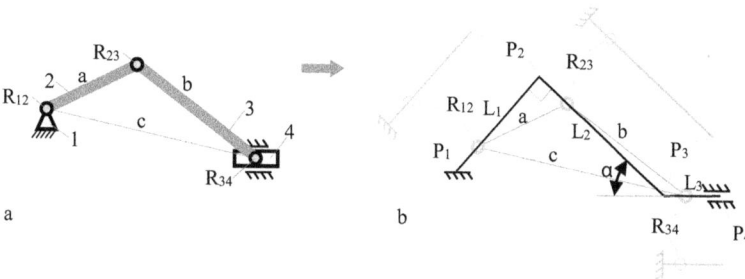

Abb. 6.4: Starrkörpermechanismus als Vorbild eines nachgiebigen balkenförmigen Mechanismus: a – Starrkörpermechanismus mit den Gliedlängen a, b und c sowie mit Drehgelenken in den Punkten $R_{i,i+1}$, $i = 1,2,3$; b – nachgiebiger Mechanismus mit Gliedlängen L_i, $i = 1,2,3$ und deren angedeuteten Balkenmodellen, die einseitig eingespannt sind.

Mit Hilfe der oben genannten sechs algebraischen Gleichungen, nämlich drei Gleichungen für δ_i und den Gleichungen (6.8), sowie der Angabe des gewünschten Materialparameters E, der Querschnittsabmessungen wie h als Höhe in der Zeichnungsebene, und der Breite w sowie der Abmessungen a, b und c aus (6.10) können sechs Parameter wie L_i und δ_i mit $i = 1,2,3$ ermittelt werden:

$$L_1 \approx 57,5 \text{ mm}, \quad L_2 \approx 127,9 \text{ mm}, \quad L_3 \approx 132,8 \text{ mm},$$

$$\delta_1 \approx 0,05, \quad \delta_2 \approx 0,6, \quad \delta_3 \approx 0,5. \tag{6.9}$$

Folgende Parameter werden für dieses Beispiel angenommen:

$$w = 5 \text{ mm}, \quad h = 3 \; mm, \quad \alpha = 60°,$$

$$a = 60 \text{ mm}, \quad b = 100 \; mm, \quad c = 160 \; N,$$

(6.10)

$$F = 80 \; N, \quad E = 210000 \text{ N/mm}^2.$$

Die genannten Parameter legen eine endgültige geometrische Beschaffenheit des nachgiebigen Mechanismus fest. Unter der Wirkung der vorgegebenen Kraft verformt sich dieser so, dass sich die Enden der nachgiebigen Glieder P_{i+1} momentan um die Punkte $R_{i,i+1}$ relativ zu einander drehen (Abb. 6.5). Die Prüfung mit der linearen Theorie ergibt eine exakte Übereinstimmung der Ergebnisse.

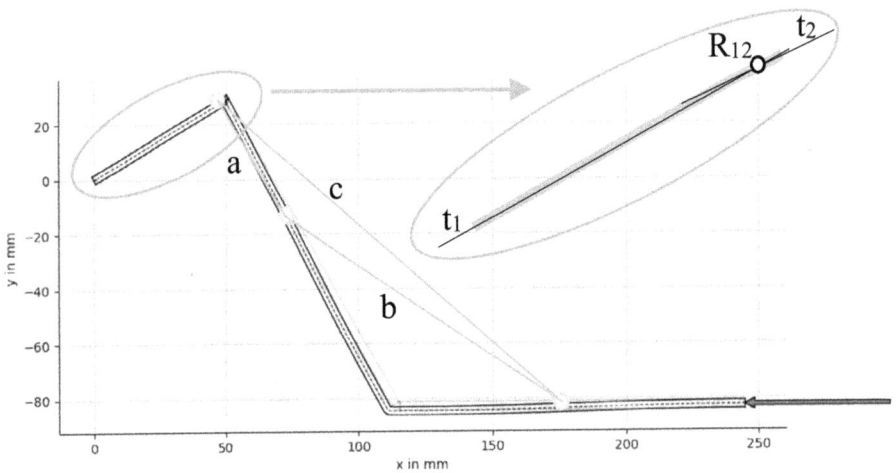

Abb. 6.5: Validierung der Ergebnisse durch die Anwendung der nichtlinearen Theorie (Tool CoMUI, [29, 24]).

Eine Untersuchung mittels nichtlinearer Theorie (Tool CoMUI, [29, 24]) ergibt für die Lage des Drehpunkts R_{12} Abweichungen von weniger als 1 mm. Dabei wurden die Schnittpunkte der Tangenten zu den Enden von L_i gebildet, deren Koordinaten berechnet und mit den Koordinaten aus der linearen Theorie verglichen.

Unter Berücksichtigung weiterer Zusatzbedingungen, wie der Begrenzung der maximalen Dehnung, können mit dieser Methode weitere Parameter, wie h, w und E, ermittelt werden.

6.2 Synthesemethode auf Basis der Theorie großer Verformungen gekrümmter Balkensysteme

Diese Synthesemethode basiert auf der nichtlinearen Theorie großer Verformungen gekrümmter Balkensysteme. Sie eignet sich insbesondere für nachgiebige Mechanismen mit konzentrierter Nachgiebigkeit, jedoch können auch Mechanismen mit verteilter Nachgiebigkeit ausgelegt werden. Bei dieser Methode werden hauptsächlich kinematische Eigenschaften der Mechanismen berücksichtigt. Als eines der Kriterien für die zu entwickelnden Mechanismen kann beispielsweise eine erwünschte Trajektorie eines gewählten Punkts genannt werden.

Die Methode umfasst 4 Schritte (Abb. 6.6). Im ersten Schritt (1) wird ein geeigneter Starrkörpermechanismus mit den gewünschten Eigenschaften identifiziert. Anschließend (2) werden dessen Drehgelenke durch nachgiebige Gelenke ersetzt. Im nächsten Schritt (3) werden die individuellen Konturen der Gelenke entworfen und die damit verbundenen geometrischen Parameter unter Verwendung der Theorie großer Verformungen ermittelt. Im letzten Schritt (4) erfolgt die Integration der nachgiebigen Gelenke in den neuen nachgiebigen Mechanismus. Der resultierende nachgiebige Mechanismus wird einer Prüfung mit Hilfe der Theorie großer Verformungen unterzogen und gegebenenfalls optimiert, um die gewünschten Eigenschaften zu verbessern. Bei der Ausführung dieser Methode kann auch die lineare Theorie verwendet werden, falls die Verformungen sehr klein sind.

Im ersten Schritt wird vorausgesetzt, dass eine Reihe von Starrkörpermechanismen in Form eines Katalogs zur Verfügung steht, um einen geeigneten Mechanismus zu wählen. Es ist vorteilhaft, wenn die Mechanismen sich in einem solchen Katalog nach gewünschten Eigenschaften ordnen lassen.

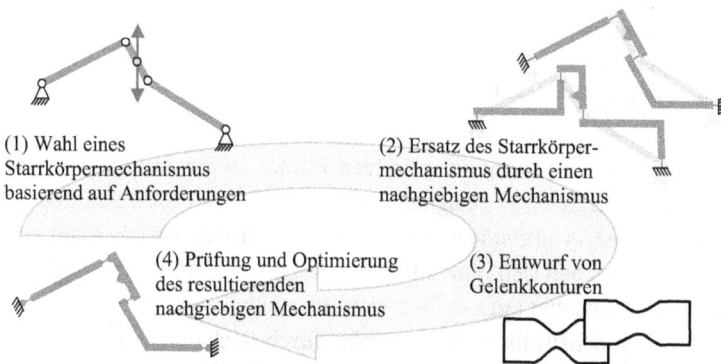

(1) Wahl eines Starrkörpermechanismus basierend auf Anforderungen

(2) Ersatz des Starrkörpermechanismus durch einen nachgiebigen Mechanismus

(4) Prüfung und Optimierung des resultierenden nachgiebigen Mechanismus

(3) Entwurf von Gelenkkonturen

Abb. 6.6: Synthesemethode zum Design von nachgiebigen Mechanismen mit konzentrierter Nachgiebigkeit für vorgegebene Anforderungen, bestehend aus vier Schritten, beispielsweise für eine bestimmte Bahn eines Punkts; eine solche gerade Bahn ist im Starrkörpermechanismus im Schritt (1) angedeutet.

Eine derartige Sammlung von Mechanismen kann in der DMG-Lib (Digital Mechanism and Gear Library, [28]) gefunden werden. Hier können Mechanismen nach verschiedenen Parametern und Eigenschaften gesucht werden, beispielsweise nach der Bezeichnung des Mechanismus, dem Durchlaufsinn der Bahnkurve, der Orientierung des Führungsglieds, der Bahnkurve eines Gliedpunkts oder der Form der Übertragungsfunktion.

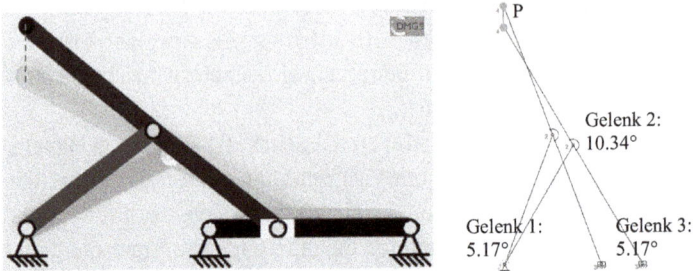

Abb. 6.7: Schubkurbel, als ein Mechanismus mit einer Geradführung eines Punkts ([28]) und das Modell mithilfe der Software SAM.

Im Folgenden wird ein Beispiel eines ebenen Mechanismus betrachtet, bei dem ein Punkt eine Geradführung realisieren soll (Abb. 6.7). Als ein Vorbild für einen nachgiebigen Mechanismus kann eine Schubkurbel dienen. Die Entscheidung für die Abmessungen eines Starrkörpermechanismus ist funktionsbedingt und hängt zusätzlich vom Bauraum und vom Bewegungsbereich ab. Für die Bahnlänge des Punkts P werden 5 mm gewählt. Ein Punkt des neuen nachgiebigen Mechanismus soll ebenfalls diese Strecke zurücklegen. Folgende Koordinaten werden festgelegt:
- Gelenk 1: (0 mm, 0 mm),
- Gelenk 2: (30 mm, 50 mm),
- Gelenk 3: (60 mm, 0 mm),
- Punkt P: (0 mm, 100 mm).

Der nächste Schritt ist die Bestimmung der relativen Winkel in jedem Gelenk. Diese können analytisch oder mit Hilfe einer geeigneten Software, wie z. B. SAM (Simulation and Analysis of Mechanisms), ermittelt werden (Abb. 6.7 a). Für eine gerade Bahn von 5 mm von einem Punkt P ergeben sich in den Drehgelenken 1, 2 und 3 relative Winkel von 5,17°, 10,34° und 5,17° (gerundet auf zwei Nachkommastellen).

Nun sollen im zweiten Schritt diese Drehgelenke durch nachgiebige Gelenke ersetzt werden (Abb. 6.8). Das ist ein intuitiver Vorgang, es können jedoch die folgenden Richtlinien empfohlen werden:
- stoffschlüssige zweifach symmetrische Gelenke sollten vorzugsweise mit konzentrierter Nachgiebigkeit eingeführt werden, um kleinere Drehachsenverlagerungen zu erreichen;

– die Mitte der Balkenachse des Festkörpergelenks sollte mit der Drehachse des Starrkörpergelenks zusammenfallen;

– die Orientierung der Festkörpergelenke sind im nachgiebigen Mechanismus so zu wählen, dass diese hauptsächlich auf Biegung beansprucht werden;

– es ist mindestens eine halbe Länge vom Festkörpergelenk an seinen beiden Seiten im nachgiebigen Mechanismus vorzusehen;

– für die Balkenachsen der Glieder des nachgiebigen Mechanismus sind möglichst kurze Wege zu wählen.

Die *Drehachsenverlagerung* wird nach dem Ansatz der *Mittelpunktmitführung* ermittelt (Abb. 6.8 a). Im Bereich außerhalb des Gelenks wird auf der Biegelinie des unverformten Mechanismus ein Punkt P gewählt und mit einem verformungssteifen Segment so fest verbunden, dass dessen Ende C mit dem Mittelpunkt des Gelenks zusammenfällt. Infolge einer Verformung verschiebt sich der Punkt P (Punkt P`) gemeinsam mit dem Segment und ergibt eine neue Position des Punkts C (Punkt C`). Der Abstand zwischen den Punkten C und C` entspricht dabei der Drehachsenverlagerung.

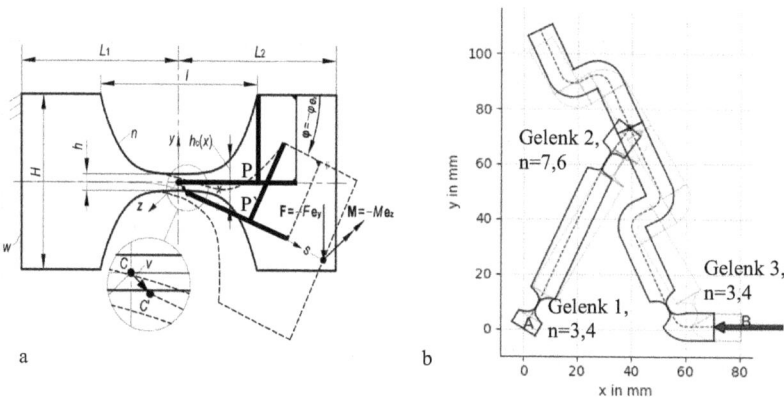

Abb. 6.8: Ersatz der Drehgelenke einer Schubkurbel durch die nachgiebigen Gelenke: a – nachgiebiges Gelenk, aus dem Tool detasFLEX, [29, 22] mit der Darstellung der Drehachsenverlagerung; b – ein nachgiebiger Mechanismus nach dem Vorbild der Schubkurbel, erstellt mit Tool CoMUI, [29, 24].

In Abb. 6.8 b ist ein möglicher nachgiebiger Mechanismus für die Schubkurbel aus Abb. 6.7 a gezeigt. Nun erfolgt die Dimensionierung nachgiebiger Gelenke. Dazu wird die nichtlineare Theorie großer Verformungen gekrümmter Balkensysteme herangezogen. Der Biegewinkel θ_3 bezeichnet einen Winkel zwischen der Tangente zur Balkenachse und der x-Achse. Sofern die äußere Kraft F_L, die unter dem Winkel a zur x-Achse wirkt, zusammen mit dem Winkel bekannt ist, können die ersten vier Differentialgleichungen aus (4.175)–(4.176) durch folgende zwei Gleichungen dargestellt werden:

$$\frac{dM_z}{ds} = F_L \sin(\theta_3 - \alpha),$$

$$\frac{d\theta_3}{ds} = \frac{M_z}{EI_3(s)} + \kappa_{30}(s).$$

(6.11)

Folgende Randbedingungen werden verwendet:

$$M_z(L) = M_L, \quad \theta_3(0) = 0.$$

(6.12)

Bei prismatischen Gelenken werden die Parameter b und $h(s)$ zur Beschreibung der Querschnittsfläche des Gelenks herangezogen und gehen in den Flächenträgheitsmoment I_3 ein. Die Koordinate s wird entlang der Balkenachse gemessen. Am Ende des eingespannten Gelenks wirkt neben der Kraft F_L ein Moment M_L (Abb. 6.9). E ist der Elastizitätsmodul des Materials. Weiterhin kann die Balkenachse des nachgiebigen Gelenks eine Initialkrümmung κ_{30} aufweisen. Eine zusätzliche Bedingung (6.13) soll bei der Ermittlung eines gesuchten geometrischen Parameters berücksichtigt werden.

$$\theta_3(L) = \theta_L$$

(6.13)

Der Winkel θ_L ist der Winkel, der im jeweiligen nachgiebigen Gelenk in Bezug auf die zulässige Dehnung realisierbar sein muss und entspricht dem relativen Winkel im zu ersetzenden Drehgelenk des Starrkörpermechanismus.

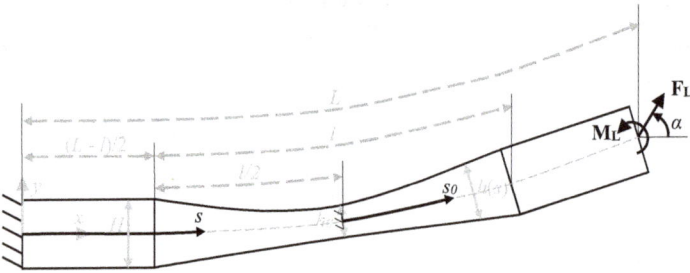

Abb. 6.9: Ein nachgiebiges Gelenk im unverformten Zustand mit Modellparametern.

Es lassen sich mindestens zwei Sonderfälle identifizieren, in denen eine analytische Lösung der Gleichungen (6.11) möglich ist. Im ersten Sonderfall wirkt auf das Gelenk lediglich ein Moment M_L ($F_L = 0$). In diesem Fall kann die Lösung der Gleichungen (6.11) für den Winkel θ_3 wie folgt bestimmt werden:

$$\theta_3(s) = \frac{M_L}{E} \int \frac{ds}{I_3(s)} + \int \kappa_{30}(s)ds + C_1.$$

(6.14)

Für die prismatischen Gelenke gilt:

$$\theta_3(s) = \frac{12M_L}{bE} \int \frac{ds}{h^3(s)} + \int \kappa_{30}(s)ds + C_1. \tag{6.15}$$

Die Form der Kontur, beschrieben durch $h(s)$ oder $I_z(s)$, soll durch eine gewählte Abhängigkeit von s mit den zu ermittelnden Parametern, wie h_0 als minimale Höhe des Gelenks (vgl. Tab. 6.1), angegeben werden. Falls die Integrale in (6.15) gefunden werden können, lässt sich die Integrationskonstante C_1 aus der zweiten Bedingung in (6.12) ebenfalls ermitteln. Des Weiteren wird die Bedingung für die Dehnung ε betrachtet, wobei diese nicht größer, als der zulässige Wert ε_{zul} sein sollte:

$$|\varepsilon|_{max} = \frac{6|M_L|}{Ebh_0{}^2} \leq \varepsilon_{zul}. \tag{6.16}$$

Zur Ermittlung eines geometrischen Parameters der Gelenkkontur, wie h_0 oder κ_{30}, falls der gesuchte Parameter konstant sein sollte, kann eine folgende Bedingung (6.17) genutzt werden. Sie basiert auf Gleichung (6.15), Ungleichung (6.16) und auf Bedingung (6.13).

$$\theta_L \leq 2\varepsilon_{zul}h_0^2 \int \frac{ds}{h^3(s)}\bigg|_{s=L} + \int \kappa_{30}(s)ds\bigg|_{s=L} + C_1, \quad M_L > 0 \tag{6.17}$$

Ein weiterer Fall, der eine analytische Lösung erlaubt, liegt vor, wenn κ_0 und I_3 konstant sind. Dann können die Gleichungen (6.11) auf eine folgende Gleichung reduziert werden:

$$\frac{d^2\theta_3}{ds^2} = \frac{F_L \sin(\alpha - \theta_3)}{EI_3}. \tag{6.18}$$

Die Lösung dieser Gleichung kann für s durch ein elliptisches Integral erster Art, hier durch F_{El} bezeichnet, aufgeschrieben werden:

$$s = \mp \frac{2F_{El}(\frac{\alpha-\theta_3}{2}, \frac{2d}{c+d})}{\sqrt{c+d}}, \quad \text{`` $-$ ''  für } \frac{d\theta_3}{ds} \geq 0, \quad \text{`` $+$ '' für } \frac{d\theta_3}{ds} < 0. \tag{6.19}$$

Es werden folgende Größen eingeführt:

$$d = \frac{2F_L}{EI_3}, \quad c = \left(\frac{M_L}{EI_3} + \kappa_{30}\right)^2 - d\cos(\alpha - \theta_L). \tag{6.20}$$

In diesem Fall kann beispielsweise die Länge des Gelenks für den Biegewinkel bestimmt werden, sofern andere Parameter bekannt sind:

$$L = \mp \frac{2F_{El}(\frac{\alpha-\theta_L}{2}, \frac{2d}{c+d})}{\sqrt{c+d}}. \tag{6.21}$$

In der Regel lassen sich die Parameter der Kontur analytisch nicht finden, es sei denn, es handelt sich um diese Sonderfälle. Eine numerische Lösung ist immer möglich, um die Parameter b oder h zu bestimmen. Um allgemeine Fälle zu betrachten, sollen die Gleichungen (6.11) und (4.180) mit den Randbedingungen (6.12) und (4.181) numerisch gelöst werden.

Die Verwendung der linearen Theorie für die geraden Formen der Gelenke kann ebenfalls zu validen Ergebnissen (vgl. Abschnitt 3.5) führen, mit dem Vorteil der einfachen analytischen Lösung.

Tab. 6.1: Vier Gelenkkonturen, die im Tool „detasFLEX" [29, 22] implementiert sind; in der letzten Spalte sind Formeln für die Gelenkkontur mit geraden Achse und bezüglich dem Koordinatensystem mit einem Koordinatenursprung in der Mitte der Gelenkachse aufgeschrieben, durch h_0 wird in den Formeln die minimale und durch H die maximale Höhe des Gelenks bezeichnet.

Gelenkkontur	Darstellung (abweichende Bezeichnungen)	Formel für die Gelenkkontur
Halbkreisförmig mit R als Radius des Halbkreises		$h_0 + 2R - 2\sqrt{R^2 - s_0^2}$, $\quad R = 0,5l$
Mit viertelkreisförmigen Ecken mit r als Radius der Viertelkreise		$h_0 + 2r - 2\sqrt{r^2 - (s_0 + l/2 - r)^2}$, $\quad -l/2 \leq s_0 < -l/2 + r$ $h_0, \quad -l/2 + r \leq s_0 \leq l/2 - r$ $h_0 + 2r - 2\sqrt{r^2 - (s_0 - l/2 + r)^2}$, $\quad l/2 - r < s_0 \leq l/2$
Halbellipsenförmig mit r_1, r_2 als Radien der Halbellipsen		$h_0 + 2r_2\left(1 - \sqrt{1 - \dfrac{s_0^2}{r_1^2}}\right)$
Form nach Polynomfunktion mit n als Potenz der Polynomfunktion		$h_0 + \dfrac{(H - h_0)}{(l/2)^n}\,|s_0|^n$, $\quad n \geq 2$

Tab. 6.2: Ergebnisse für die Gelenkparameter unter Berücksichtigung der gewählten Polynomfunktion und der wirkenden Querkraft.

Gelenk Nr.	Potenz der Polynomfunktion	Kraft in N	Drehachsenverlagerung in mm
1 und 3	3,4	1,18	0,006
2	7,6	1,05	0,044

Zur schnelleren Ermittlung der *Gelenkkontur*, wurde das Tool „detasFLEX" [29], [22] (Abb. 6.8 a) entwickelt. In diesem Tool sind vier verschiedene Gelenkkonturen implementiert: halbkreisförmig, mit viertelkreisförmigen Ecken, halbellipsenförmig sowie eine Form, die durch eine spezielle Polynomfunktion beschrieben wird (Tabelle 6.1). Das Tool basiert auf der Theorie großer Verformungen gekrümmter Balkensysteme. Es werden die Gleichungen (6.11) und (4.180) mit den Randbedingungen (6.12) und (4.181) numerisch gelöst. Zu diesem Zweck wurde MATLAB als eigenständige Softwareanwendung verwendet, die lediglich die lizenzfreie Laufzeitumgebung benötigt. Als Eingabeparameter dienen geometrische und materialspezifische Parameter des Gelenks. Die Berechnung ist für die Belastung mit einem Biegemoment oder einer Kraft möglich. Die Ergebnisse können entweder für die genannten Lastfälle oder für einen vorgegebenen Drehwinkel bis zu 45° ausgegeben werden. Außerdem werden Ergebnisse ausgegeben, wie die Lage der verformten neutralen Achse, die Drehachsenverlagerung nach dem Ansatz der Mittelpunktmitführung, die Verteilung der Dehnung sowie Diagramme, die diese darstellen. Zusätzlich ist eine Vorschau der exakten Gelenkgeometrie mit der sofortigen Visualisierung im Tool implementiert.

Im vorliegenden Beispiel sollen durch die nachgiebigen Gelenke relative Winkel von 5,17°, 10,34° und 5,17° (Abb. 6.7) realisiert werden. Das Ziel ist es, eine minimale Drehachsenverlagerung und die Dehnung unter einer zulässigen Spannung ε_{zul} zu erreichen. Der Sicherheitsfaktor S wird in diesem Beispiel mit mindestens S = 1,2 bezogen auf die maximal erträgliche Dehnung ε_{er} festgelegt. Die Annahme eines Sicherheitsfaktors ermöglicht einen zusätzlichen Spielraum bei der abschließenden Optimierung des gesamten Mechanismus.

Die Kontur des Gelenks samt ihrer beiden Seitenelemente wird mittels einer Polynomfunktion durch den Ausdruck (6.22) beschrieben. Der Koordinatenursprung des Bezugssystems für das Gelenk liegt in der Einspannstelle (vgl. Abb. 6.9). Die Wahl einer Polynomfunktion für die Kontur und die Wirkung einer Querkraft resultieren in den Ergebnissen, die in der Tab. 6.2 dargestellt sind.

$$h(s) = \begin{cases} H, & 0 \leq s < (L-l)/2, \\ h_0 + \dfrac{(H-h_0)}{(l/2)^n}|s-L/2|^n,\ n \geq 2, & (L-l)/2 \leq s < (L-l)/2, \\ H, & (L-l)/2 \leq s < L \end{cases} \qquad (6.22)$$

Im Rahmen der Untersuchungen wurden folgende Parameter verwendet:

$$H = 10 \text{ mm}, \quad h_0 = 0,2 \text{ mm}, \quad L = 20 \text{ mm},$$
$$l = 10 \text{ mm}, \quad w = 6 \text{ mm}, \quad E = 72000 \text{ MPa}, \quad \varepsilon_{\text{zul.}} \approx 0,42 \text{ \%}. \qquad (6.23)$$

Es konnte festgestellt werden, dass die Drehachsenverlagerung mit abnehmender Polynompotenz n von $h(s)$ kleiner wird, während die maximale Dehnung im Gelenk entsprechend zunimmt.

Der letzte Schritt der Synthese besteht in der Prüfung des Verhaltens des nachgiebigen Mechanismus. Der Mechanismus wird in drei Teile mit den Längen L_i, $i = 1,...,3$ aufgeteilt, wobei die Teilung an der Stelle der Verzweigung der Balkenachse erfolgt (Abb. 6.10). Für die Verzweigung werden die Übergangsbedingungen für die Momente, Kräfte (6.24), Winkel und Koordinaten (6.25) notiert:

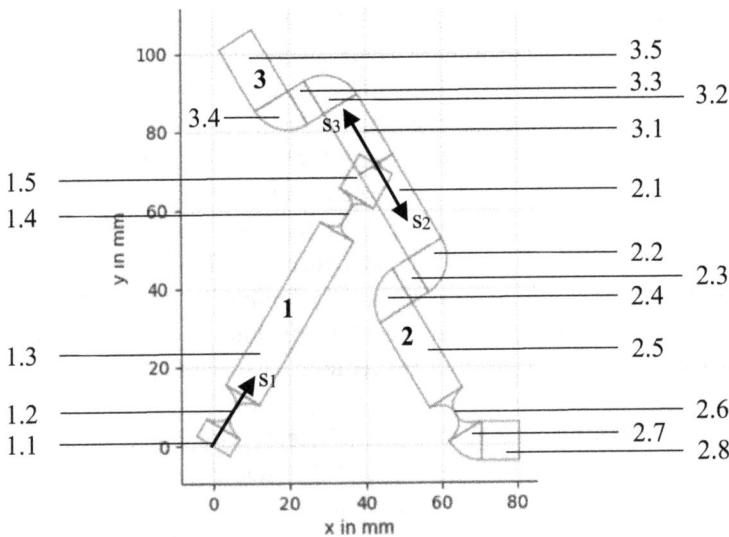

Abb. 6.10: Nachgiebiger Mechanismus, erstellt mit Tool CoMUI, [29], [24] und bestehend aus drei Teilen mit den einzelnen Elementen *i.j*, wobei *i* mit *i* = 1,...,3 ein Mechanismusteil und *j* mit *j* = 1,...,5(8) ein Element eines Mechanismusteils sind.

$$M_{z1}(L_1) = M_{z2}(0) + M_{z3}(0),$$

$$Q_{x1}(L_1) = Q_{x2}(0) + Q_{x3}(0),$$ (6.24)

$$Q_{y1}(L_1) = Q_{y2}(0) + Q_{y3}(0),$$

$$x_1(L_1) = x_2(0), \quad x_1(L_1) = x_3(0),$$

$$y_1(L_1) = y_2(0), \quad y_1(L_1) = y_3(0),$$

$$\theta_{31}(L_1) = \theta_{32}(0) + (\pi - 2\beta),$$ (6.25)

$$\theta_{31}(L_1) = \theta_{33}(0) - 2\beta, \quad \tan\beta = 0,6.$$

Die genannten Übergangsbedingungen im Zusammenhang mit den Gleichungen (6.26) und den Randbedingungen (6.27) stellen ein mathematisches Modell für den gesamten Mechanismus dar. Die Ermittlung der Verformungen unter der Kraft F erfolgt anhand von 18 Gleichungen und 18 Bedingungen.

$$\frac{dQ_{xi}}{ds_i} = 0, \quad \frac{dQ_{yi}}{ds_i} = 0,$$

$$\frac{dM_{zi}}{ds_i} = Q_x \sin\theta_3 - Q_y \cos\theta_3,$$

$$\frac{d\theta_{3i}}{ds_i} = \frac{M_{zi}}{EI_{3i}(s_i)} + \kappa_{30i}(s_i),$$ (6.26)

$$\frac{dx_i}{ds_i} = \cos\theta_{3i}, \quad \frac{dy_i}{ds_i} = \sin\theta_{3i}, \quad i = 1, 2, 3$$

$$Q_{x2}(L_2) = -F, \quad Q_{x3}(L_2) = 0, \quad Q_{y3}(L_3) = 0,$$

$$M_{z3}(L_3) = 0,$$

$$\theta_{31}(L_3) = \frac{\pi}{2} - \beta, \quad \theta_{32}(L_2) = 0,$$ (6.27)

$$x_1(0) = 0, \quad y_1(0) = 0, \quad y_2(L_2) = 0$$

Die Gleichungen können numerisch gelöst werden. Um die Lösung der Gleichungen zu verkürzen und insbesondere die Modellbildung zu beschleunigen, kann das Tool „CoMUI" [29, 24] verwendet werden. Das Tool basiert ebenfalls wie „detasFLEX" auf der Theorie großer Verformungen gekrümmter Balkensysteme und ist analog organisiert, weshalb auch hier lediglich eine lizenzfreie Laufzeitumgebung benötigt wird. Für die Eingabe der Parameter stehen verschiedene Mechanismenteile zur Verfügung, die aus Einzelelementen bestehen. Die Elemente sind entweder gerade oder gekrümmte Abschnitte mit konstanter Krümmung. Die Längenabmessungen einzelner Elemente für das gezeigte Beispiel können der Tab. 6.3 entnommen werden.

Die Verformung des Mechanismus wird unter der Wirkung einer Kraft von 0,45 N berechnet. Das entspricht in etwa einem Drittel der Kraft, die auf jedes der drei Ge-

Tab. 6.3: Längen einzelner Elemente des Mechanismus aus Abb. 6.10 [24]; i ist ein Mechanismusteil, $i = 1,...,3$; j bedeutet ein Element des Mechanismusteils, $j = 1, ... ,5(8)$.

$i↓ j→$	1	2	3	4	5	6	7	8
1	5 mm	10 mm	48,3 mm	10 mm	10 mm	–	–	–
2	25 mm	7,85 mm	5 mm	7,85 mm	25,4 mm	10 mm	5,15 mm	10 mm
3	18 mm	7,85 mm	5 mm	7,85 mm	18,3 mm	–	–	–

lenke wirkt, wobei der Winkel zwischen der Kraft und den Balkenachsen der nachgiebigen Gelenke berücksichtigt wird. Der Punkt P des Mechanismus verschiebt sich dabei um ca. 5,3 mm in y-Richtung und weist eine Abweichung von der geraden Bahn (Verschiebung in x-Richtung) von ca. 0,158 mm auf. Das Gelenk 3 erfährt eine maximale Dehnung von ca. 0,455 %.

Der Mechanismus kann zusätzlich optimiert werden, um die Abweichung von der geraden Bahn zu verkleinern. Dafür können einzelne oder mehrere Parameter variiert, die Modellgleichungen gelöst und die Ergebnisse für die gerade Bahn untereinander verglichen werden. Im Folgenden wird die Polynompotenz n des Gelenks 2 variiert. Dabei ist sicherzustellen, dass die maximale Dehnung im Mechanismus permanent überprüft wird, um eine Dehnung von maximal 0,5 % zu gewährleisten.

Die Optimierung des Mechanismus kann auch mit dem Tool „CoMUI" [29, 24] erfolgen. Im Rahmen des Tools besteht im Teil „Parametric Study" die Möglichkeit, ausgewählte Parameter in einem vorgegebenen Bereich zu variieren. An dieser Stelle kann das neue Resultat für die Polynompotenz des Gelenks 2 eruiert werden, wobei ein Wert von $n = 10,6$ resultiert. Die Abweichung von der geraden Bahn wird dabei auf 0,148 mm reduziert. Die resultierende Bahnlänge beträgt 5,75 mm, während die maximale Dehnung im Gelenk 3 knapp unter der vorgegebenen maximal zulässigen Dehnung von 0,5 % liegt.

Eine Reduktion der Kraft auf 0,4 N resultiert in einer Bahn von 5,14 mm. Die Abweichung von der geraden Bahn beträgt in diesem Fall 0,148 mm bei einer maximalen Dehnung von 0,440 % im Gelenk 3. Alle hier genannten Zahlenwerte sind gerundet. Andere geometrische Parameter, der Elastizitätsmodul oder die einwirkende Kraft können ebenfalls variiert werden, um die Abweichung von der geraden Bahn zu minimieren. Diese mögliche Optimierungsschritte werden zur Erläuterung der Synthesemethode nicht wesentlich beitragen, deshalb wird hier darauf verzichtet.

7 Ausgewählte Beispiele zur Dimensionierung von nachgiebigen Systemen

Im Folgenden werden nachgiebige Systeme, nämlich ein nachgiebiger Mechanismus und ein nachgiebiger Aktuator, für ausgewählte Anwendungen dimensioniert. Dabei wird von einer groben Vorstellung des Aufbaus dieser Systeme ausgegangen. Ebenso sind die Anforderungen an das Verformungsverhalten der Systeme bekannt. Die genauen geometrischen Abmessungen der Systeme werden ermittelt. Dabei spielen Skalierungsbetrachtungen und die Anwendung dimensionsloser Parameter eine wichtige Rolle.

7.1 Dimensionierung eines nachgiebigen Mechanismus zur Führung eines Körpers mit konstanter Kraft

Ein Körper soll durch mehrere nachgiebige Elemente so befestigt werden, dass seine Führung in einem bestimmten Bereich nahezu ohne Kraftänderung und vorzugsweise mit Nullkraft möglich ist. Ausgehend von den Überlegungen in Abb. 2.24 c wird im Folgenden eine möglichst einfache Struktur der nachgiebigen Elemente gewählt und dimensioniert.

7.1.1 Dimensionierung einer gekrümmten Struktur für die Führung mit konstanter Kraft

Die Enden eines nachgiebigen Elements mit Verbindungsstellen A und B sind rechtwinklig zueinander angeordnet. Das Grundelement für dieses Beispiel ist ein Balken, bestehend aus einem Viertelring mit Radius R und einem geraden Abschnitt der Länge L, wie in Abb. 7.1 gezeigt. Zunächst werden die Größen R und L gesucht, die zu einem Verhalten führen, das durch die in Abb. 2.24 c graphisch dargestellte Kraft-Weg-Kurve beschrieben wird. Ein besonderes Merkmal ist die *konstante Kraft*, die innerhalb eines bestimmten Wegbereichs erreicht wird. Um die Untersuchungen zur Lösungsfindung zu vereinfachen, werden dimensionslose Gleichungen betrachtet. Die Parameter L_x und EI_3 werden als Bezugsgrößen definiert. Der Betrag der Kraft, die auf ein Element wirkt, ist $F = F_0/n$ im Falle von n Elementen.

https://doi.org/10.1515/9783110759884-007

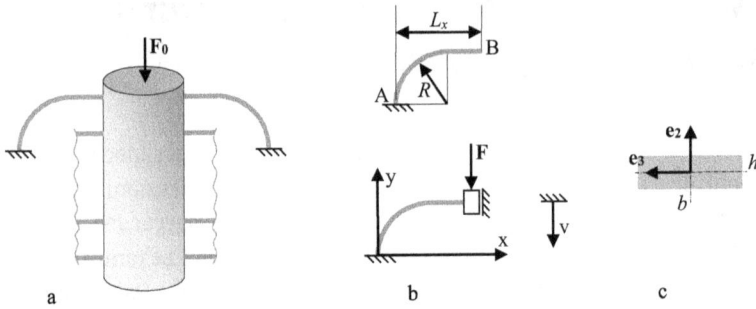

Abb. 7.1: Führung eines Körpers: a – geführter Körper mit mehreren nachgiebigen Elementen; b – ein nachgiebiges Element: oben – Parameter für die Abmessungen des nachgiebigen Elements, unten – mechanisches Modell mit schematisch dargestellten Randbedingungen und einer einwirkenden Kraft; c – Querschnitt eines nachgiebigen Elements.

$$\tilde{s} = \frac{s}{L_x}, \quad \tilde{L}_x = \frac{L_x}{L_x} = 1, \quad \tilde{R} = \frac{R}{L_x}, \quad \tilde{x} = \frac{x}{L_x}, \quad \tilde{y} = \frac{y}{L_x},$$

$$\tilde{\kappa} = \kappa L_x, \quad \widetilde{EI_3} = \frac{EI_3}{EI_3} = 1, \quad \tilde{F} = \frac{FL_x^2}{EI_3}, \quad \tilde{M} = \frac{ML_x}{EI_3}, \tag{7.1}$$

$$\tilde{v} = \tilde{R} - \tilde{y}$$

Die Bezeichnungen F und M stehen in (7.1) stellvertretend entsprechend für alle Kräfte und Momente. Folgende dimensionslose Gleichungen werden für ein nachgiebiges Element aufgeschrieben:

$$\frac{d\tilde{Q}_x}{d\tilde{s}} = 0,$$

$$\frac{d\tilde{Q}_y}{d\tilde{s}} = 0,$$

$$\frac{d\tilde{M}_z}{d\tilde{s}} - \tilde{Q}_x \sin\theta_3 - \tilde{Q}_y \cos\theta_3,$$

$$\frac{d\theta_3}{d\tilde{s}} = \tilde{M}_z + \tilde{\kappa}_{30}, \tag{7.2}$$

$$\frac{d\tilde{x}}{d\tilde{s}} = \cos\theta_3,$$

$$\frac{d\tilde{y}}{d\tilde{s}} = \sin\theta_3.$$

Die ursprüngliche Form wird mit der Angabe der Krümmung für die unbelastete Form berücksichtigt:

$$\tilde{\kappa}_{30} = \begin{cases} \dfrac{1}{\tilde{R}}, & 0 \leq \tilde{s} < \dfrac{\pi}{2}\tilde{R}, \\[3mm] 0, & \dfrac{\pi}{2}\tilde{R} \leq \tilde{s} \leq \tilde{L}_x + \tilde{R}\left(\dfrac{\pi}{2} - 1\right). \end{cases} \tag{7.3}$$

Für die Differenzialgleichungen des Gleichungssystems (7.2) werden folgende sechs Randbedingungen genutzt:

$$\theta_3(0) = \frac{\pi}{2}, \quad \theta_3\left(\tilde{L}_x + \tilde{R}\left(\frac{\pi}{2} - 1\right)\right) = 0,$$

$$\tilde{x}(0) = 0, \quad \tilde{x}\left(\tilde{L}_x + \tilde{R}\left(\frac{\pi}{2} - 1\right)\right) = \tilde{L}_x, \tag{7.4}$$

$$\tilde{y}(0) = 0, \quad \tilde{y}\left(\tilde{L}_x + \tilde{R}\left(\frac{\pi}{2} - 1\right)\right) = \tilde{R} - i\frac{\tilde{R}}{10}, \quad i = 1, \dots, 10.$$

Das rechte Ende des nachgiebigen Elements wird schrittweise soweit nach unten verschoben, bis es die *x*-Achse erreicht. Um die geeigneten Abmessungen des Elements zu finden, wird der Betrag des dimensionslosen Radius in Schritten von 0,1 zwischen 0,2 und 0,9 variiert. Für jeden dieser Radien wird das Gleichungssystem (7.2) unter Berücksichtigung der Randbedingungen aus (7.4) für jeden Schritt *i* gelöst.

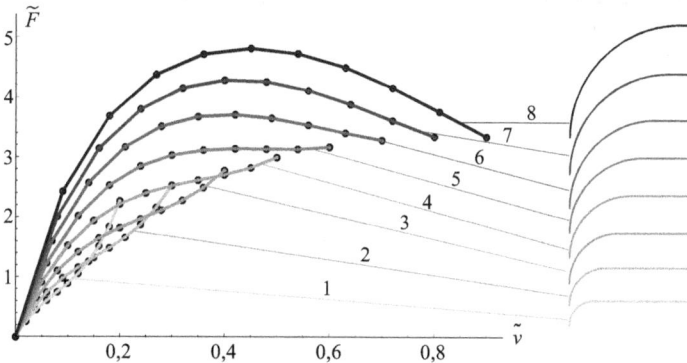

Abb. 7.2: Kraft-Weg-Kurven für die nachgiebigen Elemente mit verschiedenen Verhältnissen zwischen dem Radius des gekrümmten Teils und dem geraden Abschnitt bei Beibehaltung der Abmessung des nachgiebigen Elements in *x*-Richtung: $\tilde{L}_x = 1$, $\tilde{R} = 0{,}1(j+1)$, $j = 1, \dots, 8$.

Die Ergebnisse sind in Abb. 7.2 als grafische Darstellung der Kraft-Weg-Kurven für die nachgiebigen Elemente mit verschiedenen Verhältnissen zwischen dem Radius des gekrümmten Teils und dem geraden Abschnitt unter Beibehaltung der Abmessung des nachgiebigen Elements in *x*-Richtung dargestellt. Es zeigt sich, dass die Kraft-Weg-Kurven für Strukturen mit kleinen Radien monoton steigend sind. Für die Strukturen mit größeren Radien weisen die Kurven ein Maximum auf. Die Kurve 5 (Abb. 7.2) beinhaltet einen nahezu waagerechten Abschnitt der Länge $\tilde{v}_2 - \tilde{v}_1$. Die nahezu konstante

Kraft $\tilde{F}_m$ innerhalb dieses Abschnitts weist eine maximale Änderung ΔF von nur 0,0175 auf (Abb. 7.3 a). Das nachgiebige Element mit dieser Kraft-Weg-Charakteristik besteht aus einem gekrümmten Element mit einem Radius von 0,6 und einem geraden Element der Länge 0,4, wobei dimensionslose Größen verwendet werden (Abb. 7.3 b).

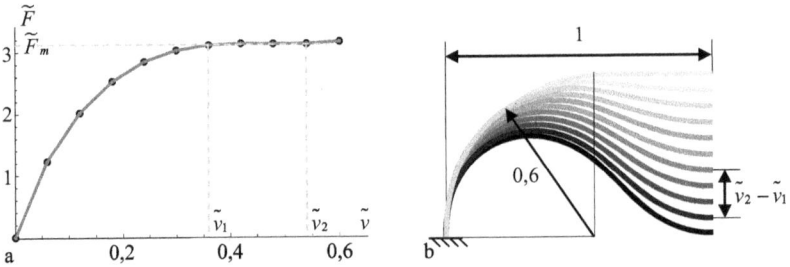

Abb. 7.3: Kraft-Weg-Kurve und die ausgewählte Struktur: a – Kraft-Weg-Kurve, die einen nahezu waagerechten Abschnitt aufweist; b – nachgiebiges Element mit verschiedenen Lagen: $\tilde{v} = 0, 1i, \; i = 0, ..., 6$.

Folgende dimensionslose Größen (s. auch Abb. 7.4) können für dieses nachgiebige Element ermittelt werden:

$$\tilde{v}_1 = 0,36, \quad \tilde{v}_2 = 0,54, \quad \tilde{F}_m \approx 3,13, \quad \left|\tilde{M}_z\right|_{\max} = \tilde{M}_z(L) \approx 3,17. \tag{7.5}$$

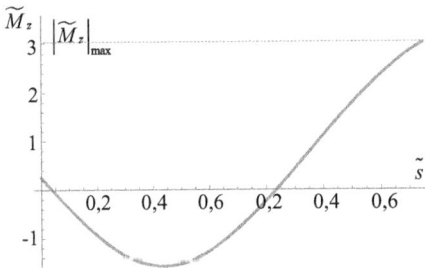

Abb. 7.4: Moment-Weg-Kurve für das nachgiebige Element aus Abb. 7.3 b.

Die maximale Dehnung, die unter einem Wert ε_{zul} bleiben soll, kann auch durch die dimensionslosen Größen aufgeschrieben werden:

$$|\varepsilon|_{\max} = \frac{|M_z|_{\max}}{EI_3} \frac{h}{2} = \left|\tilde{M}_z\right|_{\max} \frac{\tilde{h}}{2} \leq \varepsilon_{zul}. \tag{7.6}$$

Folgend wird die dimensionslose Höhe $\tilde{h}$ ermittelt. Dazu wird das maximale Schnittmoment (s. (7.5)) in die Bedingung (7.6) eingesetzt:

$$\tilde{h} \le \frac{2\varepsilon_{zul}}{\left|\tilde{M}_z\right|_{max}}.$$ (7.7)

Der Ausdruck für die dimensionslose Kraft in (7.1) liefert das Flächenträgheitsmoment:

$$I_3 = \frac{F}{\tilde{F}_v} \frac{L_x^2}{E}, \quad \text{mit } I_3 = \frac{bh^3}{12}.$$ (7.8)

In der Formel für Flächenträgheitsmoment steht die Breite b in der ersten Potenz, weshalb die Anzahl der Elemente n auf folgende Weise berücksichtigt werden kann:

$$nb = \frac{12\,F_0}{h^3} \frac{L_x^2}{\tilde{F}} \frac{}{E}.$$ (7.9)

Durch Einbeziehen der zulässigen Dehnung kann zunächst die Höhe h als eine dimensionsbehaftete Größe aus der folgenden Bedingung (vgl. mit (7.7)) gewählt werden:

$$h \le \frac{2\varepsilon_{zul}}{\left|\tilde{M}_z\right|_{max}} L_x.$$ (7.10)

Im Anschluss werden die Breite b sowie die Anzahl der Elemente n gemäß (7.9) ermittelt. Für die folgenden Werte werden die Abmessungen und die Anzahl der Elemente gesucht:

$$E = 21000\,\frac{N}{mm^2}, \quad \varepsilon_{zul} = 0{,}5\%, \quad L_x = 100\,mm, \quad F_0 = 1\,N.$$ (7.11)

Die Höhe h wird demnach wie folgt berechnet:

$$h \le \frac{2 \cdot 0{,}005}{3{,}17}\,100\,mm = 0{,}315\,mm.$$ (7.12)

Der Wert $h = 0{,}3$ mm wird für die Höhe des nachgiebigen Elements gewählt und in den weiteren Berechnungen verwendet. Gemäß (7.9) lässt sich die Gesamtbreite der n Elemente, bezeichnet als nb, ableiten:

$$nb = \frac{12\,F_0}{h^3} \frac{L_x^2}{\tilde{F}} \frac{}{E} = \frac{12 \cdot 1\,N \cdot (100\,mm)^2}{(0{,}3\,mm)^3 \cdot 3{,}13 \cdot 21000\,\frac{N}{mm^2}} = 67{,}7\,mm.$$ (7.13)

Für eine Variante mit drei Gruppen von je sechs nachgiebigen Elementen, die in einem Winkel von 120° zueinander angeordnet sind und eine Führung gewährleisten, können 18 Elemente verwendet werden. Die Breite von jedem Element beträgt dann ca. 3,76 mm. Bei einer Positionierung der Elemente wie in Abb. 7.5 a erfolgt bei einer Krafteinwirkung von 1 N auf den geführten Körper (als Vorbelastung, beispielsweise durch die Schwerkraft) eine Führung mit einer nahezu konstanten Kraft im Bereich von ca. 20 mm. Die maximale Dehnung der nachgiebigen Elemente beträgt dabei ca. 0,27%.

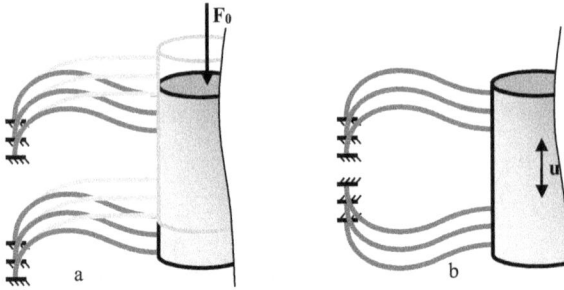

Abb. 7.5: Der Körper wird von 18 nachgiebigen Elementen geführt, die drei Gruppen von je sechs nachgiebigen Elementen bilden; die Gruppen sind in einem Winkel von 120° zueinander angeordnet: a – geführter Körper; hier nur eine Gruppe dargestellt; die Elemente sind gleich orientiert; beim Erreichen einer Kraft von 1 N wird der Körper in einem Bereich von ca. 20 mm mit einer nahezu konstanten Kraft geführt; b – geführter Körper; hier nur eine Gruppe dargestellt; die Elemente sind vorgespannt; jeweils drei Elemente sind gespiegelt zueinander angeordnet, wodurch eine nahezu kraftlose Führung möglich ist.

Eine weitere Variante ist in Abb. 7.5 b dargestellt. Hierbei werden die nachgiebigen Elemente jeder Gruppe gespiegelt, jeweils drei zu drei, und zueinander vorgespannt geordnet. Die Positionierung für die Vorspannung kann dabei zwischen v_1 und v_2 gewählt werden (Abb. 7.3 a), um dann in diesem Bereich eine kraftlose Verschiebung $F_0 = 0$ zu erzielen.

Auf der Grundlage der dargestellten theoretischen Betrachtungen können die nachgiebigen Elemente für die Führung mit einer vorgegebenen konstanten Kraft, einem vorgegebenen Bauraum und den vorgegebenen Materialeigenschaften in Verbindung mit der zulässigen Dehnung dimensioniert werden. Der Bauraum kann durch die Größen L_x und R definiert werden.

7.1.2 Auslegung einer geraden Struktur für die Führung mit konstanter Kraft

Die Herstellung gekrümmter Strukturen stellt für viele Fertigungsverfahren eine Herausforderung dar, insbesondere dann, wenn ein bestimmter Krümmungswert mit hoher Genauigkeit erreicht werden soll, um die vorgegebene Kraft-Weg-Kennlinie möglichst genau nachzubilden. Im Folgenden werden daher gerade nachgiebige Elemente betrachtet, die so vorgespannt werden, dass sich ein qualitativ ähnliches Kraft-Weg-Verhalten wie in Abb. 7.3 a ergibt. Solche Elemente können analog zu den gekrümmten Elementen aus dem letzten Abschnitt zur Führung eines Körpers verwendet werden. Der Abstand zwischen den beiden Befestigungen des vorgespannten Elements in x-Richtung wird als eine dimensionslose Größe des Parameters L_x mit dem Wert 1 belassen. Die dimensionslosen Größen werden wie in (7.1) benutzt. Analog zu dem Element aus Abschnitt 7.1.1, welches aus einem Viertelkreis mit Radius 0,6 und einem geraden

Abschnitt der Länge 0,4 besteht (dimensionslose Werte), wird das Ende des geraden Balkenelements der Länge $(0,6\,\pi/2 + 0,4) \approx 1,34$ in die Position $x = 1$, $y = 0,6$ und waagerecht in Übereinstimmung mit seinem gekrümmten Vorbild gebracht (Abb. 7.6 a). Neben der Kraft F_v wirken am Balkenende eine weitere Kraft in x-Richtung sowie ein Biegemoment, um die Position im oben genannten Punkt und mit einer waagerechten Tangente am Balkenende zu gewährleisten. Die Verformung führt zu einem Biegemoment mit einem maximalen dimensionslosen Wert von 2,23 an der Stelle $\tilde{s} \approx 0,21$. Allerdings weist die berechnete Kennlinie keine nahezu waagerechten Bereiche auf (Abb. 7.6 b). Daher wird eine andere Länge des Balkens gesucht, die bei einer geeigneten Vorspannung die Kennlinie mit einem waagerechten Bereich aufweist. Dabei wird nach dem gleichen Prinzip wie für einen gekrümmten Balken vorgegangen. Die dimensionslose Länge wird gemäß folgendem Ausdruck berechnet:

$$\tilde{L} = \frac{\pi}{2}\tilde{R}_H + (1 - \tilde{R}_H) \quad \text{mit } \tilde{R}_H = 0,6 - 0,01i, \; i = 1, 2, \dots \tag{7.14}$$

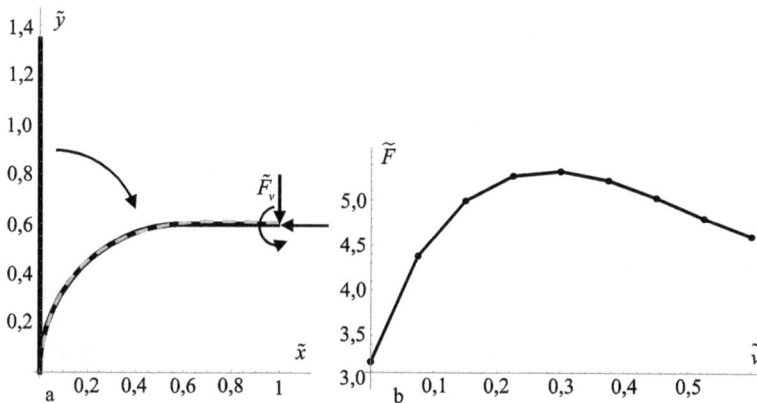

Abb. 7.6: Vorgespannter Balken und die Kraft-Weg-Kurve: a – der verformte Balken der Länge $0,6\,\pi/2 +$ 0,4; der Endpunkt wird dabei in die Position $x = 1$, $y = 0,6$ analog zu seinem gekrümmten Vorbild (unterbrochene Linie) aus Abb. 7.3 b gebracht; am Balkenende wirken Kräfte und ein Biegemoment, um die Position im genannten Punkt und mit einer waagerechten Tangente am Balkenende zu gewährleisten; b – Kraft-Weg-Kurve für diesen Balken.

Die Hilfsvariable $\tilde{R}_H$ dient der Berechnung der neuen Länge, da die Form eines gekrümmten Balkens im unbelasteten Zustand und die Form eines nach seinem Vorbild vorgespannten geraden Balkens einander ähneln (vgl. Abb. 7.6 a). Der Parameter L_x bleibt konstant, während die y-Koordinate des vorgespannten Balkens durch die Hilfsvariable bestimmt wird:

$$\tilde{x} = 1, \quad \tilde{y} = \tilde{R}_H. \tag{7.15}$$

Der Wert $\tilde{R}_H$= 0,47 liefert die Länge des Balkens und die Lage des verformten Balkenendes mit nahezu konstantem Kraftbereich der Kennlinie (vgl. Abb. 7.7 a):

$$\tilde{L} = \frac{\pi}{2}\tilde{R}_H + (1 - \tilde{R}_H).$$
(7.16)

Der gleiche Bereich $\tilde{v}_2 - \tilde{v}_1$ wird mit den Werten aus (7.5) betrachtet. Die mittlere Kraft $\tilde{F}_m$ im Bereich $\tilde{v}_2 - \tilde{v}_1$ beträgt 5,39 (dimensionslose Größe). Die maximale Änderung ΔF im genannten Bereich liegt unter dem Wert von 0,0188 (Abb. 7.7).

Um die Spannungen im verformten Balken abzuschätzen, werden Biegemomente im Balken betrachtet. Das maximale Biegemoment innerhalb der Balkenlänge für die Lage, die der Mitte zwischen $\tilde{v}_1$ und $\tilde{v}_2$ auf der Kraft-Weg-Kurve (Abb. 7.7 b) entspricht, erreicht den Betrag von 3,29 an der Stelle $\tilde{s}$ = 0,34 (siehe Abb. 7.8 unter 2).

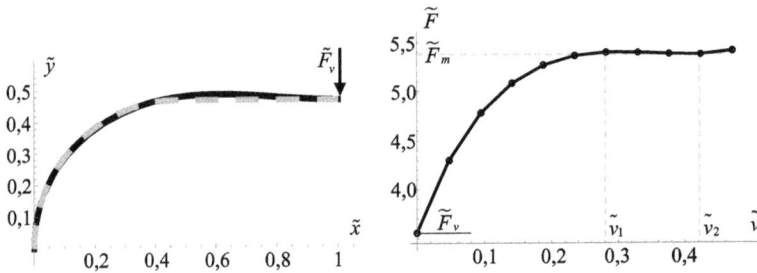

Abb. 7.7: Vorgespannter optimierter Balken und die Kraft-Weg-Kurve: a – der verformte Balken der Länge 0,47 π/2 + 0,53; der Endpunkt wird dabei in die Position x = 1, y = 0,47 gebracht, entspricht seinem gekrümmten Vorbild (unterbrochene Linie) mit dem Radius 0,47; am Balkenende wirken Kräfte und ein Biegemoment, um die Position im genannten Punkt mit einer waagerechten Tangente am Balkenende zu gewährleisten; b – Kraft-Weg-Kurve für beschriebenen Balken mit einem nahezu waagerechten Abschnitt.

Um zunächst eine Vorspannung zu erreichen, wird neben den anderen Belastungen eine Kraft $\tilde{F}_v$ von 3,56 am Ende des Balkens benötigt. Sobald die Kraft $\tilde{F}_v$ wirkt, wird ein maximales Biegemoment mit einem Betrag von ca. 2,23 (siehe Abb. 7.8 unter 1) entstehen. Die Kraft wird bis zum Wert $\tilde{F}_m$ von 5,39 erhöht, um den Bereich mit der nahezu *konstanten Kraft* zu erreichen. Das maximale Moment steigt folglich bis auf 3,29 für die Stelle $\tilde{s}$ = 0,34.

In der Tab. 7.1 wird ein Vergleich zwischen den beiden Varianten, dem gekrümmten und dem geraden Balken, dargestellt. Es zeigt sich, dass das maximale Biegemoment beim geraden Balken nur um 3,8 % höher ist als beim gekrümmten Balken. Die Spannungswerte verhalten sich proportional zum Biegemoment, so dass eine ähnliche Abweichung zwischen gekrümmten und geraden Balken zu beobachten ist.

Die Kraft in y-Richtung ist beim geraden Balken um 72% höher als beim gekrümmten Balken. Dies bedeutet, dass für die gleiche Aufgabe, wie im vorigen Abschnitt beschrieben, beim geraden Träger weniger Führungselemente erforderlich sind, um eine bestimmte Kraft zu erreichen.

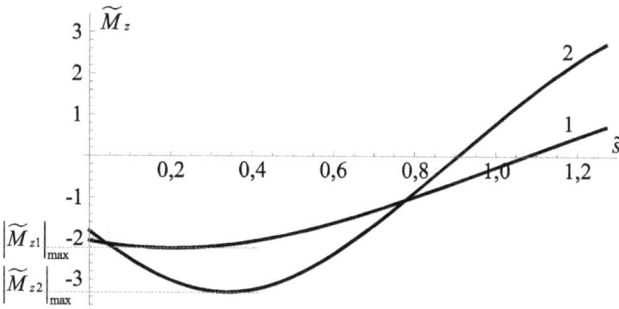

Abb. 7.8: Darstellung der Biegemomente im Balken aus Abb. 7.7; 1 – im vorgespannten Zustand, 2 – unter der Wirkung der nahezu konstanten Kraft.

Tab. 7.1: Gegenüberstellung der dimensionslosen Beträge der Kräfte in y-Richtung und der Biegemomente für einen gekrümmten und einen geraden Balken.

Dimensionslose Größen	Gekrümmter Balken	Gerader Balken	
	Bereich der konst. Kraft	Vorspannungszustand	Bereich der konst. Kraft
Kraft in y-Richtung	3,13	3,56	5,39
Maximales Biegemoment	3,17	2,23	3,29

Nach (7.13) ergibt sich für n Elemente der Wert von 39,3 mm für die Gesamtbreite nb. Es können also 12 Elemente verwendet werden, was weniger ist als bei gekrümmten Elementen. Für die Breite jedes Führungselements ergibt sich ein Wert von ca. 3,27 mm. Hinsichtlich der Anzahl der Elemente ist es sogar vorteilhaft, die geraden Führungselemente anstelle der gekrümmten Elemente zu wählen. Allerdings ist die maximale Dehnung mit ca. 0,32 % höher als bei den gekrümmten Elementen. Analog zur Lösung in Abb. 7.5 b für eine kraftlose Führung, können diese zwölf Führungselemente in ähnlicher Weise angeordnet werden.

7.2 Dimensionierung eines nachgiebigen Aktuators für medizintechnische Anwendungen

Im Folgenden werden ein gerader und ein gekrümmter nachgiebiger Aktuator als Elektrodenträger zur Verwendung in Cochlea-Implantaten untersucht. Das Ziel ist dabei, den Kontakt zwischen dem Elektrodenträger und der Cochlea zu minimieren und folglich die Schädigung der Cochlea während des operativen Einführens zu minimieren bzw. zu vermeiden. Das Hauptziel dieser Untersuchung ist es, eine Methode für die Entwicklung solcher Aktuatoren zur Verfügung zu stellen. Anhand dieses Beispiels wird gezeigt, dass die Theorie großer Verformungen geeignet ist, solche fluidmechanischen Aktuatoren für den Einsatz bei Insertionen in die gekrümmte Öffnungen zu entwerfen.

Patienten, die an einem schweren bis hochgradigen Hörverlust leiden, der durch gestörte Haarzellen im Innenohr (Cochlea) verursacht wird, können mit einem Cochlea-Implantat-System behandelt werden (Abb. 7.9). Dieses besteht aus einem Außenteil, das ist eine hinter dem Ohr tragbare Einheit mit einem Mikrofon und einem Sprachprozessor 1, verbunden mit einer Sendespule 2. Das Innenteil wird implantiert und beinhaltet eine Empfangsspule 3 und einen Elektrodenträger 4.

Der Elektrodenträger stellt eine zweidimensionale Struktur dar, sodass er sowohl für die linke als auch für die rechte Cochlea geeignet ist. Er besteht aus einem Silikonkörper, in dem mehrere Kontaktelektroden (Platinlegierung) zur Stimulation des Hörnervs 5 eingebettet sind. Der Elektrodenträger wird chirurgisch in die Cochlea 6 eingeführt. Die Insertion kann zu Schädigungen der intracochleären Weich- und Knochengewebestrukturen und somit noch intakten Haarzellen führen. In der Folge erleiden die Patienten eine vollständige Ertaubung und können nicht von den Vorteilen des kombinierten Hörens durch die noch intakten Haarzellen in Verbindung mit dem Implantat profitieren. Um dieses Risiko zu reduzieren, wird hier ein fluidisch aktuierbarer Elektrodenträger (nachgiebiger fluidmechanischer Aktuator) für die Verwendung in einem Cochlea-Implantat vorgeschlagen.

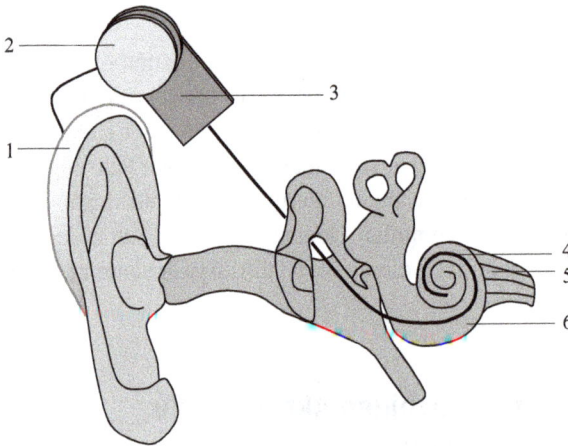

Abb. 7.9: Cochlea-Implantat (1 bis 4), bestehend aus dem Außenteil mit 1 – Einheit mit Mikrofon und Sprachprozessor, 2 – Sendespule sowie einem Innenteil mit 3 – Empfangsspule und 4 – Elektrodenträger; weiterhin sind gezeigt: 5 – Hörnerv, 6 – Cochlea.

Der fluidmechanische Aktuator soll seine Krümmung Schritt für Schritt ändern, wenn er in die Cochlea eingeführt wird, um seine Form an die Form der Cochlea anzupassen. Um ein gezieltes Verformungsverhalten des Elektrodenträgers zu erreichen, wird sein Körper mit einem durch den fluidischen Druck beaufschlagbaren Hohlraum versehen. Die erforderliche Nachgiebigkeit wird bereits durch die Verwendung von hyperelastischem Material für den Elektrodenträger ermöglicht. Des Weiteren ist in der Wand ein Faden eingebettet, der ein sehr niedriges Widerstandsmoment gegen Biegung aufweist und sich bei Zugbelastung vernachlässigbar ausdehnt (biegeschlaff und zugfest). Der Druckanstieg im Inneren des Aktuators führt zu einer Ausdehnung seiner Innenwand auf einer Seite, während die Dehnung auf der anderen Seite durch den eingebetteten Faden verhindert wird. Dies resultiert in einer Verbiegung des Aktuators, wie in Abb. 7.10 a schematisch dargestellt. Durch Erhöhung des Drucks im Innenraum steigt die Steifigkeit des Aktuators an. Der anfänglich gerade Aktuator weist zu Beginn des Einführens eine geringe Steifigkeit auf, die im weiteren Verlauf des Einführens und der zunehmenden Krümmung des Aktuators zunimmt.

Eine andere Möglichkeit ist, dass der Aktuator bereits gekrümmt ist, um der Form der Cochlea zu entsprechen. Unter Innendruck nimmt seine Krümmung ab. Durch gezieltes Design seiner Geometrie kann der Aktuator eine gerade Form annehmen, die für den Beginn der Insertion geeignet ist. Im Gegensatz zum zuvor beschriebenen geraden Aktuator wird die Steifigkeit des gekrümmten Aktuators beim kontinuierlichen Einführen geringer (Abb. 7.10 b). Zudem hat die gekrümmte Form den Vorteil, dass der gekrümmte Elektrodenträger in der Cochlea ohne Innendruck verbleibt und eine natürliche Nähe zur Innenwand der Cochlea aufweist, was aus medizinischer Sicht vorteilhaft ist. Diese Variante des gekrümmten Aktuators ist jedoch komplizierter herzustellen.

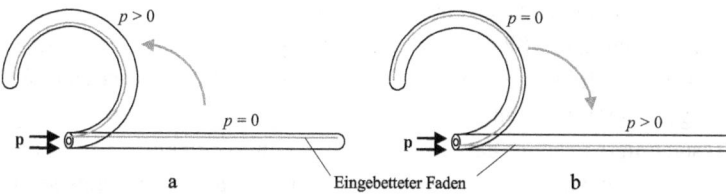

Abb. 7.10: Fluidmechanischer Aktuator: a – mit ursprünglich gerader Form; b – mit ursprünglich gekrümmter Form.

Um die Herstellung der Demonstratoren zu erleichtern, ist die Form des Hohlraums und der Außenwand vorzugsweise konisch oder zylindrisch. Der Faden wird parallel zu der Balkenachse eingebettet. Es ergeben sich somit vier Möglichkeiten, den Elektrodenträger gerade oder gekrümmt und mit konischer oder zylindrischer Form für Innen- und Außenwand zu bilden. Zwei dieser Möglichkeiten wurden bereits in Abb. 5.7 betrachtet. Die vorliegende Untersuchung befasst sich mit der Herangehensweise beim Entwurf eines nachgiebigen fluidmechanischen Aktuators. Dabei werden die Elektrodenträger als Aktuatoren ohne Elektroden im Modell betrachtet, da sich die Untersuchung auf die grundlegenden Prinzipien beschränkt.

7.2.1 Herangehensweise zur Synthese eines nachgiebigen fluidmechanischen Aktuators

Die vorliegende Untersuchung befasst sich mit einer möglichen Veränderung der Krümmung eines geraden Aktuators, dessen Endform durch die Form der Cochlea vorgegeben ist. Ziel ist es, die Geometrie des Aktuators so zu entwickeln, dass seine Endverformung bei einem vorgegebenen Innendruck die Form der Cochlea annimmt. Zu diesem Zweck wird eine modellbasierte Synthese durchgeführt, bei der die analytische Modellierung mit der Finite-Elemente-Methode kombiniert wird. Die analytische Modellierung basiert auf der Theorie großer Verformungen gekrümmter Balkensysteme. Die nichtlinearen Materialeigenschaften des nachgiebigen Aktuators aus Silikon lassen sich mit der Finite-Elemente-Methode sehr gut darstellen, während die Synthese mit der Finite-Elemente-Methode viel komplizierter ist. Die verwendete analytische Modellierungsmethode eignet sich dagegen sehr gut für die Synthese, kann jedoch nur lineare Materialparameter beschreiben. Deshalb werden hier die Vorteile beider Methoden genutzt. Es wird angenommen, dass die Dehnung des Aktuators bei der Krümmungsänderung unter Innendruck nahezu gleichmäßig über die Länge verteilt ist, da keine starken Veränderungen im Querschnitt über die Länge des zu entwickelnden Aktuators zu erwarten sind. Deshalb können im analytischen Modell ein Elastizitätsmodul und die entsprechenden linearen Materialeigenschaften für bestimmte Druckbereiche angenommen werden. Unter Anwendung der Finite-Elemente-Methode werden zunächst die Materialeigenschaften des Aktuators identifiziert. Zu diesem Zweck wird eine einseitig geschlossene zylinderförmige Prüfgeometrie mit einem ebenfalls zylinderförmigen Hohlraum und in die Wand eingebetteten biegeschlaffen und längenbeständigen Faden gewählt. Die Länge sowie die äußeren Querschnittsabmessungen der Testgeometrie sollen dabei in etwa den Abmessungen des zu entwickelnden Aktuators entsprechen. Die Querschnittsabmessungen des Innenraums sowie die Position des Fadens werden so gewählt, dass die Prüfgeometrie bei einem bestimmten Druck einen Bogen im Winkelbereich zwischen 270° und 360° erreichen kann. Die genannten Werte werden entsprechend den medizinischen Erfahrungen festgelegt.

Die Prüfgeometrie wird mittels der Finite-Elemente-Methode für verschiedene Innendrücke simuliert und die resultierende Krümmung wird berechnet (Schritt 1). Die entstandene Krümmung wird anschließend in das analytische Modell für die gleiche Geometrie der Testgeometrie eingegeben, wodurch die Elastizitätsmoduln für die einzelnen Innendrücke bestimmt werden (Schritt 2). In einem weiteren Schritt wird auf Basis des analytischen Modells eine neue Geometrie des Aktuators gesucht (Schritt 3). Die modellbasierte Synthesemethode für den Elektrodenträger ist in Abb. 7.11 dargestellt.

Step 1 **Simulation:** Finite-Elemente-Modell	**Step 2** **Parameter-** **identifizierung:** analytisches Modell	**Step 3** **Synthese:** analytisches Modell

Testgeometrie, Materialeigenschaften, Druck	Verformung: Krümmung abhängig vom Druck	Materialeigenschaften: Elastizitätsmodul abhängig vom Druck	Geometrie des neuen Aktuators

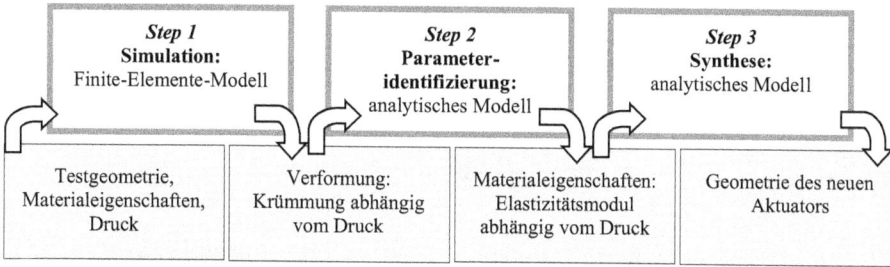

Abb. 7.11: Methode der modellbasierten Synthese für die Entwicklung eines fluidmechanischen Aktuators mit nichtlinearen Materialeigenschaften.

7.2.2 Skalierung des nachgiebigen fluidmechanischen Aktuators

Im Folgenden wird die Skalierung geometrisch ähnlicher nachgiebiger Aktuatoren betrachtet, da die geringen Abmessungen tatsächlicher Elektrodenträger bei der Herstellung und bei experimentellen Untersuchungen zu Schwierigkeiten führen können. Die Betrachtung der Skalierung soll Aufschluss darüber geben, wie sich das Verhältnis zwischen Parametern (geometrie- und materialseitig) und Belastungen ändert, wenn das System vergrößert wird, beispielsweise unter Beibehaltung der geometrischen Ähnlichkeit. Nach Vorliegen dieser Ergebnisse, können Versuche mit einem größeren System durchgeführt und auf das System mit den tatsächlichen Abmessungen übertragen werden.

Die betrachtete Testgeometrie ist ein Aktuator in Form eines zylinderförmigen Balkens der Länge L mit einem ebenfalls zylindrischen Hohlraum. Der Aktuator besitzt den Außenradius r und den Innenradius r_i (Abb. 7.12 a–b). Der Faden verläuft parallel zur Achse des Aktuators und ist in einem Abstand h von ihr eingebettet. Analog zu Abschnitt 5.1.1 lassen sich folgende Zusammenhänge für das Biegemoment M_3 ableiten:

$$\frac{dM_3}{ds} = 0, \quad M_3(L) = hp\pi r_i^2,$$

$$M_3 = EI_3(\kappa_3 - \kappa_{30}).$$

(7.17)

Daraus folgt die Gleichung (7.18) für die Abhängigkeit der Krümmung von den geometrischen Parametern, dem Innendruck und dem Elastizitätsmodul E.

$$\kappa_3 = \frac{hp\pi r_i^2}{EI_3}$$

(7.18)

Das Flächenträgheitsmoment I_3 aus (7.19) und die Krümmung $\kappa_3 = 1/R$ werden dann in Gleichung (7.18) eingesetzt. Der Krümmungsradius des Aktuators wird in diesem Zusammenhang mit R bezeichnet.

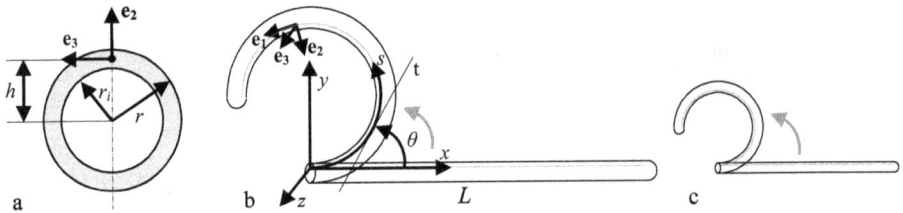

Abb. 7.12: Skalierung der Testgeometrie: a – Querschnitt der Testgeometrie als Balkens; b-c – geometrisch ähnliche zylinderförmige Balken, jeder mit einem eingebetteten Faden und einem zylindrischen Hohlraum, beide sind aus identischem Material und erreichen bei gleichem Innendruck eine geometrisch ähnliche Form.

$$I_3 = \pi \frac{r^4 - r_i^4}{4} + h^2 \pi (r^2 - r_i^2) \tag{7.19}$$

Im Anschluss wird die Gleichung (7.18) derart umgestellt, dass nur die geometrischen Parameter auf der rechten Seite verbleiben.

$$\frac{p}{E} = \frac{(r^2 + r_i^2 + 4h^2)(r^2 - r_i^2)}{4Rhr_i^2} \tag{7.20}$$

Die geometrischen Parameter können nun mit einem Skalierungsfaktor k in Bezug auf die neuen Parameter dargestellt werden. Es wird angenommen, dass die belastete Form des Aktuators auch für die skalierten Parameter eine geometrische Ähnlichkeit aufweist. Daher wird auch der Krümmungsradius R mit dem Faktor k skaliert:

$$r_i = kr_{ik}, \quad r = kr_k, \quad l = kl_k, \quad R = kR_k \quad h = kh_k. \tag{7.21}$$

Durch Einsetzen der Parameter aus (7.21) in Gleichung (7.20) und anschließende Vereinfachung kann der Skalierungsfaktor k gekürzt werden:

$$\frac{p}{E} = \frac{(r_k^2 + r_{ik}^2 + 4h_k^2)(r_k^2 - r_{ik}^2)}{4R_k h_k r_{ik}^2.} \tag{7.22}$$

Daraus lässt sich ableiten, dass geometrisch ähnliche zylinderförmige Aktuatoren mit einem eingebetteten Faden und einem einseitig geschlossenen Hohlraum bei gleichem Material und gleichem Innendruck oder bei einem gleichen Verhältnis zwischen p und E eine geometrisch ähnliche Form aufweisen (Abb. 7.12 b–c). Dieses Resultat kann für Untersuchungen und allgemeinere Schlussfolgerungen herangezogen werden, da die Erkenntnisse aus der Analyse der Modelle auf vergrößerte oder verkleinerte Modelle übertragen werden können. Demzufolge können Demonstratoren im vergrößerten Maßstab hergestellt werden, was den Vorteil mit sich bringt, dass sie in Versuchsaufbauten leichter gehandhabt werden können.

Die Validierung des analytischen Modells des konisch geformten Aktuators anhand der Finite-Elemente-Methode ergibt einen gemessenen Abstand zwischen den Kurven 4 und 5 aus Abb. 7.15 a von unter 0,6 mm (entspricht: unter 2 % der Länge des Aktuators und ca. 19 % bezogen auf die kleinste Querschnittsabmessung der Cochlea). Die Lage des Aktuators, berechnet über das analytische Modell unter Berücksichtigung eines Innendrucks von 6 bar, ist in Abb. 7.15 b dargestellt.

Im Rahmen der vorliegenden Untersuchungen wurden einige konisch geformte Demonstratoren mit dem Außenradius am Ansatz von 0,8 mm und an der Spitze von 0,6 mm sowie mit $L = 30,5$ mm, $h = 0,55$ mm und $r_i = 0,3$ mm hergestellt und unter Innendruck getestet. Eine Schablone (Abb. 7.16 a) für die einzelnen Formen, wurde gefertigt und für den Abgleich der verformten Demonstratoren eingesetzt. Zur Berechnung der Formen wurden die Gleichungen (7.17) sowie (4.176) mit den Druckwerten {0; 3; 4; 4,6; 5,1; 5,6; 6} bar verwendet. In Abb. 7.16 b–h sind die Vergleiche zwischen berechneten und gemessenen Formen dargestellt. Es wurden die gezeigten Formen der Demonstratoren unter den Druckwerten {0; 2,82; 3,69; 4,12; 4,58; 4,99; 5,45} bar erreicht. Dabei wurden akzeptable Formübereinstimmungen beobachtet, wie in Abb. 7.16 demonstriert.

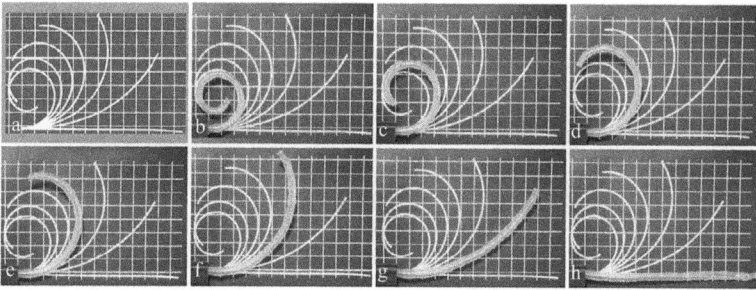

Abb. 7.16: Ein Demonstrator unter Innendruck im Vergleich mit berechneten Aktuator-Formen: a – Schablone mit berechneten Aktuatorformen unter den Innendruckwerten {0; 3; 4; 4,6; 5,1; 5,6; 6} bar; b-h – erreichte Demonstrator-Formen unter den Innendruckwerten {0; 2,82; 3,69; 4,12; 4,58; 4,99; 5,45} bar.

Die Differenz zwischen den mittleren gemessenen Druckwerten und den analytisch berechneten Werten erreicht einen Maximalwert von 0,61 bar. Dieser Wert entspricht dem analytisch ermittelten Druck von 5,6 bar. Die vorgestellte Herangehensweise ermöglicht das Design konischförmiger Aktuatoren, die sich unter gegebenen Belastungen so verformen, dass eine erwünschte Form nachgebildet wird.

7.2.5 Synthese eines geraden Aktuators mithilfe eines polynomialen Ansatzes

Im Folgenden soll die Form eines Elektrodenträgers bestimmt werden, welcher eine vorgegebene Cochleaform (Tab. 7.3) mit höherer Genauigkeit nachahmt als eine koni-

sche Form und gleichzeitig eine stufenförmige Außengeometrie des Aktuators aus-
schließt (vgl. Abb. 7.14 b). Zu diesem Zweck wird die gewünschte Form des Fadens
anhand einer Approximation durch einen Polynomansatz für den Winkel $\theta(s)$ bestimmt. Der Tangentenwinkel des Fadens $\theta(s)$ lässt sich zunächst mit der folgenden
Differentialgleichung bestimmen, welche die Kombination mehrerer Radien R_{Fj}, $j = 1$,
...,17 aus (7.26) und der Koordinate s verwendet:

$$\frac{d\theta(s)}{ds} = \frac{1}{R_F}, \quad R_F = \begin{cases} R_{F1}, & 0 \leq s < s_1, \\ R_{F2}, & s_1 \leq s < s_2, \\ ... \\ R_{F17}, & 0 \leq s \leq s_{17}. \end{cases} \tag{7.30}$$

Die Koordinaten s_j stellen die Übergangspunkte von einem Radius zum anderen dar
(Tabelle 7.3). Der Winkel $\theta(s)$ wird wie folgt mit einem Polynom vierter Ordnung
unter Verwendung von Mathematica® approximiert:

$$\theta_A(s) = 1.16 \times 10^{-1} s + 5.48 \times 10^{-3} s^2 + 2.09 \times 10^{-4} s^3 + 5.11 \times 10^{-6} s^4. \tag{7.31}$$

Die Ordnung des Polynoms kann beliebig gewählt werden. Mit Hilfe des angenäherten
Tangentenwinkels $\theta_A(s)$ können die Koordinaten des Fadens bestimmt werden:

$$\frac{dx(s)}{ds} = \cos\theta_A(s), \quad x(0) = 0,$$
$$\frac{dy(s)}{ds} = \sin\theta_A(s), \quad y(0) = -a. \tag{7.32}$$

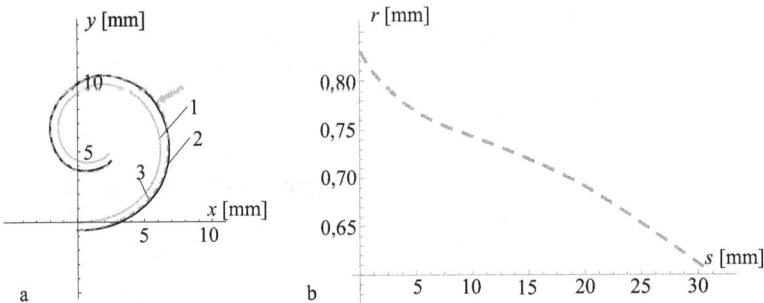

Abb. 7.17: Darstellung der Kurven für den Faden des Aktuators und deren Außenradius: a – Kurven für
gewünschte und ermittelte Form des Aktuatorfadens, gezeigt sind: 1 – die Innenwand der Cochlea, 2 – die
Sollkurve für den Faden des Aktuators, 3 – eine Fadenform, berechnet aus dem Polynomansatz vierter
Ordnung zur Bestimmung des Tangentenwinkels; der graue Pfeil zeigt die Stelle der maximalen
Abweichung zwischen den Kurven 2 und 3; b – der Außenradius vom Aktuator für die Fadenform 3.

Infolge der Näherung des Winkels $\theta(s)$ durch ein Polynom vierter Ordnung weicht die resultierende Kurve von der gewünschten Form ab (Abb. 7.17 a). Diese Lösung weist eine absolute maximale Abweichung von der gewünschten Form von ca. 0,12 mm auf. Die Stelle der maximalen Abweichung ist in Abb. 7.17 a durch einen grauen Pfeil hervorgehoben. Der relative Wert der maximalen Abweichung beträgt weniger als 0,5 % in Bezug auf die Länge des Aktuators und etwa 3,6 % bezogen auf die kleinste Querschnittsbreite b der Cochlea. Der Außenradius kann hier analog zu Gleichung (7.28) berechnet werden:

$$r = \left(\left(\frac{4hp_6 R_{FA} r_i^2}{E_6} + r_i^2(r_i^2 + 4h^2) + 4h^4 \right)^{0.5} - 2h^2 \right)^{0.5}. \tag{7.33}$$

Der Krümmungsradius R_{FA} des Aktuators kann anhand des Winkels θ_A wie folgt bestimmt werden:

$$\frac{1}{R_{FA}} = \frac{\mathrm{d}\theta_A(s)}{\mathrm{d}s}. \tag{7.34}$$

Die Kurve für den Außenradius als Lösung der Gleichung (7.33) ist in Abb. 7.17 b dargestellt. Der Aktuator mit diesem Außenradius nimmt für einen Innendruck von 6 bar die in Abb. 7.17 a gezeigte Form 3 an. Die anderen geometrischen Parameter sind: $L = 30,5$ mm, $h = 0,55$ mm und $r_i = 0,3$ mm. Beim Vergleich dieser Form mit der konischen Form für Innendruck von 6 bar zeigt sich, dass die Abweichung von der gewünschten Form durch Anwendung des Polynomansatzes vierter Ordnung um den Faktor 4 bis 5 reduziert werden kann. Andererseits führt der ermittelte Außenradius des Aktuators zur Erhöhung der Komplexität bei der Herstellung.

7.2.6 Synthese eines gekrümmten, konisch geformten Aktuators

Des Weiteren wird der Entwurf eines gekrümmten Aktuators im Maßstab 3:1 durchgeführt (siehe [56] und Abschnitt 7.2.2). Die Form der Innenwand der Cochlea entspricht den vorgegebenen Krümmungsradien aus der Tab. 7.3. Der Abstand zwischen der Cochlea-Innenwand und dem eingebetteten Faden des Aktuators wird mit $a = 1,8$ mm festgelegt (Abb. 7.18 a). Da der Faden auf der gegenüberliegenden Seite des gekrümmten Aktuators eingebettet wird, ist dieser Abstand größer als bei dem geraden Aktuator. Hier wird die Krümmung des Aktuatorfadens mithilfe eines polynomialen Ansatzes in Abhängigkeit von der Koordinate s dargestellt:

$$\kappa_A(s) = 9,7 \cdot 10^{-2} + 7,4 \cdot 10^{-3}s - 3,4 \cdot 10^{-4}s^2 + 7,7 \cdot 10^{-6}s^3. \tag{7.35}$$

Die Polynom-Darstellung der Krümmung erleichtert die weiteren analytischen Berechnungen. Die ursprüngliche Form des gekrümmten Aktuators wird im kartesischen Koordinatensystem beschrieben:

$$\frac{d\theta_A(s)}{ds} = \kappa_A(s), \qquad \theta_A(0) = 0,$$

$$\frac{dx(s)}{ds} = \cos\theta_A(s), \qquad x(0) = 0, \tag{7.36}$$

$$\frac{dy(s)}{ds} = \sin\theta_A(s), \qquad y(0) = -a.$$

In Abb. 7.18 a ist die Form des gekrümmten Aktuators nach (7.35)–(7.36) im Vergleich mit der erwünschten Form dargestellt. Mithilfe der Polynomdarstellung für die Krümmung oder für den Neigungswinkel ist es möglich, einen Aktuator mit hoherer Genauigkeit zu entwerfen, da unbegrenzt hohe Polynomgrade gewählt werden können, um die gewünschte Genauigkeit zu erreichen.

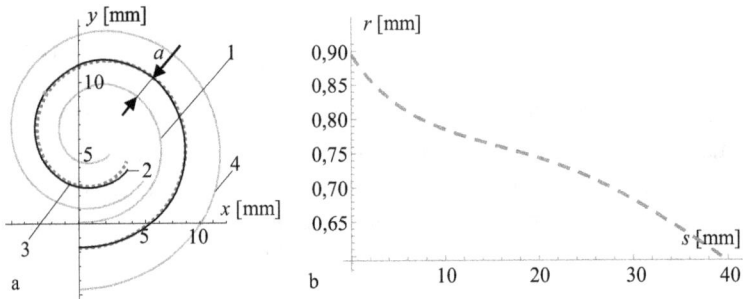

Abb. 7.18: Darstellung der Kurven für den Fadens des Aktuators und deren Außenradius: a – Kurven für gewünschte und ermittelte Form des Aktuatorfadens, gezeigt sind: 1 – die Innenwand der Cochlea, 2 – die Sollkurve für den Faden des Aktuators, 3 – eine Fadenform, berechnet aus dem Polynomansatz zur Bestimmung der Krümmung nach (7.35)–(7.36), 4 – die Außenwand der Cochlea; b – der Außenradius vom Aktuator für die Fadenform 3.

Die Länge des Fadens des gekrümmten Aktuators wird gemäß Gleichung (7.26) berechnet und beträgt demnach $L = 39{,}8$ mm. Die Parameter des gekrümmten Aktuators werden auf $h = 0{,}52$ mm und $r_i = 0{,}3$ mm festgelegt. Der Außenradius des Aktuators $r = r(s)$ soll berechnet werden. Das Ziel ist es, eine gerade Form bei einem Innendruck von 6 bar zu erreichen. Die Basis für die Berechnung des Außenradius kann folgenden Gleichungen und Bedingungen unter Anwendung des Flächenträgheitsmoments aus Gleichung (7.23) entnommen werden:

$$\frac{dM_3}{ds} = 0, \qquad M_3(L) = -hp_6\pi r_i^2,$$

$$M_3 = E_6 I_3(\kappa_3 - \kappa_A(s)), \qquad \kappa_3 = 0. \tag{7.37}$$

Daraus folgt die Berechnungsformel für den Außenradius des gekrümmten Aktuators:

$$r(s) = \left(\left(r_i^2(r_i^2 + 4h^2) + 4h^4 - \frac{4hp_6r_i^2}{\kappa_A(s)E_6} \right)^{0.5} - 2h^2 \right)^{0.5}. \tag{7.38}$$

Der Aktuator mit dem in Abb. 7.18 b dargestellten Außenradius wird eine gerade Form annehmen, wenn der innere Druck 6 bar beträgt.

Für die anderen Innendrücke werden die Krümmungen κ_{3k} des Aktuators aus den folgenden Gleichungen ermittelt:

$$\frac{dM_{3k}}{ds} = 0, \quad M_{3k}(L) = -hp_k\pi r_i^2,$$

$$M_{3k} = E_k I_3(\kappa_{3k} - \kappa_A(s)), \quad k = 1, ..., 6. \tag{7.39}$$

Die Parameter p_k und E_k werden der Tab. 7.2 entnommen. Anschließend können die Formen des Aktuators für verschiedene Druckwerte ermittelt werden:

$$\frac{d\theta_{Ak}(s)}{ds} = \kappa_{3k}, \qquad \theta_A(0) = 0,$$

$$\frac{dx_k(s)}{ds} = \cos\theta_{Ak}(s), \quad x(0) = 0, \tag{7.40}$$

$$\frac{dy_k(s)}{ds} = \sin\theta_{Ak}(s), \quad y(0) = -a.$$

In Abb. 7.19 sind die berechneten Formen des Aktuators für drei Innendrücke $p_1 = 0$ bar, $p_4 = 4$ bar und $p_6 = 6$ bar dargestellt.

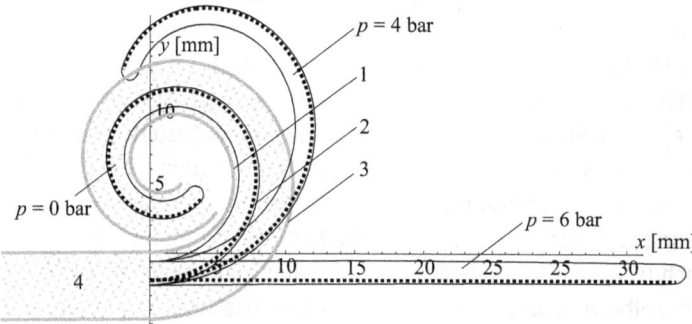

Abb. 7.19: Formen des gekrümmten Aktuators für drei verschiedene Innendrücke: 0 bar, 4 bar und 6 bar; 1 – die Innenwand der Cochlea, 2 – der Faden des Aktuators, 3 – die Außenwand der Cochlea; 4 – der nahezu gerade Zugang zur Cochlea.

Um die anatomischen Variationen der Cochlea-Geometrie und der Länge des Zugangs zur Cochlea (Abb. 7.19, 4) während der Insertion des Implantats auszugleichen, ist es vorteilhaft, entweder patientenspezifische Implantate zu fertigen oder einen patientenspezifischen Insertionsprozess zu evaluieren. Sobald die Technologie es zulässt, besteht die Möglichkeit, individuelle Implantate anhand der vorgestellten Berechnungen herzustellen. Eine andere Option ist die Aufteilung der Implantate in Größen, wie S, M und L anhand durchschnittlicher geometrischer Parameter [30]. Diese können dann in diesen Größen hergestellt und je nach Größe der Cochlea der Patienten für die Insertion ausgewählt werden. Im Rahmen der Insertion sollte dem Operierenden die Möglichkeit gegeben werden, sowohl die Insertionstiefe als auch die Krümmung des Implantats unabhängig voneinander anzupassen. Die Krümmung kann anhand des Drucks eingestellt werden. Des Weiteren wird die Möglichkeit aufgezeigt, die krümmungsaktive Länge des Aktuators zu variieren.

7.2.7 Insertionsprozess gerader und gekrümmter Aktuatoren

Aus Abb. 7.19 geht bereits hervor, dass die Insertion des Aktuators in die Cochlea erschwert wird, wenn über die Gesamtlänge die Krümmung geändert wird. Um eine erfolgreiche Insertion zu erreichen, sollte nur ein Teil des Aktuators gekrümmt sein, der auch in den gekrümmten Teil der Cochlea eindringt. Der restliche Teil des Aktuators, der sich noch im Zugang zur Cochlea befindet (Abb. 7.19, 4), muss gerade bleiben. Dies kann durch die Kombination eines Stiletts in Verbindung mit einer Druckerhöhung im Aktuator erreicht werden (Abb. 7.20) [56].

Zu Beginn des Einführens sowie zur Überwindung des nahezu linearen Zugangs zur Cochlea wird das Stilett vollständig im Aktuator gehalten, damit dieser seine gerade Form behält (Abb. 7.20 a–b). Anschließend erfolgt eine allmähliche Bewegung des Stiletts aus dem Aktuator heraus (Relativbewegung zwischen Stilett und Aktuator), indem der Aktuator weiter in die Cochlea eingeführt wird. Dadurch kann der vom Stilett freie Teil des Aktuators, der mit L_f bezeichnet ist (Abb. 7.20 c), seine Krümmung in Abhängigkeit vom Innendruck ändern. In einer der Ausführungsvarianten wird für das Stilett ein rohrförmiges, nahezu nicht-nachgiebiges System verwendet. Ein Kanal in der Mitte des Stiletts erlaubt den Eintritt des Mediums zur Druckerhöhung und löst damit die Krümmungsänderung des freien Teils des Aktuators aus. Eine solche Lösung erfordert eine Dichtung zwischen dem Stilett und der Aktuatorwand. Es ist jedoch technisch möglich, dass der Aktuator gleichzeitig als Dichtung fungiert. Dabei muss selbstverständlich eine Relativbewegung zwischen Stilett und Aktuator eine Undurchlässigkeit des Mediums bis zu einem Druck von 6 bar gewährleisten. Eine weitere Ausführungsvariante des Stiletts ist ein äußeres Stilett, beispielsweise eine Ummantelung, mit oder ohne Spalt (Abb. 7.20 d). Der Aktuator wird in das Stilett eingeführt und während des Einführens aus diesem herausgeschoben, um die Krümmung des freien Teils des Aktuators zu ermöglichen.

Die hier vorgestellte Einführungsmethode mit jedem der vorgestellten Stiletts eignet sich sowohl für gerade als auch für gekrümmte Träger. Der anfänglich gekrümmte Aktuator ist jedoch für klinische Anwendungen von Vorteil, da nach dem unmittelbaren Einführen kein Druck ausgeübt werden muss, damit der Aktuator im gekrümmten Zustand bleibt.

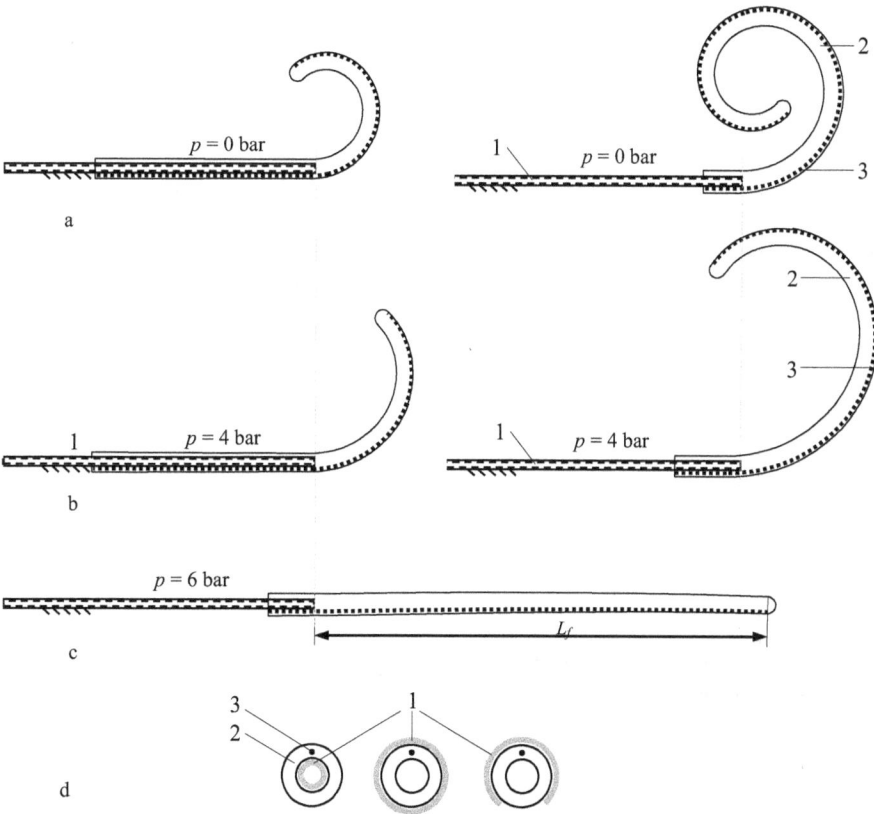

Abb. 7.20: Methode zur Einführung des Aktuators durch Kombination von Stilett-Relativbewegung und Innendruckänderung am Beispiel eines gekrümmten Aktuators: a – ein gekrümmter Aktuator ohne die Druckerhöhung mit zwei unterschiedlichen Längen des freien Teils des Aktuators; b – ein gekrümmter Aktuator unter dem Druck mit zwei unterschiedlichen Längen L_f; c – ein gekrümmter Aktuator unter dem Druck von 6 bar; d – Querschnitt mit drei verschiedenen Ausführungen des Stiletts: 1 – das Stilett, 2 – der Querschnitt des Aktuators, 3 – der eingebettete Faden.

Das Einführen des Aktuators ist sowohl für einen geraden als auch für einen gebogenen Aktuator in Abb. 7.21 dargestellt. Während des Einführens wird die freie Länge des Aktuators L_f schrittweise vergrößert. Der geeignete Druck p_{gj} für jede Länge L_{fj}, $j = 1,...,10$ wird durch die Erhöhung des Drucks von 0 bis 6 bar in Schritten von 0,05 bar mithilfe der Modellgleichungen ermittelt. Die betrachtete Bedingung ist, dass der Träger noch nicht die Innenwand der Cochlea berührt. Bei der ersten Berührung wird die Berechnung angehalten und der Druck p_{gj} aus dem vorherigen Schritt übernommen. Bei dieser Methode besteht die Möglichkeit, die Schritte in ihrer Feinheit zu variieren.

Die Modellgleichungen für die Berechnung einer verformten Lage des Aktuators der Länge L_{fj} unter einem geeigneten Druck p_{gj} sind:

$$\frac{d\theta_j(s_j)}{ds} = \kappa_{3j}, \qquad \theta_A(0) = 0,$$

$$\frac{dx_j(s_j)}{ds} = \cos\theta_j(s_j), \quad x(0) = 0, \tag{7.41}$$

$$\frac{dy_j(s_j)}{ds} = \sin\theta_j(s_j), \quad y(0) = -a.$$

Im Rahmen der Berechnung werden folgende Parameter verwendet:

$$\kappa_{3j} = \pm \frac{h p_j \pi r_i^2}{E(p_{gj}) I_{3j}} + \kappa_0(s_j),$$

$$I_{3j} = \pi \frac{r^4(s_j) - r_i^4}{4} + h^2 \pi (r^2(s_j) - r_i^2), \tag{7.42}$$

$$s_j = s - (L - L_{fj}),$$

$$L_{fj} = \frac{j}{n} L \quad j = 1, ..., n, \quad n = 10.$$

Die Werte für $E(p_{gj})$ werden der Gleichung (7.25) entnommen, wobei anstatt p der Wert p_{gj} eingesetzt wird. Die Abhängigkeit zwischen der Länge L_f und dem Druck p_g für den geraden Aktuator ist in Abb. 7.22 a dargestellt. Für die Länge $L_{f1} = 0,1 L$ wird bereits ein Druck von 3,9 bar benötigt. Mit zunehmender Länge L_f steigt der Druck bis auf 6 bar an.

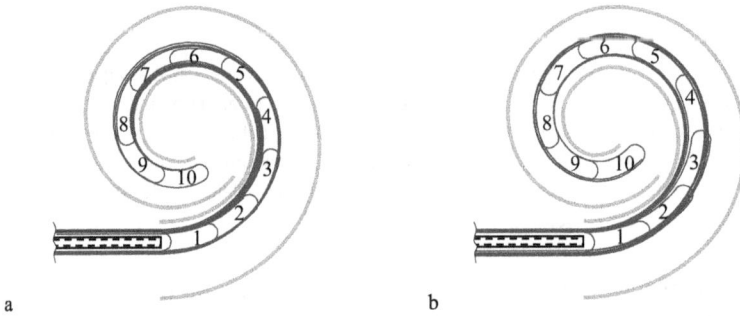

a   b

Abb. 7.21: Das Einführen eines geraden und eines gekrümmten Aktuators mit Stilett in zehn Schritten mit unterschiedlichen Längen L_f, geändert in gleichen Schritten: $L_f = 0,1 L$ i mit $i = 1,...,10$: a – ein gerader Aktuator; b – ein gekrümmter Aktuator.

Beim Einführen eines gekrümmten Aktuators wird ein geringerer Druck benötigt (Abb. 7.22 b). Der höchste Druck von lediglich 2 bar wird für die kleinste Länge L_{f1} benötigt. Im Gegensatz zum Einführen des geraden Aktuators nimmt der Druck mit zunehmender Einführlänge des gekrümmten Aktuators in die Cochlea ab. Des Weiteren ist in diesem Fall die Anwendung von Innendruck nur für die erste Hälfte des Einführungsprozesses notwendig. Für die Länge ab $L_{f6} = 0,6\,L$ ist der erforderliche Druck so gering ($p_g = 0,05$ bar), dass er weggelassen werden kann, ohne dass die Innenwand der Cochlea berührt wird.

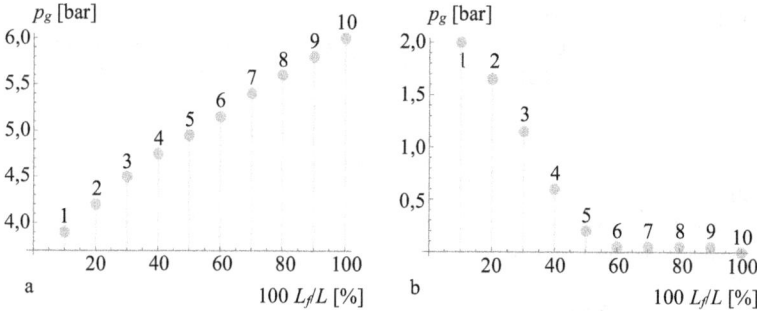

Abb. 7.22: Erforderlicher Druck für Insertion eines geraden und eines gekrümmten Aktuators mit Stilett: a – der erforderliche Druck für die steigende Länge L_f eines geraden Aktuators; b – der erforderliche Druck für das Einführen eines gekrümmten Aktuator für die steigende Länge L_f.

Bei dem gezeigten Einführungsverfahren mit den derartigen Aktuatoren wird die Cochleawand durch das Implantat nicht beeinträchtigt, sodass der minimale Abstand zwischen der Cochlea-Innenwand und der Trägerwand weiterhin mehr als 0,5 % der Länge L beträgt. Die in Abb. 7.22 dargestellten Druckwerte und die relative Länge des Aktuators sind aufgrund der nachgewiesenen Verhältnisse zwischen den Parametern für skalierte Formen der Aktuatoren (Abschnitt 7.2.2) für alle Größen der Aktuatoren gültig.

Literatur

[1] Baule, B.: Die Mathematik des Naturforschers und Ingenieurs, Band VII: Differentialgeometrie, Leipzig, Hirzel Verlag, Lizenz-Nr. 267-245/48/65 ES19 B3, 12–14, 1965

[2] Bögelsack, G.: Nachgiebige Mehanismen in miniaturisierten Bewegungssystemen, In: 9th World Congress on Theory of Machines and Mechanisms, Milano, Italy, 3101–3104, 1995

[3] Bögelsack, G.: On Fluidmechanical Compliant Actuators, 19th Working Meeting of IFToMM, Kaunas-Technologija, Lithuania, 51–56, 2000

[4] Chaykina, A., Griebel, S., Zentner, L.: Nachgiebiges Sensorsystem zur Ermittlung von Scherkräften, In: 10. Kolloquium Getriebetechnik, 2013.09.11–13, Ilmenau, Univ.-Verl., 419–436, ISSN 2194-9476, 2013

[5] Chaykina, A., Griebel, S., Zentner, L.: Richtungsabhängiger Berührungssensor zur Sensorisierung von nachgiebigen Mechanismen, Ilmenau, Univ.-Verl., Berichte der Ilmenauer Mechanismentechnik 1, 79–90, ISSN 2194-9476, 2012

[6] Christen, G., Pfefferkorn, H.: Nachgiebige Mechanismen: Aufbau, Gestaltung, Dimensionierung und experimentelle Untersuchung, In: VDI-Berichte Nr. 1423 1998, VDI-Getriebetagung, Kassel, Germany, 309–329, 1998

[7] Christen, G., Pfefferkorn, H.: Zum Bewegungsverhalten nachgiebiger Mechanismen, Wissenschaftliche Zeitschrift der Universität Dresden, 50, 53–58, 2001

[8] Clark, L., Shirinzadeh, B., Zhong, Y., Tian, Y., Zhang, D.: Design and analysis of a compact flexure-based precision pure rotation stage without actuator redundancy, Mechanism and Machine Theory, 105, 129–144, 2016

[9] Dankert, J. und Dankert, H.: Technische Mechanik: Statik, Festigkeitslehre, Kinematik/Kinetik. 4. korrigierte und ergänzte Auflage. Wiesbaden: B. G. Teubner Verlag / GWV Fachverlage GmbH Wiesbaden, 2006. isbn: 3-8351-0006-8. doi: 10.1007/978-3-8351-9083-2

[10] Feierabend, M.; Zentner, L.: Konzeption eines Mechanotherapie-Systems zur Rehabilitation der Handfunktionalität für den Einsatz in der medizinischen Trainingstherapie, 10. Kolloquium Getriebetechnik, 2013.09.11–13, Ilmenau, Univ.-Verl., 437–453, ISSN 2194-9476, 2013

[11] Filonenko-Boroditsch, M. M.: Festigkeitslehre, II, Berlin, Verlag Technik, 1952

[12] Franke, W., Friemann, H.: Schub und Torsion in geraden Stäben, Friedr. Vieweg & Sohn Verlag / GWV Fachverlage GmbH, Wiesbaden, ISBN-13:978-3-528-03990-5, 2005

[13] Gräser, P., Linß, S., Harfensteller, F., Zentner, L., Theska, R.: Large stroke ultra-precision planar stage based on compliant mechanisms with polynomial flexure hinge design, In: Proceedings of the 17th International conference of the European Society for Precision Engineering and Nanotechnology (euspen), Hannover, Germany, 207–208, ISBN 978-0-9957751-0-7, 2017

[14] Gräser, P., Linß, S., Zentner, L., Theska, R.: Design and Experimental Characterization of a Flexure Hinge-Based Parallel Four-Bar Mechanism for Precision Guides, In: Microactuators and Micromechanisms, Zentner, L. et al. (Eds.), Mechanisms and Machine Science, 54, Cham, Springer International Publishing, 139–152, doi:10.1007/978-3-319-45387-3_13, 2017

[15] Griebel, A., Griebel, S., Zentner, L.: Compliant shear force sensor, Shaping the future by engineering, (2014), insges. 11 S.

[16] Griebel, A., Henning, S., Schale, F., Griebel, S., Zentner, L.: Modellbasierte Untersuchungen zur Kraftüberwachung anhand des Verformungsverhaltens einer Matratzenfeder. In: Gössner, S. (ed.) Tagungsband 13. Kolloquium Getriebetechnik, Fachhochschule Dortmund, 18. – 20. September 2019, pp. 191–200. Logos Berlin, Berlin (2019)

[17] Griebel, S., Feierabend, M., Bojtos, A., Zentner, L.: Kennlinien eines nachgiebigen fluidmechanischen Antriebes zur Erzeugung einer schraubenförmigen Bewegung – Vergleich Simulation und Messaufbau, In: 10. Kolloquium Getriebetechnik, 2013.09.11–13, Ilmenau, Univ.-Verl., 391–498, ISSN 2194-9476, 2013

https://doi.org/10.1515/9783110759884-008

[18] Griebel, S., Streng, A., Zentner, L.: Nachgiebiger Fluidantrieb zur Erzeugung einer nahezu exakten bidirektionalen Schraubenbewegung und dazugehöriges Verfahren, Patent specification DE 10 2011 104 026 B4, 11.04.2013

[19] Griebel, S., Zentner, L., Böhm, V., Haueisen, J.: Sensor placement with a telescoping compliant mechanism, In: 4th European Conference of the International Federation for Medical and Biological Engineering, Antwerpen: 2008.11.23–27, Berlin, Springer, 1987–1989, doi:10.1007/978-3-540-89208-3_473, 2009

[20] Griebel, S.: Entwicklung und Charakterisierung fluidmechanischer nachgiebiger Aktuatoren am Beispiel eines multifunktionalen Sauggreifers, Universitätsverlag Ilmenau, 2021, Berichte der Ilmenauer Mechanismentechnik; Band 6; Dissertation, TU Ilmenau, https://doi.org/10.22032/dbt.46923

[21] Henning, S., Linß, S., Gräser, P., Theska, R., Zentner, L.: Non-linear analytical modeling of planar compliant mechanisms. Mech. Mach. Theory 155, 104067 (2020). https://doi.org/10.1016/j.mechmachtheory.2020.104067

[22] Henning, S., Linß, S., Zentner, L.: detasFLEX – A computational design tool for the analysis of various notch flexure hinges based on non-linear modeling, Mechanical Sciences 9., 2018, p. 389–404 – DOI: 10.5194/ms-9-389-2018

[23] Henning, S.: Modellbasierte Entwicklung von Methoden, Algorithmen und Werkzeugen zur Analyse und Synthese nachgiebiger Mechanismen, Universitätsverlag Ilmenau, 2022, Berichte der Ilmenauer Mechanismentechnik, Band 7, Dissertation, TU Ilmenau, https://doi.org/10.22032/dbt.53126

[24] Henning, S.; Zentner, L.: Analysis of planar compliant mechanisms based on non-linear analytical modeling including shear and lateral contraction, Mechanism and machine theory, Bd. 164 (2021), 104397, insges. 23 S., 2021

[25] Henning, S.; Zentner, L.: Analytical characterization of spatial compliant mechanisms using beam theory, Microactuators, Microsensors and Micromechanisms, (2023), S. 61–76

[26] Howell, L. L., Magleby, S. P., Olsen, B. M.: Handbook of Compliant Mechanisms, Chichester, Wiley, ISBN 0-471-38478-X, 2013

[27] Howell, L.: Compliant mechanisms. New York, Wiley, ISBN 9780471384786, 2001

[28] https://www.dmg-lib.org (vom 2024)

[29] https://www.tu-ilmenau.de/msys/tools/liste (vom 2024)

[30] Hügl, S.: Beitrag zur Minimierung der Insertionskräfte von Cochlea-Implantat-elektrodenträgern: Untersuchung gerader, lateral liegender Elektrodenträger sowie deren Funktionalisierung mittels nachgiebiger Aktuatoren, Ilmenau: Universitätsverlag Ilmenau, 2023 (172 Seiten), Berichte der Ilmenauer Mechanismentechnik (BIMT); Band 8,Technische Universität Ilmenau, Dissertation 2022

[31] Issa, M., Petkovic, D., Pavlovic, N.D., Zentner, L.: Sensor elements made of conductive silicone rubber for passively compliant gripper, Int. J. Adv. Manuf. Technol., 69, 1527–1536, doi:10.1007/s00170-013-5085-8, 2013

[32] Issa, M., Zentner, L.: Sensorelemente aus leitfähigem Silikon für einen nachgiebigen Greifer, Ilmenau, Univ.-Verl., Berichte der Ilmenauer Mechanismentechnik 1, 65–78, ISSN 2194-9476, 2012

[33] Jahn, H., Fröhlich, Th., Zentner, L.: Analytical description of transversally symmetric hinges with semicircular contours, Advances in mechanism and machine science, (2024), S. 502–509, https://doi.org/10.1007/978-3-031-45709-8_49

[34] Jahn, H., Henning, S., Fröhlich, Th., Zentner, L.: Analytical description of transversally symmetrical hinges – Analytische Beschreibung transversalsymmetrischer Gelenke, Neunte IFToMM D-A-CH Konferenz 2023, (2023), https://doi.org/10.17185/duepublico/77402

[35] Jensen, B. D., Howell, L. L.: The modeling of cross-axis flexural pivots, Mechanism and Machine Theory, 37, 461–476, doi:10.1016/S0094-114X(02)00007-1, 2002

[36] Kamke, E.: Differentialgleichungen Lösungsmethoden und Lösungen, I – gewöhnliche Differentialgleichungen, Leipzig, Geest & Portig, 1959

[37] Linß, S., Milojevic, A., Pavlovic, N. D., Zentner, L.: Synthesis of Compliant Mechanisms based on Goal-Oriented Design Guidelines for Prismatic Flexure Hinges with Polynomial Contours, In: Proceedings of the 14th World Congress in Mechanism and Machine Science, Taipei, Taiwan, doi:10.6567/IFToMM.14TH.WC.PS10.008, 2015

[38] Linß, S.: Ein Beitrag zur geometrischen Gestaltung und Optimierung prismatischer Festkörpergelenke in nachgiebigen Koppelmechanismen, Universitätsverlag Ilmenau, Berichte der Ilmenauer Mechanismentechnik (BIMT), Band 4, Dissertation, Technische Universität Ilmenau, 2015

[39] Liu, M., Zhang, X., Fatikow, S.: Design and analysis of a multi-notched flexure hinge for compliant mechanisms, Precision Engineering, 48, 292–304, doi:10.1016/j.precisioneng.2016.12.012, 2017

[40] Lobontiu, N., Cullin, M.: In-plane elastic response of two-segment circular-axis symmetric notch flexure hinges: The right circular design, Precision Engineering, 37, 542–555, doi:10.1016/j.precisioneng.2012.12.007, 2013

[41] Lobontiu, N., Paine, J. S. N., Garcia, E., Goldfarb, M.: Corner-Filleted Flexure Hinges, Journal of Mechanical Design, 123, 346–352, doi:10.1115/1.1372190, 2001

[42] Lobontiu, N., Paine, J.: Parabolic and hyperbolic flexure hinges, Precision Engineering, 26, 183–192, doi:10.1016/S0141-6359(01)00108-8, 2002

[43] Lobontiu, N.: Compliant Mechanisms: Design of Flexure Hinges, Boca Raton, Fla., CRC Press, ISBN 0-8493-1367-8, 2003

[44] Love, A. E.: Treatise on the Mathematical Theory of Elasticity, 4th Edition, Published by Dover Pubns, 1927

[45] Mashchenko, V.; Sitnikov, N.; Khabibullina, I.; Chausov, D.; Shelyakov, A.; Spiridonov, V. Effect of Boric Acid on the Structure and Properties of Borosiloxanes. Polym. Sci. Ser. A 2021, 63, 91–99

[46] Müller, H. H., Magnus, K.: Übungen zur technischen Mechanik, Stuttgart, Verlag Teubner, p. 128, ISBN 3-519-22325-2, 1988

[47] Raatz, A.: Stoffschlüssige Gelenke aus pseudo-elastischen Formgedächtnislegierungen in Pararellrobotern, Doctoral thesis, Essen, Vulkan-Verl, ISBN 3-8027-8691-2, 2006

[48] Risto, U., Zentner, L., Uhlig, R.: Elastic structures with snap-through characteristic for closing devices, In: Proceedings of the 53th International Scientific Colloquium, Ilmenau, Germany, 8–12, 2008

[49] Risto, U.: Zur Charakterisierung und Anwendung des Durschlagverhaltens von nachgiebigen rotationssymmetrischen Strukturen, Doctoral thesis, Ilmenau, Univ.-Verl., BIMT, urn:nbn:de:gbv:ilm1-2013000467, 2013

[50] Svetlitsky, V. A.: Statics of Rods. Foundations of Engineering Mechanics. Springer, Berlin Heidelberg (2000)

[51] Uhlig, R., Zentner, L., Wolfenstetter, M.: Modelling and investigation of a compliant cable-driven finger-like mechanism, Microactuators, microsensors and micromechanisms, (2021), S. 36–47

[52] Zeidler, E., Hackbusch, W., Schwarz, H.: Teubner-Taschenbuch Mathematik, Zeidler, E. (Ed.), Leipzig, Teubner Verlagsgesellschaft, ISBN 3-8154-2001-6, 1996

[53] Zelenika, S., Munteanu, M. G., Bona, F. De: Optimized flexural hinge shapes for microsystems and high-precision applications, Mechanism and Machine Theory, 44, 1826–1839, http://dx.doi.org/10.1016/j.mechmachtheory.2009.03.007, 2009

[54] Zentner, L., Böhm, V.: On the Mechanical Compliance of Technical Systems, Mechanical Engineering, Gokcek, M. (Ed.), InTech, doi:10.5772/26379, 2012

[55] Zentner, L., Böhm, V.: Zum Verformungsverhalten nachgiebiger Mechanismen, Konstruktion Zeitschrift für Produktentwicklung und Ingenieur-Werkstoffe, 60, 67–71/74, 2008

[56] Zentner, L., Griebel, S., Hügl, S.: Fluid-mechanical compliant actuator for the insertion of a cochlear implant electrode carrier, Mechanism and machine theory, Elsevier Science, Bd. 142, S. 1–16, 2019

[57] Zentner, L., Griebel, S., Wystup, C., Hügl, S., Rau, Th. S., Majdani, O.: Synthesis process of a compliant fluidmechanical actuator for use as an adaptive electrode carrier for cochlear implants, Mechanism and machine theory, Elsevier Science, Bd. 112, 155–171, 2017

[58] Zentner, L., Linß, S.: Compliant Systems: Mechanics of Elastically Deformable Mechanisms, Actuators and Sensors. De Gruyter, Berlin (2019)

[59] Zentner, L., Turkevi-Nogy, N., Böhm, V.: Entwicklung von fluidischen Elastomeraktoren, Proceedings of the 47th International Scientific Colloquium, Ilmenau, Germany, 2002

[60] Zentner, L.: Klassifikation nachgiebiger Mechanismen und Aktuatoren, Ilmenau, Univ.-Verl., Berichte der Ilmenauer Mechanismentechnik 1, 3–12, ISSN 2194-9476, 2012

[61] Zentner, L.: Mathematischer Formalismus zur Bildung von Starrkörpermodellen für nachgiebige Mechanismen, 9. Kolloquium Getriebetechnik, Berger, M. (Ed.), Chemnitz, Univ.-Verl., 227–244, ISBN 978-3-941003-40-8, 2011

[62] Zentner, L.: Modelling and Application of Hydraulic Spider Leg Mechanism, Spider Ecophysiology, Nentwig, W. (Ed.), Berlin, Heidelberg, Springer-Verlag, ISBN 978-3-642-33988-2, 2013

[63] Zentner, L.: Untersuchung und Entwicklung nachgiebiger Strukturen basierend auf innendruckbelasteten Röhren mit stoffschlüssigen Gelenken, Ilmenau, ISLE Verlag, ISBN 3-932633-77-6, 2003

[64] Zentner, L.; Hügl, S.; Wystup, C.; Griebel, S.; Issa, M.; Rau, Th. S.; Majdani, O.: Compliant electrode carrier for cochlear implant with fluidic actuation, Nachgiebiger Elektrodenträger für Cochlea-Implantate mit fluidischer Aktuierung, Forschung im Ingenieurwesen, ISSN 1434-0860, Bd. 80 (2016), 1/2, S. 57–69

[65] Zentner, Lena; Henning, Stefan; Fröhlich, Thomas: Design of compliant mechanisms based on rigid-body mechanisms, Romanian journal of technical sciences, ISSN 2601-5811, Bd. 67 (2022), 1, S. 61–78

[66] Zinn, M., Khatib, O., Roth, B., Salisbury, J. K.: A new actuation approach for human friendly robot design, The International Journal of Robotics Research, 23, No.4–5, 379–398, doi:10.1177/0278364904042193, 2004

Register

https://doi.org/10.1515/9783110759884-009

www.ingramcontent.com/pod-product-compliance
Lightning Source LLC
Chambersburg PA
CBHW061417210326
41598CB00035B/6245